하이브리드 전기자동차

HYBRID ELECTRIC VEHICLE

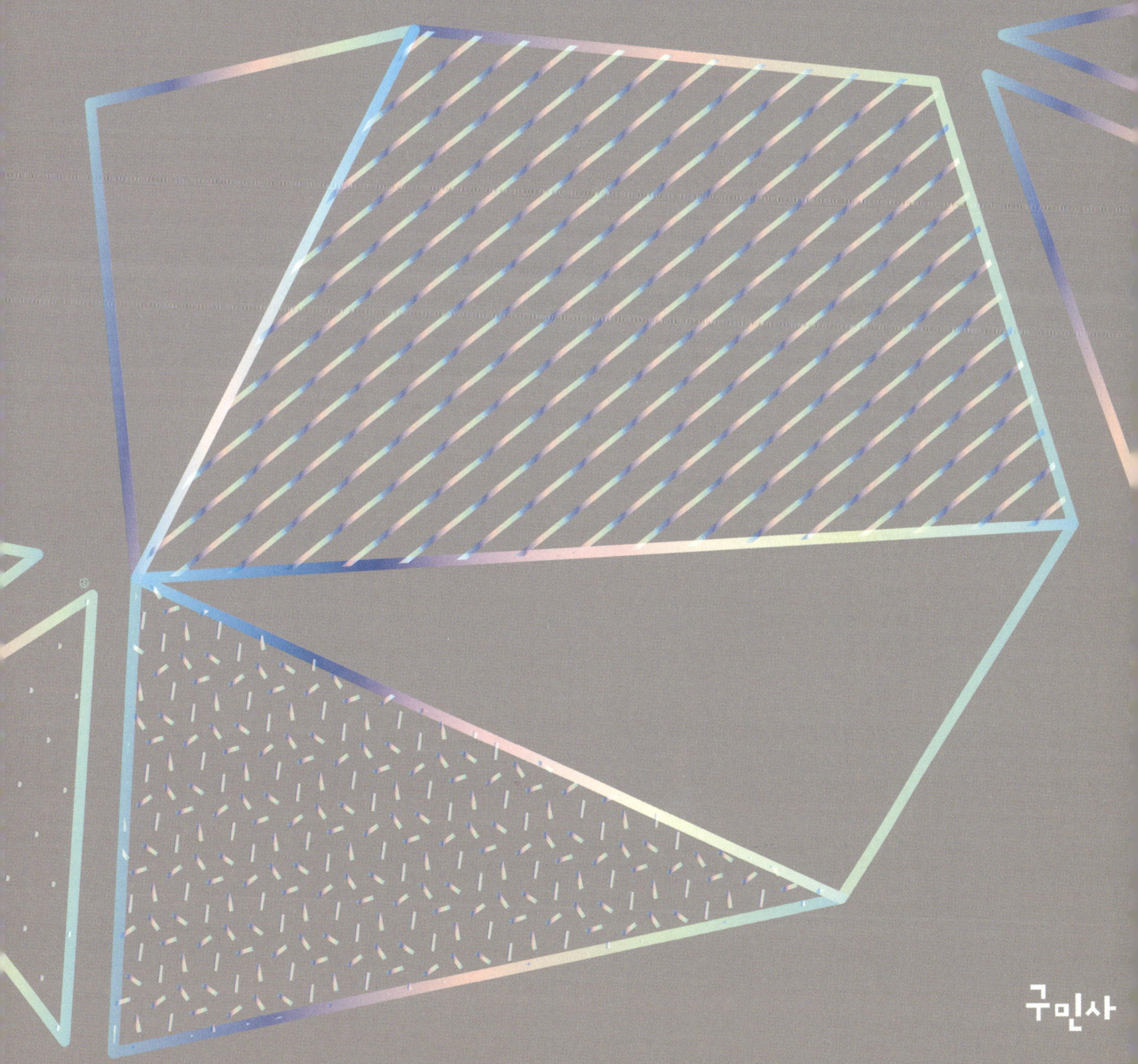

구민사

저자약력 | **김영일**
아주자동차대학교 친환경자동차과 교수
오만진
오산대학교 스마트자동차과 교수
이정환
오산대학교 스마트자동차과 교수

하이브리드 전기자동차

초판 인쇄 | 2021년 8월 25일
초판 발행 | 2021년 8월 31일

저 자 | 김영일·오만진·이정환
발행인 | 조규백
발행처 | 도서출판 구민사
(07293) 서울특별시 영등포구 문래북로 116, 604호(문래동3가 46, 트리플렉스)
전화 | (02) 701-7421(~2)
팩스 | (02) 3273-9642
홈페이지 | www.kuhminsa.co.kr

신고번호 | 제2012-000055호 (1980년 2월 4일)
I S B N | 979-11-5813-936-0 93550

값 24,000원

PREFACE

머리말

간편하고 효율적인 이동수단을 추구하던 인류가 굴대로부터 바퀴를 발명한 것이 약 6,000년 전으로, 이때는 자체적인 힘으로 달리는 자동차를 만들려는 시도가 인간의 커다란 꿈이었다. 하지만 기술 발달이 미약하여 수많은 시행착오를 거쳤고, '자동차'라고 말할 수 있는 것은 17세기 중반 증기기관이 실용화되면서부터 만들어졌다.

1779년 프랑스의 N. 퀴뇨가 제작한 증기자동차는 역사상 처음으로 기계의 힘에 의해 주행한 차로 이것이 최초의 자동차라 할 수 있을 것이다. 그 이후로 자동차는 끊임없이 개발되었지만 실용적인 진정한 이동 수단으로서의 자동차는 1886년에 만들어진 독일의 칼 벤츠에 의해 제작된 페이턴트 모터바겐(patent motor wagen)이다. 이 자동차는 최초의 휘발유 자동차였으며 출력이 약 0.9마력이었다. 약 130여년이 지난 지금은 출력이 1,000마력이 넘는 자동차가 등장하기에 이르렀으며 인간의 삶에 많은 변화를 가져왔다.

자동차의 탄생은 인적자원 및 물자의 신속한 수송에 의한 산업발전에 이바지하였을 뿐 아니라 자원 개발을 용이하게 하여 경제개발에도 도움이 되었지만, 한편으로는 지구 온난화와 대기오염의 주범으로 인식되고 있다. 또한, 석유자원의 고갈 등이 글로벌 이슈로 부각됨에 따라 각국 정부와 자동차업계는 친환경자동차 개발에 주력하고 있다. 친환경자동차로는 연료전지자동차, 전기자동차, 하이브리드전기자동차, 천연가스자동차, 클린디젤자동차로 분류할 수 있을 것이다. 대다수의 친환경자동차가 아직 충전 인프라 구축의 미흡과 충전시간, 주행거리 등 해결해야 할 문제점이 많은 것이 현실이지만, 하이브리드 전기자동차는 엔진과 모터의 장점을 효율적으로 사용하고 있으며 다른 친환경자동차에 비해 가장 현실적인 동력원으로 각광받고 있다.

일본의 도요타자동차는 1997년에 세계 최초 하이브리드 전기자동차인 1세대 프리우스를 출시한 이후 최근 수년간 연간 100만 대 이상을 판매해 왔고, 최근 글로벌 시장 누적 판매 대수가 700만 대를 돌파했다. 초기에는 소형 승용차에 국한되었지만 신뢰성 확보가 가능히여졌고 소비자의 욕구 충족을 위해 대형차 및 SUV를 비롯한 최고급 스포츠카에까지 확산되고 있다.

이 책에서는 현재 가장 현실적인 친환경자동차인 하이브리드 전기자동차를 이해하는데 도움이 되고자 자동차의 역사를 비롯한 내연기관과 전기에 대하여 구성하였으며 이 책이 자동차를 공부하는 공학도뿐만 아니라 자동차에 관심이 있는 일반인들에게도 도움이 되었으면 한다.

이 책의 출판을 위해 적극적으로 도움주신 도서출판 구민사 조규백 대표님과 직원 여러분께 깊은 감사를 드립니다.

저자 씀

CONTENTS

차례

Chapter 01 자동차의 역사

Chapter 01

자동차의 역사

01 자동차 산업의 역사

02 자동차기술의 발달

03 우리나라 자동차기술의 발달

01 자동차 산업의 역사

1885년 독일 칼 벤츠에 의해 처음으로 등장한 자동차는 꾸준히 발달되어 왔으며, 그 편리성과 산업적 역할은 매우 크다고 할 수 있다. 자동차 산업은 문명의 발달과 더불어 꾸준히 발달되어 온 산업 중에 하나이며, 산업발전의 큰 원동력이 되었을 뿐 아니라 우리 인간의 삶을 윤택하고 풍요롭게 하였다.

1920년대 까지는 유럽이 기술력을 바탕으로 우위에 있었으며, 1950년대부터는 양산 기술과 대형차를 무기로 미국이 자동차 산업을 주도하게 되고, 이후 1980년대에 들어서서는 편리성을 추구한 일본 기업들이 두각을 나타내게 된다.

우리나라도 1955년 최초의 국산자동차인 시발자동차의 생산 이후 2011년 9월에 7000천만대 생산을 돌파하며 세계 5위의 자동차 생산국으로 성장하였다.

1.1. 자동차의 정의

초창기 자동차 제작자들은 그들이 만든 기계(機械)의 이름을 무엇이라고 불러야 할 것인가에 대한 고민이 많았다고 한다. "자동장치(automation)", "기글미관차(oleo locomotive)", "모터마차(motor rig)", "모터파리(motor fly)", "전기박쥐(electrobat)" 등이 거론되다가 마침내 1876년 프랑스에서 만든 "저절로 움직인다"의 뜻을 가진 "자동차(automobile)"로 결정되었다.

자동차는 주로 도로상에서 사람이나 화물을 수송하는 기계로서 우리나라의 자동차 관리법에서는 "자동차란 원동기에 의하여 육상에서 이동할 목적으로 제작한 용구 또는 이에 견인되어 육상에서 이동할 목적으로 제작한 용구를 말한다"고 규정하고 있다.

또한 한국공업규격(KS)에서는 "자동차는 원동기와 조타장치를 구비하고 그것을 승차해서 지상을 주행할 수 있는 차량"이라고 설명하고 있다. 따라서 궤도차량은 제외하지만 트로리버스와 피견인 차량인 트레일러는 포함하며, 다만, 2륜 자동차와 오토바이 및 스쿠터는 자동차라고 부르지 않는다.

(a) 앞면

(b) 뒷면

[그림 1] **자동차의 외관명칭**

한편 국제표준화기구(ISO)의 자동차 용어 의미는 "원동기를 갖추고 노상을 주행하는 차량으로서 4개 또는 2개 이상의 차륜을 가지며 궤도를 이용하지 않고 사람이나 화물을 운반, 견인하며 특수용도에 사용하는 차량으로 가선(架線)을 쓰는 트로리 버스와 차량 중량 400kg 이상의 3륜 차는 포함 된다"고 하고 있다.

따라서 자동차란 차체에 설치된 엔진의 동력을 이용하여 레일에 의하지 않고 도로상을 자유롭게 주행할 수 있는 운반구를 말한다고 정의할 수 있다.

자동차의 정의는 자동차관리법 제2조 제1호의 규정한 "자동차"라 함은 원동기에 의하여 육상에서 이동할 목적으로 제작한 용구 또는 이에 견인되어 육상을 이동할 목적으로 제작한 용구(이하 "피견인차"라 한다)를 말한다. 다만, 대통령령이 정하는 것을 제외한다. 라고 규정한다.

Reference 자동차의 정의

도로교통법 제2조의 정의에서 "자동차"라 함은 철길 또는 가설된 선에 의하지 아니하고 원동기를 사용하여 운전되는 차(견인되는 자동차도 자동차의 일부로 본다)로서 자동차관리법 제3조의 규정에 의한 승용자동차·이륜자동차 및 건설기계관리법 제26조 제1항 단서의 규정에 의한 건설기계를 말한다. 다만, 원동기자전거는 제외한다. 로 규정하고 있다.

1.2. 자동차의 분류

우리나라의 자동차관리법 시행규칙(국토교통부령)에 의하면 규모별 세부기준과 유형별 세부기준으로 분류하고 있다.

1.2.1. 규모별 세부기준

종 류	경 형	소 형	중 형	대 형
승용 자동차	배기량이 1000cc 미만으로서 길이 3.6m·너비 1.6m·높이 2.0m 이하인 것	배기량이 1,600cc 미만인 것으로서 길이 4.7m·너비 1.7m·높이 2.0m 이하인 것	배기량이 1,600cc 이상 2,000cc 미만이거나 길이·너비·높이 중 어느 하나라도 소형을 초과하는 것	배기량이 2,000cc 이상이거나, 길이·너비·높이 모두 소형을 초과 하는 것
승합 자동차	배기량이 1000cc 미만으로서 길이 3.6m·너비 1.6m·높이 2.0m 이하인 것	승차정원이 15인 이하인 것으로서 길이 4.7m·너비 1.7m·높이 2.0m 이하인 것	승차정원이 16인 이상 35인 이하이거나, 길이·너비·높이 중 어느 하나라도 소형을 초과하여 길이가 9m 미만인 것	승차정원이 36인 이상이거나, 길이·너비·높이 모두가 소형을 초과하여 길이가 9m 이상인 것
화물 자동차	배기량이 1000cc 미만으로서 길이 3.6m·너비 1.6m·높이 2.0m 이하인 것	최대적재량이 1톤 이하인 것으로서, 총중량이 3.5톤 이하인 것	최대적재량이 1톤초과 5톤 미만이거나, 총중량이 3.5톤 초과 10톤 미만인 것	최대적재량이 5톤 이상이거나, 총중량이 10톤 이상인 것
특수 자동차	배기량이 1,000cc미만으로서 길이 3.6m·너비 1.6m·높이 2.0m 이하인 것	총중량이 3.5톤 이하인 것	총중량이 3.5톤 초과 10톤 미만인 것	총중량이 10톤 이상인 것
이륜 자동차	배기량이 50cc 미만(정격출력 4kW 이하)인 것	배기량이 100cc 이하(최고 정격 출력 11kW 이하)인 것으로서, 최대 적재량(기타 형에만 해당한다)이 60kg 이하인 것	배기량이 100cc 초과 260cc 이하(최고 정격 출력 11kW 초과 15kW 이하)인 것으로서, 최대 적재량이 60 kg 초과 100kg 이하인 것	배기량이 260cc(최고 정격출력 15kW)를 초과하는 것

1.2.2. 유형별 세부기준

종 류	유형별	세부기준
승용 자동차	일반형	2개 내지 4개의 문이 있고, 전후 2열 또는 3열의 좌석을 구비한 유선형인 것
	승용겸화물형	차실 안에 화물을 적재하도록 장치된 것
	다목적형	프레임형이거나 4륜구동장치 또는 차동제한장치를 갖추는 등 험로운행이 용이한 구조로 설계된 자동차로서 일반형 및 승용겸화물형이 아닌 것
	기타형	위 어느 형에도 속하지 아니하는 승용자동차인 것
승합 자동차	일반형	주목적이 여객운송용인 것
	특수형	특정한 용도(장의 · 헌혈 · 구급 · 보도 · 캠핑 등)를 가진 것
화물 자동차	일반형	보통의 화물운송용인 것
	덤프형	적재함을 원동기의 힘으로 기울여 적재물을 중력에 의하여 쉽게 미끄러뜨리는 구조의 화물운송용인 것
	밴형	지붕구조의 덮개가 있는 화물운송용인 것
	특수 용도형	특정한 용도를 위하여 특수한 구조로 하거나, 기구를 장치한 것으로서 위 어느 형에도 속하지 아니하는 화물운송용인 것
특수 자동차	견인형	피견인차의 견인을 전용으로 하는 구조인 것
	구난형	고장 · 사고 등으로 운행이 곤란한 자동차를 구난 · 견인 할 수 있는 구조인 것
	특수 작업형	위 어느 형에도 속하지 아니하는 특수작업용인 것
이륜 자동차	일반형	자전거로부터 진화한 구조로서 사람 또는 소량의 화물을 운송하기 위한 것
	특수형	경주 · 오락 또는 운전을 즐기기 위한 경쾌한 구조인 것
	기타형	3륜 이상인 것으로서 최대적재량이 100kg 이하인 것

1.3. 자동차의 역사

1.3.1. 고안의 시대

자동차의 역사를 시대적으로 구분한다면 17세기까지는 고안의 시대라 할 수 있을 것이다. 이집트의 피라미드는 세계 불가사의 중의 하나로 꼽고 있다. 쿠푸왕의 대피라미드는 한 변의 길이가 230m이고, 높이가 146.6m이며, 2.5톤 무게의 돌을 230만개나 사용하였다고 알려져 있다. 변변한 이동수단이 없었던 그 시대에 과연 그 큰 돌들을 어떻게 운반하였을까? 이 대피라미드가 축조된 시기가 기원전 약 4600년 전으로 알려져 있으니 놀라울 뿐이다. 이 축조물을 통해 우리들은 인류 최초의 이동수단이 사용되지 않았을까 추측해 본다. 즉, 사람이나 짐승의 힘으로 자유굴레를 움직여 그 많은 돌들을 운반하였을 것이다.

자유굴레가 발전하여 계류굴대도 사용되었을 것이고, 이러한 이동수단은 상당 기간 지속되었을 것이다.

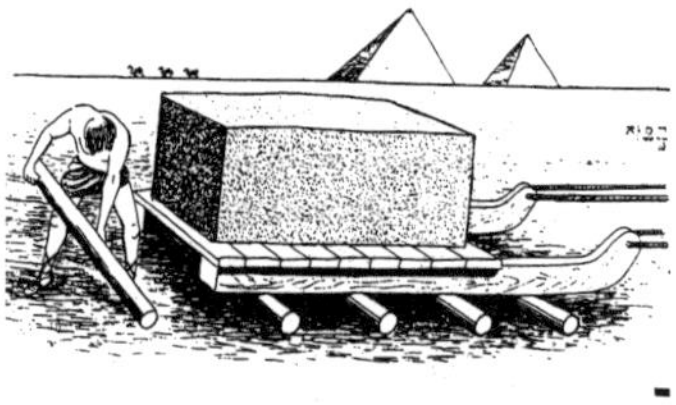

[그림 2] **자유굴레**

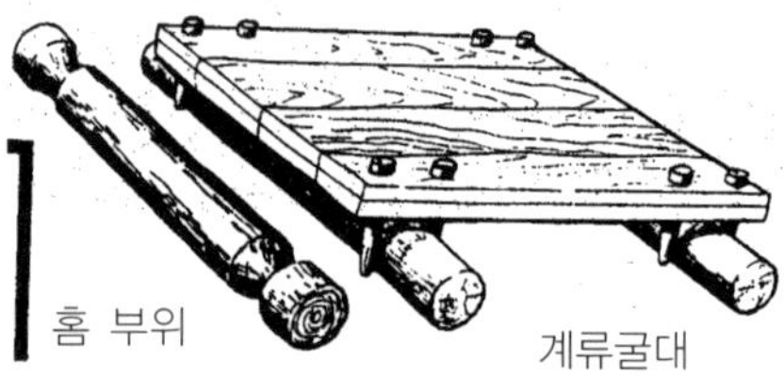

[그림 3] **계류굴대**

이와 같이 우리 인간들은 어떤 물건을 편리하게 이동시킬 수 있는 수단으로서 자체의 힘으로 움직일 수 있는 수레를 꾸준히 꿈 꾸어왔을 것이고, 지금의 자동차는 그 연장선상에 있는 것이라 할 수 있을 것이다.

대예술가이며 비행기와 헬리콥터의 도면까지 그렸던 과학자이자 사상가였던 이탈이아의 레오나르도 다빈치(Leonardo da Vinci, 1452~1519)도 스프링의 힘으로 달리는 3륜의 자주차(自走車)의 도면을 그렸으나 실현되지는 않았다.

이것을 영국의 과학자 요한 하우리시(Johan Haurish)가 1633년에 태엽자동차를 만들어 시속 1.5km로 주행하였다고 하나 실용화에는 이르지 못하였다.

1569년 네덜란드의 수학자이자 기술자인 스테핀(Simon Stevin)이 돛에 바람을 받아 주행하는 풍력자동차를 만들어, 28명을 태우고 시속 34km로 달렸다고 알려져 있다. 하지만, 현재와 같이 고도한 범주기술(帆走技術)이 없었기 때문에 바람이 불어오는 쪽으로는 달리지 못하여 실패로 끝났다. 1680년에는 영국의 대과학자 뉴턴(Sir Isaac Newton)이 증기를 뒤쪽으로 분출시켜 그 반동으로 달리는 추력(推力) 자주차를 계획하였으나, 실물을 제작하지는 못하였다.

[그림 4] **태엽 자동차**

1.3.2. 실용화 시대

본래의 의미의 자동차가 나타나기 시작한 것은 17세기 중반에 증기엔진이 실용화된 후이며, 특히 1770년 프랑스의 군사 기술자였던 퀴뇨(Nicolas Joseph Cugnot)가 제작한 증기자동차(steam car)는 역사상 처음으로 기계의 힘에 의해 주행한 차라는 점과 피스톤의 직선운동이 연속적인 회전운동으로 변환되었다는 점에서는 매우 획기적인 발명이었다.

낭시 퀴뇨는 프랑스군 공병 대위였으며, 포차를 견인할 목적으로 대소 2대의 증기자동차를 시험 제작하였다. 이 증기자동차는 앞바퀴 하나만을 구동하는 3륜차였으며, 중량이 크고 보일러의 용량이 작았기 때문에 그 속도가 겨우 사람이 걷는 정도인 시속 5km이였다. 또 보일러도 15분마다 물을 보충해야 했기에 주행거리가 짧았고, 앞바퀴 하중이 너무 커서 조향하기가 어려웠고, 브레이크도 없는 것이나 다름이 없었다. 이 때문에 대형의 것은 파리 교외에서 시운전 중 언덕길에서 세우지 못하고 벽에 부딪쳐 화재를 일으켰다. 퀴뇨의 시도는 프랑스 혁명에 의해서 중지되었으나, 이를 계기로 유럽 각지에서 증기자동차와 제동장치와 변속기, 조향장치에 관한 연구가 계속되었다.

[그림 5] **퀴뇨의 증기자동차**

그 중 영국의 발명가 리처드 트레비식(Richard Trevithick)이 1801년 완성한 증기자동차는 상당히 실용적인 것이었으며, 그 2년 후에 제작한 지름 3.8m의 거대한 구동바퀴를 갖춘 4륜 증기자동차는 런던 시내에서 시속 13km로 주행하는 데 성공하였다. 1826~1836년에는 영국의 발명가 행콕(Walter Hancock)이 만든 10대의 증기자동차(버스)가 런던 시내와 첼트넘 간을 정기 운행하였다.

[그림 6] 트레비식의 증기자동차

[그림 7] 행콕의 증기버스

이 정기버스는 22인승에 평균속도는 16~23km/h인 사상 최초로 실용화된 자동차로 그 실용영역을 넓혀갔다. 하지만 증기자동차가 대중 교통수단으로 자리잡게 되자, 보일러 폭발사고와 매연발생, 불티가 날리는 등 안전과 공해문제가 대두되게 된다. 이에 1865년 빅토리아 여왕은 공공도로에서의 최초의 자동차법규인'적기조례(red flag act)'을 공표하게 된다. 이 법률에는 "1대의 자동차에 3인의 운전수를 태운다. 그 중 1명은 낮에는 붉은 깃발, 밤에는 붉은 등을 가지고 50m 앞을 달려야 한다. 최고속도를 6.4km/h 이하로 하고, 시가지에서는 3.2km/h로 한다. 증기를 방출하지 않는다" 등의 내용이 포함되어 있었다.

[그림 8] 적기조례에 의해 운행하고 있는 증기자동차

이것은 마차를 끄는 말이 자동차에 놀라서 폭주하여 위험하기 때문에 이를 방지하기 위한 것이었다고는 하나, 자동차가 상당히 보급된 1896년까지 존속되어 이로 인해 영국의 자동차 발전이 크게 위축되는 계기가 되었고, 자동차 산업의 중심이 프랑스, 독일, 미국 등지로 옮겨지게 된다.

증기자동차는 유럽 대륙이나 미국에서도 제작되었지만, 보일러가 크고 무겁기 때문에 자동차의 성능이 낮고, 불을 지펴서 증기가 발생하여 주행이 가능하게 될 때까지 시간이 걸리는 등의 결함이 있어, 개인용의 소형 자동차로서는 적당하지 않았다. 이 때문에 증기기관은 영국 등에서 대형 트럭이나 중량물 견인용 트랙터 등으로 1920년대 중반까지 사용되기는 했지만, 사람들은 보다 소형이고 강력하며 간편한 원동기를 계속 추구하였다. 이를 계기로 19세기 중반에 전기자동차(electric vehicle)가 출현하게 된다.

최초의 전기자동차로는 1830년대 스코틀랜드의 발명가 로버트 앤더슨(Robert Anderson)이 1차 전지를 이용하여 자동차를 운행하였다는 기록이 남아 있으며, 1873년 데이비드슨(Robert Davidson)이라는 영국인 발명가가 제작한 전기자동차가 나오면서 최초의 실용적인 자동차로 평가되었다.

1859년 프랑스의 물리학자 플랑테(Gaston Planté)가 납축전지를 최초로 발명함으로서 전기자동차가 번창하는데 기여하게 된다. 1881년 9월에 프랑스 파리에서 열린 국제 전기박람회에서 프랑스 발명가인 구스타프 트루베(Gustave Trouvé)는 전기 3륜 자동차가 구동되는 것을 입증하게 되고, 이후 전기자동차가 급속하게 보급되기 시작하여 1912년에 생산 및 판매의 정점을 기록할 때까지 전기자동차의 시대였었다.

오늘날 내연기관 자동차에 익숙해진 우리들로서는 내연기관 자동차보다 전기자동차가 먼저 상용화되었었다는 사실이 약간 놀라운 일로 여겨질 수 있을 것이다. 그리고 요즈음 전기자동차의 효율 향상을 위해 사용되고 있는 휠인모터(wheel in motor)방식도 독일의 페르디난도 포르쉐(Ferdinand Porsche)가 이미 1900년 파리 국제자동차박람회에서 시속 50km, 1회 충전 50km 주행이 가능한 휠인모터를 장착한 전기자동차로 최고상을 수상하기도 하였다.

[그림 9] 르쉐의 휠인모터 장착 전기자동차

이 당시 가솔린엔진은 아직 성숙 단계 이전이었기 때문에 전기자동차가 자동차의 주류를 이루었고, 최고속도 기록도 전체적으로 전기자동차에 의해 독점될 정도로 전기자동차가 우세적이었다.

예를 들어 1899년 벨기에의 자동차 매니아였던 까뮈 제나찌(Camille Jenatzy)가 제작한 유선형 전기자동차 Jamais Contente가 영국 귀족과 벌인 경주에서 당시 세계 최고기록인 105km/h를 기록하였다. 이 당시 가솔린기관 자동차의 최고기록이 시속 50km 정도였던 것을 비교한다면 당시로서는 전기자동차가 상당히 고속형 자동차이었다는 것을 쉽게 알 수 있을 것이다.

[그림 10] La Jamais Contente

당시의 전기자동차는 기존의 다른 방식의 자동차들과 비교해서 냄새가 적고, 진동이 적으며 소음도 작았다. 그리고 무엇보다 가솔린자동차는 차량속도에 따라 적절하게 기어를 바꿔줘야 했으나, 전기자동차는 기어를 바꿔줄 필요가 없어 운전조작이 간편하여 상류층 및 여성 운전자들로부터 많은 관심을 받게 된다.

그러나 기술적 한계와 트랜지스터의 기술부족으로 인해 이 당시 전기자동차는 최고 속도는 32km/h에 불과하다는 단점도 있었다. 이와 때를 맞추어 1920년대에 미국의 텍사스에서 원유 발견으로 휘발유 가격이 떨어지고, 내연기관의 대량생산체제를 구축함에 따라 내연기관 자동차의 가격이 떨어진 반면 전기자동차의 가격은 지속적으로 상승하게 되어 휘발유를 사용하는 내연기관 자동차가 급부상하게 이른다.

1.3.3. 기술개발의 시대

[1] 내연기관의 탄생

실용적 내연기관의 기원은 일반적으로 네덜란드의 물리학자이자 천문학자인 호이겐스(Christiaan Huygens)가 1673년에 화약의 폭발에 의해 양수용 동력을 얻고자 하였던 것으로 보고 있다.

그의 조수였던 프랑스의 물리학자 파팽(Denis Papin)은 1688년에 실린더 내에서 적은 양의 화약을 폭발시키고 이 효과를 이용하여 실린더로부터 공기를 방출시키고, 엔진이 냉각 되면서 부분 진공이 형성되어 피스톤을 실린더 아래로 밀어 내리는 방식의 엔진을 시험하였다. 이 엔진은 후의 영국 뉴커먼(T. Newcomen)이 발명한 증기기관의 기초가 되었다. 연료의 연소에 의하여 동력을 얻고자 한 시도는 1794년 영국의 스트리트(Robert Street)를 시작으로 이후 많은 연구가 있었고, 영국의 라이트(W. L. Wright)는 1833년에 가스와 공기의 혼합물을 다른 용기에 넣은 다음 실린더에 보내면서 폭발시켜 그 힘으로 크랭크축을 회전시키는 엔진인 오늘날 가스폭발식 내연기관을 최초로 고안하였다.

1838년에는 영국의 바넷(William Barnett)이 점화시키기 전에 혼합기를 압축하는 것이 유리하다는 것을 발견하고 오늘날 사용하고 있는 압축식 엔진을 발명하기에 이른다. 또한 그는 불꽃 점화장치도 고안했다.

이때까지의 엔진은 실험적으로 성공함으로써 실용성을 인정받는 것에 지나지 않았으며, 실용엔진으로의 성공은 이루어지지 않았다. 1860년에는 벨기에 출신의 프랑스 기술자인 르누아르(Jean Joseph Étienne Lenoir)가 최초로 석탄가스와 공기의 혼합기체를 연소시켜 움직이는 실용적인 2행정 내연기관의 자동차를 만들었다. 그의 실험은 2마력으로 3시간 동안 약 11km를 움직이는 성과를 얻었으나 자동차 연구를 지속하지는 않았다.

[그림 11] **르누아르와 2행정 자동차**

1862년 프랑스의 로차스(Alphonse Bean de Rochas)는 내연기관의 원조라고 할 수 있는 4행정엔진의 작동이론을 발표하였다. 그는 이 이론에서 첫째, 체적 대 면적비가 커야만 한다. 둘째, 가스의 최대 팽창이 이루어져야만 한다. 셋째, 점화전에 혼합기 압력이 가능한 한 높아야 하며, 점화는 충분한 압축에 의해서도 이루어질 수 있다고 지적하였다.

1876년 독일의 오토(Nicholas August Otto)는 가연성 가스를 연료로 하는 불꽃점화 가스엔진을 개량하여 피스톤과 크랭크를 조합한 4행정 작동방식의 내연기관의 실용화에 성공하였다.

내연기관 자동차의 출현은 1886년 독일의 칼 프리드리히 벤츠(Karl Friedrich Benz)와 고트립 다임러(Gottlieb Daimler)에 의해 차례로 가솔린 자동차가 발표되면서부터 시작되었다.

특히, 다임러는 1885년에 열 튜브방식으로 가솔린엔진을 만들어 가솔린엔진의 2륜 자동차를 완성하였고, 이는 오토바이의 원조가 된다. 두 회사는 실용적 가솔린 엔진을 완성하여 기업화하였으며, 이 두 사람은 자동차의 아버지로 일컫는다. 그 후 이 두 회사는 서로 좋은 경쟁상대로 발전하였으며, 1926년 합병하여 회사명을 다임러-벤츠, 차의 명칭을 메르세데스 벤츠(Mercedes-Benz)로 하여 오늘날에 이른다. 이 회사는 세계에서 가장 오래 된 자동차 제조회사이다.

[그림 12] **벤츠 제1호 3륜차**

1900년 다임러가 발표한 최초의 메르세데스는 벌집 모양의 라디에이터, 둥근 핸들, 반타원형 스프링 등을 사용하여 현재에 이르는 자동차의 근본적인 형태를 확립하였다. 한편, 디젤엔진의 시작은 1893년 독일의 디젤(Rudolf Diesel)이 프랑스의 물리학자 카르노(Nicolas Léonard Sadi Carnot)의 열역학 이론을 기초로 한 디젤엔진을 발명하여 특허를 얻으면서 시작되었다.

[그림 13] **다임러가 발표한 내연기관이 장착된 4륜 마차**

[2] 자동차 주요 장치의 개량 및 발전

조향장치(steering system)는 1873년 프랑스 볼레(A. E. Bollée)에 의해 증기자동차의 바퀴 방향을 전환시키는 링크가 고안되고, 그 뒤 다시 좌우 바퀴의 꺾인 각이 바뀌도록 개량됨으로써 조정성을 높였으며, 그 기본구조는 현재까지 쓰이고 있다. 현재의 둥근 스티어링 휠은 1900년 무렵에 등장하여 지금까지도 사용되고 있다.

차동장치(differential gear)는 프랑스의 페쾨르(Onésiphore Pecqueur)가 1827년 고안한 것이 증기자동차에 처음으로 사용되었고, 이후 19세기말 내연기관 자동차가 등장하자 널리 사용되기에 이른다. 현가장치(suspension system)의 기원은 프랑스의 몰스 자동차(mors automobile factory)에서 시작되었다.

몰스 자동차는 1902년에 파리-베를린 경주에서 처음으로 쇽업쇼버(shock absorber)를 사용한 자동차로 앙리 포르니에(Henri Fournier)가 우승하게 된다. 토션바(Torsion bar)는 영국의 레일랜드 모터스(Leyland Motors)가 1920년에 처음으로 적용하였다.

최초의 실용적인 타이어는 영국의 수의사 던롭(John Boyd Dunlop)이 1887년에 아들을 위해 자전거를 개량하다가 고형(固形) 고무 대신에 압축공기의 쿠션을 이용하여 진동을 줄인 고무타이어를 고안한 것이다. 이것을 1895년에 프랑스의 미쉐린(Edouard Michelin)이 파리-보르도-파리간의 경주에 참가한 자동차가 압축 타이어를 장착한 최초의 자동차가 된다.

[그림 14] **던롭과 공기 넣은 타이어**

[그림 15] **고무타이어를 장착한 푸조 자동차**

[3] 공업화, 대중화의 시대

1888년 독일에서 칼 벤츠가 휘발유 자동차를 양산하기 시작했지만, 영국과 마찬가지로 독일에서도 자동차를 위험물로 취급해 여러 가지 규제가 가해졌다. 결국 세계 최초의 자동차 제조 회사는 칼 벤츠에게 특허 사용권을 사와 1889년 설립된 프랑스의 파나르 르바소(Panhard et Levassor)가 차지하게 된다.

미국에서는 1893년 찰스 듀리에(Charles Duryea)가 그의 동생 프랭크 듀리에(Frank Duryea)와 미국 최초의 자동차 제조회사인 듀리에 모터 웨건회사(Duryea Motor Wagon Company)를 설립했다.

그러나 당시 미국에서 자동차 생산을 주도했던 회사는 올즈모빌(Oldsmobile)이었다. 올즈모빌은 세계 최초로 가솔린엔진의 Curved Dash라는 조립라인을 이용해 자동차를 양산하게 된다. 곧이어 캐딜락, 윈톤(Winton Motor Carriage Company), 그리고 포드 자동차 회사도 수천대의 차량을 생산하기 시작했다. 미국 서부 시대 동안에는 수많은 기술자들이 자동차 기술을 활발하게 개발하기 시작하였고, 그들은 경쟁적으로 증기자동차, 전기자동차, 그리고 휘발유 자동차를 제작하였다. 그리고 1910년대에 들어서 휘발유 내연기관을 장착한 자동차가 주류를 이루게 된다. 엔진 배기량도 1200cc까지 증가했다.

[그림 16] **최초의 양산차(올즈모빌)**

현대의 자동차에서 흔히 볼 수 있는 가스/전기 하이브리드자동차, 다중밸브 엔진, 오버헤드 캠샤프트(OHC), 4륜구동 굴림방식(4WD) 등이 모두 이 시기에 시도되었다가 폐기되었다.

이러한 기술혁신과 시도는 너무 급격히 이루어져 자동차 외형, 재질, 제어장치 등의 자동차 구조에 관한 명확한 표준이 정립될 수 없었다. 예컨대, 수많은 베테랑 자동차들이 스티어링 휠 대신에 키(tiller)를 사용하여 방향을 바꿨으며, 속도를 조절할 수 있는 기능도 없는 경우가 많았다. 구동축은 현대까지 사용하는 체인 구동 방식이 사용되었고, 승객실 위로 지붕이 있는 형태의 자동차 외형은 거의 찾아볼 수가 없었다. 이 시기까지는 아직 일반인들에게는 자동차가 유용한 기계장치가 아니라 그저 신기한 기계장치일 뿐이라는 인식을 가지고 있었다. 고장도 자주 일어나고 연료는 구하기 어려웠으며, 급격한 기술 발전으로 구입한 자동차는 한 해만 지나도 구형이 되고 말았다.

1905년부터 호사가들의 취미가 아닌 일반인들의 필요에 따라 자동차가 판매되기 시작하였고, 자동차 구조에 대한 기준이 정립되어가기 시작하였다. 또한, 전통적인 4륜 대형 마차 형태의 탈 것은 빠르게 사라져 갔고, 소형 마차 역시 인기가 시들해졌다. 이 시기 동안, 수백 개의 작은 자동차 제작회사가 등장해 경쟁하면서 자동차 기술 개발 역시 빠르게 진행되었다.

중요한 기술로는 1930년 독일의 로버트 보쉬(Robert Bosch)가 고안한 전기점화장치, 1910년과 1911년 사이에 미국의 발명가 찰스 커터링(Charles Kettering)이 개발한 전기 자동시동기가 있다. 그 외에도 독립 현가식 장치, 4륜 브레이크 등도 이 시기에 개발되었다.

판상 스프링이 현가장치에 광범위하게 사용되었고, 프레임 재질은 나무에서 L형강으로 바뀌었다. 또 변속기와 연료 흡입 조절판을 적용해 다양한 속도로 주행할 수 있게 되었다.

1908년 발표한 미국 포드(FORD)사의 T형은 자동차 역사에 있어서 중요한 전환점이 되었다. 이때까지는 많은 사람들이 자동차를 소유하고 싶었지만, 아무나 탈 수 없을 만큼 비싼 것이 흠이었다. 헨리 포드(Henry Ford)는 1909년에는 규격화한 부품을 컨베이어(conveyer)에 올려놓고 작업자의 옆을 지나게 하면서 조립하는 생산방식(assembly line)을 도입하여 생산가격을 낮추어 자동차의 대중화를 열게 된다.

포드 T형은 1908년 출고를 시작하여 1927년까지 18년 6개월 동안 1500만대 이상 생산되었다. 포드 T형은 그 전성기에 전세계 자동차 보유량의 68%를 차지하고 있었다.

[그림 17] **포드 T형 생산라인**

포드 T형의 성공은 유럽에 큰 영향을 끼쳐 Citroën(1919년 프랑스), OPEL (1922년 독일), FIAT(1919년 이탈리아), AUSTIN(1922년 영국) 등이 포드에서 배운 방식으로 유럽에서도 대량생산이 가능해져 유럽의 대중에게도 제공하게 된다.

[그림 18] Ford-T형

1.4. 우리나라 자동차의 역사

1.4.1. 자동차의 등장

우리나라에서 처음으로 자동차를 들여온 것은 1903년 소선 26내 임금이었던 고종황제의 어차이다. 황제즉위 40주년을 맞아 미국공사 알렌을 통하여 수입한 것이나 아쉽게도 1904년 러일전쟁 중에 분실된 것으로 알려져 있다. 이어 1911년에 들여온 자동차도 황실용이었다. 이 자동차는 영국의 다임러의 리무진 1대와 미국 GM의 캐딜락 리무진 1대였는데 다임러는 고종황제용이었고 캐딜락은 순종황제용이었다. 서울 백성이 거리에서 자동차를 처음 본 것은 1908년으로, 프랑스 공사의 빨강색 자가용이었다.

민간인으로 자동차를 처음으로 탄 사람은 3·1운동의 33인중 한 사람인 의암 손병희 선생으로 알려져 있다. 동학혁명의 실패로 일본으로 망명했을 때인 1905년에 도쿄에서 자동차를 타고 다녔다고 하는데 당시에는 일본에도 자동차가 10여대에 불과했다고 한다.

손병희 선생은 1918년에 우리나라 최초의 민간인 승용차 1호를 소유하게 된다. 우리나라 자동차 보유대수는 1985년도에 1,000만대를 돌파하였고, 2014년 에는 2,000만대를 돌파하였다.

[그림 19] **고종황제의 어차 포드**

[그림 20] **의암 손병희 선생의 승용차**

[표] **우리나라 연도별 자동차 등록 추이**

연도	2011	2012	2013	2014	2015	2016	2017	2018	2019	2020
대수(만대)	1,844	1,887	1,940	2,012	2,099	2,180	2,253	2,320	2,368	2,437
증가(천대)	496	434	530	717	872	813	725	674	475	689
증가율(%)	2.8	2.3	2.8	3.7	4.3	3.9	3.3	3.0	2.0	2.9
비고	자동차 1대당 인구수: 2.13명(인구수: 51,829천명, 행안부 2020년 12월말 기준)									

1.4.2. 자동차 취체령의 공포

자동차의 보유대수가 늘어나면서 이로 인한 사고발생 등 사회문제가 발생하기 시작하자 1915년 7월 22일에 서울 경시청은 자동차를 단속하기 위한 "자동차 취체령"을 공포하게 된다.

최초의 도로교통법으로 운전자는 운전면허를 소지하여야 하며, 달릴 때에는 길 가운데로 주행하여야 하고 마주 오는 마차 등을 피할 때는 좌측으로 가야하며, 속도는 시속 25km 이하, 2개 이상의 제동장치가 달려 있어야 하고, 앞에는 야간운행을 위한 등불이 달려 있어야 한다는 등이 주요 내용으로 우리나라의 "적기조례" 법인 셈이다.

1.4.3. 자동차산업 관련업체들의 설립

1940년대부터 훗날 우리나라 자동차산업과 관련된 업체들이 설립되기 시작하였다. 그동안은 자동차와 부품들이 미국 등으로부터 수입되었으나 2차 세계대전의 발발로 1939년부터 수입이 불가능해짐으로써 이때부터 일본산 자동차로 바뀌게 되는데 이를 계기로 국내에서 부분적인 부품생산과 수리, 재생 등이 이루어지기 시작했기 때문이다. 그 이전에는 자동차 관련 사업이라고는 미국인 또는 일본인이 운영하던 정비업체와 자동차 및 부품판매업, 운송업 정도가 있었을 뿐이었고 그나마 내국인의 참여는 거의 이루어지지 않았다.

최초의 부품생산은 1937년도에 설립된 국산자동차(주)에 의해서이며 스프링을 생산하였고, 자매회사인 조선자동차공업이 슬리브, 기어, 볼트·너트 등을 생산했다. 정비업체로 가장 큰 것은 경성서비스로 국내 정비의 60%를 점했을 정도였고 그 외에 경성공업사, 삼화서비스, 대륙서비스, 대동서비스 등과 보링업체로는 자기공업사, 조선이연공업사 등이 있었다.

1.4.4. 국산자동차의 탄생

1955년 9월에 우리나라 최초의 자동차인 시발이 탄생하였다. 전후 복구상황에서 미군용 지프를 모델로 하여 엔진을 국산화했고 철판을 두드려 만든 차체에 국내 부품업체에서 생산된 부품과 국내 생산이 불가능했던 변속기와 차축 등은 재생부품을 사용하여 완전히 수공업적 방식으로 제작된 국산 자동차가 생산된 것이다. 이후 새나라자동차의 설립과 일본 완성차의 도입에 따라 경쟁력을 잃게 되어 1962년을 마지막으로 생산을 중단하게 된다.

[그림 21] **우리나라 최초의 시발 자동차**

02 자동차기술의 발달

인류는 고대부터 무거운 물체를 운반하기 위해서 바퀴를 이용한 수레를 만들어 사용했다. 물론 처음에는 수레를 움직이는 원동력이 사람의 힘이나 동물의 힘이었으나, 1765년 영국의 제임스 왓트에 의해 증기기관이 발명되면서 본격적인 자동차의 역사가 시작되었다.

그리고 1770년 프랑스인 퀴노가 역사상 처음으로 기계의 힘에 의해 주행하는 증기자동차를 개발하게 된다. 하지만 증기자동차는 중량이 많이 나간다는 점과 석탄을 태우면서 나오는 많은 공해물질로 인해 문제점을 배출하면서 퇴화되었고 오히려 증기기관을 이용한 배나 기차가 발달하였다. 시간은 흘러 1876년 독일의 오토가 현재 4사이클 엔진의 원형이 되는 내연기관을 만들었고, 1885년 벤츠의 3륜 가솔린자동차가 개발되면서 자동차의 발전은 시작되었다.

2.1. 초기의 자동차 제작

2.1.1. 자동차의 출발점은 자전거와 마차 제작기술

자전거는 1870년대부터 여러 가지 면에서 가장 중요한 고도 기술의 하나로 발전했다. 자전거는 가볍고 견고해야 했으며, 대량생산에 적합하게 설계되어야 하였기 때문에 다양한 기술적 해결책들이 제시되어 초기 자동차 제작에 중요한 역할을 하였다. 얇고 가벼우면서 용접이 가능한 강관, 생산이 용이하고 가벼운 철판, 가벼운 바퀴, 마찰을 줄이고 수명을 연장하는 볼 베어링, 니켈 도금으로 부식에 강한 표면, 동력전달을 위한 금속 체인 등을 들 수 있다.

초기의 자전거 제작기술을 다룬 철의 기술(헤디케, 1990)에서도 알 수 있듯이 차동장치, 유니버셜 조인트, 볼 베어링은 이미 오래전부터 그 분야에서 널리 사용되고 있었음을 알 수 있다.

최초의 자동차라 할 수 있는 벤츠의 자동차는 너무도 당연하게 자전거의 특수 형태로서 "3륜 벨로시패드 자전거" 또는 "엔진 벨로시패드 자전거" 라는 명칭을 얻었었다. 자동차의 조향장치를 발명한 영국의 애커먼은 당시의 3륜 자전거가 벤츠의 엔진 벨로

시패드 자전거 탄생에 가장 중요한 원동력이었다고 언급하기도 하였다.

그러나, 자동차가 이 자전거의 기초기술을 이용한 최초의 차량은 아니었다. 1886년 이전에 이미 프랑스에서는 시운전을 마친 증기동력의 도로용 차량이 있었다. 이 최초의 원천적 동력을 이용한 차량은 기술적 기본설비의 면 뿐만이 아니라 기존의 자전거 기술을 이용하였다는 점에서도 벤츠의 3륜 자동차와 매우 유사하였다.

자동차 발명가들은 처음에 하나의 기술을 적용하고 다음에 또 다른 기술을 이용하며 두 가지 기술의 조화를 시도하였다. 다임러와 마이바흐는 1886년 자신들의 4륜 자동차 제작을 위해 경량의 미국의 마차를 구입하여 실험차량으로 사용하였다. 다임러는 철제바퀴차를 위해 자전거 기술을 이용하였고, 벤츠는 나무살 바퀴 및 밤나무 목재와 같이 마차 제작에 쓰였던 재료를 수용하였던 것이다.

1895년에 탄생한 영국의 자동차 선구자인 제임스 나이트의 자동차는 뒤에는 마차의 축을 앞에는 벤츠의 모형을 따른 축을 장착한 것이었다. 마차 제조기술은 19세기 말에 이미 높은 수준에 도달해 있었다. 벤딩기술 및 접착기술, 장력을 이용한 고정법이나 상자형 지지물을 이용하여 파이프 및 철판으로 만들어진 자전거처럼 견고하면서도 더 무겁지 않은 목재 마차가 되었었다.

[그림 22] **다임러가 엔진을 장착한 미국 마차(1885년)**

2.1.2. 통일된 유형의 탄생

자동차가 발명된 지 약 15년이 지나 기술적 설계 면에서 변화가 생긴다. 자전거에 기초한 기본설계가 밀려나게 되었던 것이다. 1990년 이후에는 동력, 차체, 운전석 위치는 물론 전체 윤곽이 결정적으로 변했다. 최초의 자동차 직후에 나온 후속 모델인 1893년의 벤츠 자동차가 전형적인 구형모델이었다.

최초로 대량 생산되었으며 1.5에서 2.75마력 정도의 1기통 엔진을 장착한 이 자동차는 1200대가 제조되었다. 운전석은 뒷자리에 다른 좌석은 마주보도록 제작되었으며 많은 회사들이 이 모델을 모방하였다.

그러나, 프랑스의 파나르 르바소는 1899년에 마차의 느낌도 없고 자전거를 상기시키지 않는 자동차를 제작하게 된다. 엔진이 앞쪽에 위치하여 공기와 접촉할 수 있어 냉각도 원활해졌으며, 기어도 앞쪽에 설치되어 무게도 균등해짐에 따라 도로 적응도도 개선되었다. 또한 후륜 구동방식을 채택하고 바퀴의 크기도 균일해져 운행이 수월해졌다. 비스듬히 설치된 핸들은 인체구조에 맞아 운전도 더 편해졌다. 파나르시스템이라 불리웠던 이 방식은 당시 표준형으로 여겨졌고 현재에 이어지고 있다.

자동차의 성능이 좋아지고 속도가 높아짐에 따라 자동차의 차체는 더 견고하고 무겁게 제작되었다. 자전거에서 가져온 원형 파이프가 사라지고 L자 혹은 U자 모양의 지지대가 틀을 이루었다. 이와 같이 프랑스는 초기의 자동차 문화에 결정적인 영향을 끼쳤을 뿐만 아니라 파나르시스템으로 자동차 기술에도 큰 영향을 주었다. 엔진의 성능이 개선됨에 따라 기존 변속장치에도 한계가 드러났다. 즉, 벨트가 점점 늘어졌으며, 특히 비가 올 때면 미끄러지는 현상으로 인해 결국 날씨 변화에 상관없는 톱니바퀴 변속기가 등장하게 된다.

[그림 23] **파나르 르바소 자동차**

자동차가 움직이는 기계에서 기계를 장착한 차량으로 변신하게 된 원인은 속도 증가에 대한 수요자들의 요구가 커졌기 때문에 무게 중심이 낮게 제작되기 시작하였다. 제동시에 자동차의 무게중심이 앞으로 쏠리게 되어 앞바퀴가 더 강하게 제동되어야 한다.

그러나 1920년대까지도 브레이크는 기어나 뒷바퀴에만 작용하였고 끈을 사용하여 제동상태가 균일하지 않고 또 원하지 않을 때 제동이 이루어지는 경우가 발생하였다.

초기의 자동차의 타이어는 마차와 자전거처럼 순수 고무 타이어로 사용하다가 1895

년부터 점차 공기 타이어로 바뀌게 되는데 운행 중에 일어나는 고장 원인이 되었다. 고무에 카본 블랙(Carbon black)이 섞이기 전이어서 오존에 민감하여 적외선에 반응하여 빨리 마모되었기 때문이다. 당시에는 비상용 타이어가 일반화되어 있지 않아 고장이 날 경우에는 타이어를 빼내어 그 자리에서 수리를 하여야 했다.

[그림 24] **고장 난 자동차를 수리하는 광경(1910년경)**

1920년대에 들어서 개선된 제품들이 개발되기 시작하였다. 바퀴 중앙에 잠금장치가 있는 철사살 타이어는 교체하기가 용이했고, 풍성 타이어는 고장이 적었으며, 처음으로 홈이 파인 타이어가 나와 안전운행에도 도움이 되었다.

1890년 이후, 고속주행을 위해 점점 더 많은 시스템이 자동차에 적용되었다. 정부는 경적과 배기장치, 조명과 같은 자동차의 존재를 상대방에게 알릴 수 있는 부속장치들에 대한 제작 규정을 요구하게 된다.

2.2. 상용자동차의 역사

1894년에 다임러가 가솔린엔진을 짐수레에 장착하여 최초의 가솔린 화물차를 생산했다.

[그림 25] **4마력 엔진을 장착한 최초의 다임러 화물차**

하지만 초기의 화물차는 당시 주류를 이루고 있던 마차에 비해 유지비가 많이 들고 거친 도로 등에도 견디지 못하여 인기를 얻지 못하였다. 무엇보다 가솔린엔진에 대한 신뢰가 낮았기 때문에 다임러마저도 1906년에 전기 화물차를 생산한다. 또한, 하중으로 인해 파괴되어 가는 도로를 관리하는 관청에서는 화물차를 회의적으로 주시하게 된다.

그러나, 군에서 화물차의 중요성을 인식하고 보조금 제도를 시행함에 따라 상황은 달라졌다. "보조금 화물차"로 인가된 특정한 유형의 화물차를 개인이 구입할 경우에는 특별 보조금을 받게 된다. 대신에 전쟁이 나면 차량을 군에 제공하여야 하는 조건이었다. 또한 화물차가 군의 필요성에 걸맞게 개발된 것은 자연스러운 것이었다. 독일에서는 요구되는 화물차의 성능이 엔진성능은 최소한 30마력은 되어야 하고 12.5%의 등판능력을 갖추어야 했으며 매년 성능 테스트를 실시하였다. 이러한 군의 압력으로 1910년경에 일반 화물차가 등장하게 된다.

1920년대에 들어서 화물차는 크게 증가하게 되었고 화물차를 이용한 교통량 또한 많아졌다. 독일의 경우, 등록된 화물차가 1914년에 약 9,100대이었던 것이 1927년에는 10만대를 넘어섰다고 한다. 이는 같은 시기의 승용차가 약 55,000대에서 26만 8,000대로 증가한 것에 비하면 놀랄만한 증가율이다.

하지만, 불완전한 기술로 인해 화물차의 경제성이 좋지 않았다. 연료가 많이 들고 부피가 큰 엔진과 철 타이어, 용수철 타이어 또는 고무 타이어를 붙인 화물차의 성능은 빈약했으며, 5.5ton까지의 화물차는 시속 30km, 그 이상의 화물차는 시속 20km까지만 허용되는 법적조치까지 한몫을 더했다.

1923년이 되어 오펠이 새로운 모델을 선보였지만 체인 구동장치가 없어지고 카르단축이 설치된 것 이외에는 별다른 진전이 없었다. 또한 대형 화물운송을 위해서는 연료소모를 줄이는 방법이 강구되었고 디젤엔진이 등장하게 된다.

그러나, 디젤엔진은 연료와 공기가 혼합된 것을 압축하지 않고 순수한 공기만을 압축하기 때문에 정확한 양의 연료가 정확한 시점에 실린더 안으로 주입되어야 하는 기술을 확보되어 있지 않았다. 또한 연료가 미세하게 분사되어 고온의 압축된 공기 내에서 균등하게 연소될 수 있어야 했다. 이를 해결하기 위해 당시 벤츠&시에(Benz & Cie)사의 디자인 엔지니어였던 프로스퍼 로랑주(Prosper L'Orange)가 펌프로 압력을 가해 연료를 실린더에 주입하는 방식을 개발하게 된다. 분사성능이 높아지도록 디젤연료가 주 연소실로 직접 주입되지 않고 프리 체임버로 분사 노즐이 연결되어 그곳에서 연료를 연소시킨 후 주 실린더로 전파하는 방식이다. 이런 방식의 디젤엔진은 1920년대 말에 표준형으로 승격되었다.

디젤 엔진은 같은 성능의 오토엔진보다 더 무겁고 더 견고했으며 고장이 적었다. 독일에서 디젤 엔진은 세 가지의 중요한 특징 때문에 군사적 목적에 유리했다. 첫째로 자국의 에너지 자원인 석탄과 평지씨 기름에서 연료를 확보할 수 있다는 점, 둘째로 연료 소모가 적다는 점, 셋째로 충격을 받았을 때 화재 위험이 적다는 점 등이었다.

[그림 26] **민간용으로 이용되는 군용 차량**

1930년대에는 화물차의 기술이 발전하여 효율성도 높아졌다. 엔진의 성능이 향상되고 공기 타이어를 통해 속도가 빨라졌으며, 제동이 개선되고 조작도 간단해져 운전하기가 쉬워졌다. 1945년 이후의 상황은 1918년 이후와 유사했다. 화물차의 기술은 거의 발전하지 않았고, 생산량이 수요를 따라가지 못함에 따라 구형 모델이 계속 생산되었다.

1949년에 처음으로 메르세데스 벤츠가 90마력의 디젤엔진을 장착한 신형 화물차를 발표하였으며, 이는 그 후 오랜 기간에 걸쳐 독일 경제기적의 중추가 되었다. 1945년 배기가스 터보차저를 장착한 디젤엔진이 개발되었고 이 기술은 양산되는 승용차에도 적용되었다.

2.3. 환경문제와 자동차산업

자동차의 보급 확대로 발생하게 되는 환경문제에 대한 대응의 역사는 안전에 대한 대응과 나란히 진행되어 왔다. 환경측면에서 자동차를 비판하게 된 초기의 동기는 자동차들이 대부분의 비포장도로에서 일으키는 먼지와 배기가스에 대한 두려움에 있었다. 운전자나 기술자가 꽉 막힌 차고에서 일산화탄소 중독으로 사망하는 일이 자주 발생하였다.

2차 대전 중에 미국은 캘리포니아 남부에서 햇빛 중의 질소산화물의 변화로 생겨나고 자극성 있는 매연을 생성하는 광화학 스모그, 혹은 여름 스모그가 위험 요인임을 알아냈다. 그 후 1956년에 한 보건관련 보고서는 인구의 약 75%가 스모그의 영향을 받고 있음을 입증했다.

세계에서도 자동차 밀도가 가장 높은 캘리포니아에서는 기온 역전현상이 기단(氣團)의 교체를 가로막고, 태양 에너지를 통한 질소산화물의 변화를 용이하게 하는 일도 자주 발생하였다.

1960년대 후반에 미국에서 자동차가 환경보호론자들의 표적이 되면서 비판 여론이 시작되었다. 이는 대형 자동차들의 엄청난 소비 때문이기도 했다. 최초의 환경법안들이 발효되었다. 1970년 개정된 머스키법(Muskie law)은 배기가스의 90% 감소를 규정하고 있다.

초기에는 단순한 조치에도 큰 효과를 나타냈다. 크랭크실에서 나오는 윤활유 증기 및 휘발유 증기를 동시에 연소시키는 것만으로도 배기가스를 25% 정도 줄일 수 있었다. 공기유입 이후 배기가스재순환이나 배기관에서의 연소장치도 처음에는 효율적이었다. 더 좋은 효율을 갖춘 엔진들은 연료들은 연료소비는 적지만 새로운 문제점을 안고 있었다. 휘발유 연소가 효율적이면 배기가스 중에 탄화수소의 비중은 감소하지만, 연소 온도가 높아짐에 따라 스모그를 유발하는 질소산화물이 더 많이 배출된다.

[그림 27] **잡지 슈나우페를의 만평 삽화(1904년)**

자동차의 환경문제에 관한한 미국과 독일은 큰 시각 차이를 보이고 있었다. 1959년까지만 해도 독일은 자동차의 배기가스를"동력화의 유감스러운 부수현상"이라고 하찮게 여겼다. 독일의 환경보호단체도 핵에너지와 공장들과 더불어 자동차를"환경오염의 제1주범"이라는 인식을 뒤늦게야 갖게 된다.

이는 1979년의 2차 유류 파동을 겪고 난 1980년대 초반부터 인식이 바뀌기 시작했다. 유류 파동을 거치며 질소산화물과 이산화탄소를 차지하는 최대 부분이 자동차에서 배출된다는 인식이 퍼졌다. 독일에서도 환경정책적 법규들의 필요성은 인식하기 시작하였지만, 대부분의 조치들은 반발에 부딪혔다.

독일의 법규들은 1985년경에야 미국의 1970년대 기준을 지향하게 된다. 엔진의 정기적 가동 중지를 위한 캠페인이 펼쳐졌고, 마침내 1987년에는 배기가스 검사 의무화가 도입된다. 그럼에도 불구하고 다양한 기술적 수단들에 의해 자동차의 환경 유해성은 점차 줄어들고 있다. 촉매장치로 정화된 엔진의 배기가스는 이미 2000년에 대도시 공기보다 깨끗해졌다. 유독물질인 테트라에틸납을 고밀도 엔진의 노킹 방지제로 사용하는 것은 1946년에서 1968년 사이에 400%가 증가했다.

그러나, 촉매 정화장치가 유연 휘발유를 통해 훼손되기 때문에 1988년 이후 보통 휘발유는 무연이 되었다. 그리고 1950년대까지만 해도 혼합물로 발암물질인 벤졸 비율이 높은 휘발유가 인기를 끌었으나 이 비율 또한 줄어들었다. 교통소음은 특히 도시에서는 심각한 공해이며, 심지어 질병을 일으킬 수도 있으나, 새로운 종류의 타이어, 엔진케이스, 소음을 최소화하는 도로 포장재 등을 통해 자동차 소음이 줄어들었다.

[그림 28] **지구온난화를 경고하는 포스터**

1960년대에 자동차의 수명은 상당히 짧았다. 금속판의 강도가 낮아지고, 고철 함유량이 높은 저렴한 강철이 사용되고, 부식 방지조치를 거의 취하지 않은 탓에 자동차들은 점점 빨리 녹슬어 갔다.

1970년경에는 차체 수명이 종종 엔진과 기어에 비해 훨씬 짧은 5~6년밖에 안되는 자동차도 있었을 정도였다. 플라스틱과 아연 도금 금속판의 사용은 자동차 사용기간을 오늘날 평균 13년으로 끌어 올리는데 기여하였다. 아무리 고가의 자동차라 하여도 수명을 다하면 폐차되기 마련이다. 자동차 한 대의 일생에서 소비되는 에너지 양에 결정적인 영향을 미치는 것은 폐기물 처리방식이다. 폐차된 자동차들을 재활용하려는 시도들은 일찍부터 있어왔다.

포드는 1925년경에 중고차 해체를 위한 컨베이어 벨트를 개발했으나 큰 성과를 거두지 못하였다. 자원을 절감하는 재활용은 최근 들어 다시 큰 관심을 끌고 있다.

2.4. 자동차의 대중화와 제품 다양화

2.4.1. 산업구조 개편과 미국의 대형차 개발

포드 T형 개발로 대량생산방식과 생산성 향상은 대폭적인 가격인하를 가능하게 했고, 이는 곧 수요급증으로 연계되어 다른 업체에도 점차 확산되어 자동차 산업구조가 대폭 개편되고 바야흐로 자동차 대중화가 촉발되기에 이르렀다.

1920년경부터 미국 자동차 시장은 대중화 보급과정을 넘어 대체수요를 창출하기 시작했다. 수요자들은 보다 우수한 성능, 세련되고 멋있는 스타일과 외장, 안락함 등을 원했다.

이 같은 시장구조 변화와 고객의 욕구(needs)변화로 자동차의 모델경쟁이 치열해지고 차종다양화 정책을 촉진하게 되었고 점차 대형, 고 마력의 모델경쟁이 전개되어 1950~1960년대에는 화려한 디자인의 가솔린엔진 장착 고급형 승용차 시대를 열게 되었다.

2.4.2. 유럽의 자동차 대중화와 소형차 개발

유럽의 자동차산업은 제1차 세계대전의 영향으로 새로운 전기를 맞게 된다. 자동차의 군사적 가치와 무기생산에 사용했던 양산기술과 부품의 호환성 공법, 헨리 포드의 대량생산방식을 도입, 확산시키게 되었다.

따라서 수요구조도 스포츠, 오락용 자동차를 선호하던 일부 부유층 중심에서 점차 실용적이고 경제적인 차를 원하는 서민계층으로 옮겨가게 되었다. 당연히 경제형 소형차에 대한 시장경쟁도 뜨겁게 달아올라 유럽 각국의 자동차 제작사들은 앞 다퉈 독특한 아름다움과 우수한 성능을 갖는 경제적인 소형차를 개발하게 되었다.

2.4.3. 모델 경쟁과 차체의 변천

1885년 고틀리프 다임러(Gottlieb Daimler)가 가솔린자동차를 발명한 이래 자동차는 급속한 진보를 이루었다. 초기에는 엔진 출력이 부족하여 가솔린자동차는 무거운 보디를 운반할 여유가 없어 섀시(chassis)에 시트만을 부착한 형태였다.

그러나 자동차도 마차보다 빨리 달릴 수 있게 되자 바람막이 유리와 상자형 차체가 필요하게 되었다(그림 30). 한편 1915년 미국에서는 양산차의 효시인 T형 포드를 발표하였는데 중앙에 도어를 가진 최초의 세단이었다.

[그림 29] **르노 8CV AG형(1900)**

1920년대에도 차체의 골조는 여전히 목재로 이루어졌고 그 위에 강판을 붙인 제조법이었다. 이 보디는 외각구조로 된 형태였으며 프레스기계, 형, 치구를 도입, 발달시켜서 1920년대 후반에는 펜더(fender) 등에 깨끗한 곡면을 볼 수 있게 되었다(그림 30).

[그림 30] **롤스로이스 실버고스트(1929)**

1930년대에 들어서면서 대형 프레스의 도입에 따라 차체의 강판화가 진척되고 있었다. 또 차체의 구조는 오랫동안 독립된 프레임에 엔진, 서스펜션을 달아서 섀시를 만들고 그 위에 별도로 만든 보디를 장착하는 방식이 취해지고 있었다. 이 시대에 항공기의 기체 기술을 응용하여 일체구조 차체를 자동차에 시험적용하게 되었다(그림 31). 또 차의 높이를 낮추는 일도 가능하게 되었기 때문에 '낮게, 폭 넓게' 라고 하는 기본적인 스타일 이미지가 추구되어 갔다. 도어 힌지(hinge)를 차체의 외판 밖으로 돌출되지 않도록 박아 넣고, 곡면 유리 및 빌트인 트렁크(built-in trunk ; 외판 판넬과 일체화된 리어 트렁크 형상)를 채택하여 차체의 곡면화가 더욱 촉진되었다.

[그림 31] BMW 328 스포츠 로드스타(1936)

1940년대 말경 플래시 사이드(flash side; 도어와 전후 펜더가 하나의 연속곡면으로 이뤄지는 형태) 형상이 출현되고 50년대에 들어서는 랩어라운드 윈드 실드(wrap around windshield; 앞쪽 창유리가 측면까지 구부러진 것), 듀얼 헤드라이트(4등식 헤드램프)를 갖추게 되어 세단에 4도어 4창 유리의 형식이 일원화되었다(그림 32). 또 이 시기에 미국에서는 하드 톱(hard top)이 장착되었고, 후반에는 테일 핀(tail fin)이 출현했다.

[그림 32] 시트로엔 SM(1955)

1960년대 유럽에서는 이탈리아의 까로쩨리아(carrozzeria; 보디전문 제작사)의 전성시대로서 계속 참신하고 깨끗한 곡면으로 구성된 차가 발표되었다(그림 33). 한편 미국에서는 1960년대 전에 벌써 테일 핀이 소멸하고 대신해서 롱 노즈 쇼트덱(long nose short deck; 본네트가 길고 리어 트렁크 팬널 면이 짧은 형상, 덱(deck)이란 배의 갑판형상으로 보여서 부르는 명칭)의 스타일이 되어 근대적인 패스트 백 스타일(fast back style; 루프에서 차의 뒤끝까지 하나의 곡면으로 구성되어 있는 형식)도 출현했다.

[그림 33] **페라리 166 스파이더 코어사(1965)**

2.5. 자동차 성능향상과 안전문제

자동차의 대중화에 따른 자동차 대수의 급격한 증가, 모델과 성능경쟁이 치열해짐에 따른 고속, 고출력 화는 필연적으로 교통사고의 증가를 초래하게 되었다.

자동차를 운전하는 동안에 판단, 조작의 오류는 발생할 수도 있는 것이므로 그 가능성을 어떻게 해서 줄일 것인가, 또 오류가 발생했을 경우 이를 억제할 수 있는 능력과 구조로 되어 있는가, 사고가 발생한 경우에 관련된 사람에게 가해질 육체적 손상을 어떻게 하여 억제하고 경감할 수 있는가 하는 것이 안전의 기본이라는 것은 당연한 이야기이다. 이를 정리해 보면 다음과 같이 4단계로 구분할 수 있다.

[1] 위험한 상태에 빠지지 않는다(1단계)

운전자에게 피로를 경감시킬 수 있고, 주의력이 산만해지지 않고, 운전조작이나 판단에 오류가 생기지 않을 수 있는 구조로 되어 있어야 한다. 예를 들어 좋은 시트, 양호한 시계, 장치의 조작성, 등화류 등에 대한 배려가 필요하다. 한편 'Unsafe at any speed(어떠한 속도에서도 자동차는 위험하다)' 라고 하는 미국 소비자운동가의 슬로건에서 주장하듯이 운전자 스스로가 안전의식을 갖고 철저히 방어운전을 하는 것이 가장 중요한 점이라는 것은 두말할 나위도 없다.

[2] 위험한 상태를 회피한다(제2단계)

위험한 상태에 빠지지 않거나 회피하는 것이 최선의 사고대책이며 이를 능동적 안전(active safety)이라고 한다. Mercedes Benz에서 이를 4분야로 정리하고 있다.

① **주행안전성**: 자동차의 운전특성향상, 위험회피능력을 높인다.

② **환경안전성**: 쾌적하게 운전할 수 있게 하여 피로를 줄인다.

③ **인지안전성**: 보기 쉽고, 잘 보이도록 한다.

④ **조작안전성**: 각종 장치를 조작하는 데에 운전자의 부담을 줄여준다.

예를 들면 ABS, 타이어의 접지력, 현가장치의 조종안전특성의 향상 등이다.

[3] 충돌로부터 사람을 지킨다(제3단계)

불가피하게 사고가 발생한 경우 충돌한 차 안에 타고 있는 승객을 어떻게 안전하게 지킬 것인가 하는 것을 수동적 안전(passive safety)이라 한다. 충돌시 순간적으로 발생하는 감속도에 따라 승객에게 가해지는 엄청난 충격력을 어떻게 완화할 것인가, 차체가 순차적으로 찌그러지면서 에너지를 흡수하여 충격력의 피크를 낮추는 일, 승객실은 될수록 덜 찌그러지고 승객이 살아남을 수 있는 여유 공간을 확보해 주고, 사고 후 문을 열 수 있어서 부상자를 신속히 후송할 수 있도록 하는 일 등이 중요하다.

한편, 시트벨트, 에어백 등의 장비에 의해 승객이 차체 각부에 부딪히지 않도록 하며, 충격흡수구조의 조향칼럼(collapsible steering column), 실내 돌출부의 날카로운 곳 제거 등의 배려도 필요하다.

[4] 다친 사람을 보호하고 피해를 경감시킨다(제4단계)

승객이나 보행자 등 다친 사람을 응급조치하고 신속히 후송하여 최소한으로 피해를 줄일 수 있는 구조체제, 연락체제 등도 중요한 항목이다.

2.6. 자동차 보급증대와 사회문제

2.6.1. 오일쇼크와 일본의 "린" 생산방식

지금까지 미국과 유럽이 이끌어온 세계 자동차산업은 1974년 제1차 오일쇼크로 인한 산업여건의 변화와 "린이라고 불리는 혁신적인 생산체제를 들고 나온 일본의 대응으로 새롭게 변화하기 시작한다.

1960년대 이후 급증한 세계 자동차 보유대수는 안전 및 환경오염 문제를 야기 시켰고, 오일쇼크로 인한 자동차 유지비의 급상승은 순식간에 소비자의 수요형태를 경제형 소형차 선호 쪽으로 변화시키기에 이른다. 이미 소형차 중심의 수요구조를 가지고 있던 유럽이나 일본에서는 변화의 폭이 그다지 크지 않았지만 막강한 힘과 휘발유 다(多)소비, 그리고 대형화를 자랑하던 미국의 자동차산업은 큰 시련을 겪지 않을 수 없었다.

이를 계기로 1960년대 경자동차를 중심으로 크게 성장한 일본의 자동차들이 대거 미국에 상륙하게 되었고, 판매고가 하루가 다르게 높아가면서 세계 자동차산업의 구조 자체가 개편되기에 이른다. 특히, 일본은 미국 MIT에 의해 린 생산방식이라고 명명된 독자적인 생산방식을 갖추고 있었기 때문에 갈수록 그 경쟁력은 막강해져만 갔다. 이에 따라 미국의 자동차산업은 위기를 맞게 되고 유럽의 소형차부문의 경쟁력도 서서히 약화되기 시작한다.

"린"생산방식이란 미숙련, 반숙련의 작업자가 대규모 설비를 이용해 단일제품을 대량으로 생산하는 대량생산방식과는 달리 각 생산단계에서 고기능의 작업팀이 부품업체와 상호 연계되어 팀워크를 이루는 형태를 기반으로 한다. 이로써 거의 재고가 없는 가운데 무한한 완전성을 추구하고 제품의 다양화를 이룰 수 있는 것이었다.

이 같은 일본의 도전에 대응, 미국업계에서는 황급히 기존의 대형차를 축소해 소형차를 내놓았지만 일본이나 유럽의 소형차들이 이미 연료경제형인 전륜 구동형 차로 바뀌고 있는 상황이어서 별다른 효과를 보지 못했다. 또한 실리적인 미국인들이 국산차를 애용하기보다 일본의 값싸고 예쁜 경제형 차를 선호한 데도 고전의 원인이 있었다.

1979년 제2차 오일쇼크까지 겪은 미국의 자동차업계들은 1980년에 들어서자 적자의 늪을 헤매게 된 데 반해 일본의 자동차들은 기세당당하게 유럽과 미국시장을 휩쓸고 있었다. 이에 미국 자동차업체들은 일본 소형차에 대응하기 위한 전력마련에 부심, GM은 '월드카 계획'을, 포드는 '알파 계획'을, 그리고 크라이슬러는 '리버티 계획'을 각각 야심차게 추진하지만 사실상 실패로 끝나고 만다.

이에 미국 자동차업체들은 일본의 정밀기술과 품질관리, 제조기술을 전폭적으로 받아들여 고객 취향에 맞는 고품질의 자동차를 개발하는 데 적극 착수하게 되었던 것이다. 이로서 미국 자동차업계는 1987년을 고비로 다시 안정을 되찾기 시작한다.

2.6.2. 보호무역주의와 한국의 등장

세계시장에서 일본의 급속한 경쟁력 향상은 자율규제형태의 일본 자동차에 대한 수입규제방안을 제기하게 되고 세계무역을 보호무역주의로 바꾸어 놓았으며, 더 나아가 기술보호주의까지 불러오기에 이르렀다. 일본 자동차에 대한 규제로 생긴 공백을 메우며 눈부신 활약을 보인 것은 바로 한국의 자동차 제작사들 이었다.

1970년대 후반 양산체제를 구축하고 1980년대 초부터 수출기반 확립과 해외시장 개척에 힘써온 한국의 자동차 수출은 1985년부터 호조를 보이면서 1987년을 기점으로 크게 증가하면서 한국은 1988년에는 100만대 생산돌파 세계 10위의 생산국이 되었다.

일본의 급부상으로 야기된 지역간, 국가간 경쟁력의 급 변화는 세계 자동차산업의 수급 불균형을 빠르게 확대시켰으며 이후 국가간, 업체간 시장경쟁은 불꽃 튀는 양상으로 전개되기 시작한다. 이 같은 치열한 국제경쟁과 1990년대 들어 새롭게 변화하기 시작한 산업여건은 1970년대 후반 안전 및 환경오염 문제로 촉발된 세계 자동차산업의 기술전쟁을 한층 가속화시키게 된다.

2.6.3. 환경보호

1952년에 대도시인 영국 런던에서 석탄연료 사용에 의한 공기오염사고(london smog)가 발생하면서 공기오염방지법이 제정되기 시작하였으며, 특히 1954년 이후 미국의 LA시가지를 뒤덮었던 스모그(LA smog)의 원인이 자동차에서 배출되는 NOx와 HC가 주원인임이 밝혀져 1970년에는 미국의회에서, 1972년에는 환경청이 머스키법(muskie law)을 제정하는 등 자동차에 의한 오염방지법이 제정되었다.

이후 1960년대 후반부터 1970년대까지의 십 수 년 사이에 배출가스 정화를 위한 새로운 기술개발이 급속도로 발전하였다. 수많은 방식이 시도되었으나 다음 방식들이 보편적으로 채용되고 있다. 공기에 대한 가솔린의 혼합비가 적은 희박연소는 공기의 비율이 많기 때문에 후처리가 필요 없는 방식으로 CO, HC의 발생이 적다.

그 밖의 기술로는 연소온도를 낮게 하기 위해 EGR(exhaust gas recirculation)로 불활성 배기가스의 일부를 흡기에 흡입시켜 NOx생성을 억제하며, 또한 항상 최적의 연소를 가능하게 하는 전자제어 연료분사 장치, 엔진에서 배출된 가스를 정화하는 산화촉매와 환원촉매를 하는 3원촉매 등이 있다.

디젤엔진에 관해서는 극도로 낮은 미립자 배출 한도는 아마도 특별한 여과기가 필요하게 될 것이고 필요한 여과기 기술이 아직 사용단계에 이르지 못했기 때문에 모든 디젤 승용차 제조업체들은 캘리포니아 시장에서 물러났으나 CO_2저감에 의한 지구온난화 방지, 에너지 효율 측면에서 디젤엔진이 각광을 받고 있으며 현재는 디젤 입자상물질 여과장치(DPF; diesel porticuate filter)를 의무화하고, 디젤 산화촉매(DOC; diesel oxidection catalyst)를 부착하는 등 배기가스 정화에도 심혈을 기울여 유럽을 중심으로 시장이 확대되고 있다.

배출가스 외에 자동차 외부로의 소음배출에 관한 규제도 계속 강화되고 있다. 소음규제 한도치 중의 일부는 엔진이나 엔진실에 캡슐을 씌워야만 만족시킬 수 있고 그래서 이러한 법규들은 자동차의 제조와 디자인에 실질적인 영향을 주고 있다. 우선 1992년 미국이 1998년부터 점진적으로 무공해자동차 도입을 의무화하는 것을 주요 골자로 하는 신대기정화법(clean air act)을 제정한데다, 지구환경 보호운동이 범세계적인 차원에서 제기됨으로써 기술경쟁이 한층 가속화되었다.

신대기정화법은 통상적인 자동차의 각종 성능개발 단계를 벗어나 이제 모든 자동차 업체들이 반드시 넘어야 할 큰 장벽이 되고 있는 것이다.

2.7. 미래의 자동차 기술

자동차의 발전은 현재의 요구와 앞으로도 계속 늘어나고 새롭게 추가될 미래의 요구와 이 요구를 충족시키기 위한 기술적 가능성에 의해 결정될 것이다.

자동차 미래 발전에 영향을 미치는 요소들로 다음과 같은 것을 들 수 있다.

① 성능, 연비, 환경적 영향, 안전성, 안락함, 신뢰성과 같이 꾸준히 연구되어 오던 모든 전형적 기능에 대한 제품 기술혁신

② 전자장치, 대체물질, 새로운 실험과 제조방법 개발과 같은 새로운 기술의 발전

③ 고속도로 혼잡, 도시의 스모그와 대기 중의 일산화탄소 증가와 같은 넓은 범위에 걸친 교통문제에 대한 해법

2.7.1. 제품 기술혁신

20여 년의 기간에 연비는 전체적으로 40%까지 향상되었고, 정지상태로부터 100km/h의 속도에 이르기까지 걸리는 가속시간은 거의 반으로 줄었다. 동시에 배기가스는 급격하게 감소되었다. 능동적, 수동적 안전요소에 대응하기 위하여 특별히 저급과 중급 자동차들에 있어서 자동차의 평균 중량은 줄었지만 사용 가능한 공간이 확보되면서 이

모든 것이 획득되었다. 연료소비를 줄이는 조치는 언젠가는 바람직하지 않은 방법으로 배기 배출에 영향을 미칠 수 있다.

반면 안전성을 향상시키려면 종종 중량이 증가되어 반대로 연료소비에 나쁜 영향을 끼칠 수 있다. 만약 제품기술 혁신을 시도하려면 다른 중요한 품질에 반대로 영향을 미치지 않으면서 가능한 한 많은 부분을 동시에 향상시키는 것을 선택하여야 한다.

2.7.2. 자동차에서의 전자장치

엔진, 변속기, 섀시 및 정보기술들뿐만 아니라 부품에 이르기까지 전자장치는 미래의 자동차에서 필수적인 역할을 할 것이라는 것은 확실해 보인다. 전자장치와 같은 새로운 기술, 대체물질의 사용과 발전 및 새로운 제조방법 개발들은 실질적으로 자동차 미래에 영향을 미치고 자동차의 발달에 반영될 것이다.

자동차의 가장 중요한 전자기능들은 주행제어와 운전자 정보, 안락함과 안전성으로 분류하였다. 자동차 한 대에 드는 전체 비용에 있어 전장품의 비용은 현재 16% 수준에서 2000년 이후로 23%~26% 수준에까지 상승되고 있다. 이러한 예상은 반도체 기술과 기계공학과 전자장치의 연계 그리고 자동차 모든 분야에까지 전자장치의 적용이 점증하고 있음을 보면 알 수 있다.

미래에 더욱 관심을 받게 될 분야는 교통사정에 관하여 보다 나은 운전자 정보를 제공하는 데에 전자장치를 사용하는 것이 될 것이다. 전자제어시스템의 개발비용 감소와 또한 자동차에 쉽게 장착하기 위하여 규격이 표준화되어야 할 것이며, 이들을 구성하기 위한 확실한 시스템을 찾아내는 것이 중요한일일 것이다. 또 다른 결정적인 요인은 전자장치가 기계적 시스템에 상당하는 신뢰성을 확보할 수 있느냐에 있을 것이다.

2.7.3. 대체물질

자동차 공학용 대체물질은 주로 섬유강화 플라스틱과 고강력 세라믹이다. 이러한 모든 대체물질들이 고가이기 때문에 대체물질의 사용은 기능적 이점이 높아서 비싼 가격을 정당화시킬 수 있는 특별한 경우로 응용이 국한되어 진다.

대체물질에 대한 연구가 획기적으로 발전되어 철과 강에 비하여 내열성을 지니고 경량이면서 마찰 및 구름 특성을 소유하고 있는 물질이 이용되기에 이르렀다. 이러한 점에서 새로운 세라믹이나 섬유보강 합성물(fiber-reinforcement synthetics)과 같은 대체물질들이 연구 중이다. 유리섬유강화 플라스틱으로 프레임을 만들어 승객실을 더욱 가볍게 만들 수 있으며, 구동축을 섬유강화 플라스틱으로 만듦으로써 진동이 차체로 전달되는 것을 격감시킬 수 있다.

엔진에서는 커넥팅로드를 섬유강화 플라스틱으로 만들어 왕복운동을 하는 질량이 경감되어서 엔진 작동이 훨씬 정숙해지고 세라믹 코팅을 통해 열절연도가 향상되어 부품의 열 저항도 증가되며 미끄럼 접촉부분의 표면마찰을 줄일 수 있다. 엔진에는 점화플러그에 절연재로 산화알루미늄(Al_2O_5)이 사용되고, 이산화지르코늄은 센서의 전해질로서 사용되고 있다.

2.7.4. 컴퓨터 지원 제품개발과 제조

제품개발 과정 중 컴퓨터의 지원과 협조에 의하여 필요한 정보가 원활하게 유입되는 것이 자동차 개발에 있어 중요한 영향을 끼치게 되었다.

컴퓨터만으로 고 정밀도와 다방면의 분석방법이 가능해져서 제품개발상에서 기술적 진보가 가능할 뿐만 아니라, 생산기술 분야에 있어서도 아주 복잡한 논리적 임무를 컴퓨터를 사용함으로써 수행해낼 수 있게 되었다.

2.7.5. 예견되는 장기적 문제들

장기적으로 연구되어야 할 문제들은 교통 혼잡이 증가함에 따라 발생되며 전형적인 문제들로서는 다음과 같은 것을 들 수 있다.

① 고속도로에서 정체와 시내의 부족한 주차 공간
② 열악한 기후상태와 연계된 인구과밀지역에서의 스모그
③ 세계적인 온도상승을 유발하는 대기 중 이산화탄소 물질의 장기적 증가
④ 재생 불가한 자동차 쓰레기 물질로 넘치는 공동체 쓰레기 매립지

운전자 정보에 기여할 모든 시스템을 향상시킴으로써 고속도로 상에서의 교통 혼잡의 문제를 격감시킬 수 있을 것이다. 그러한 시스템은 운전자에게 전방의 혼잡한 고속도로 코스를 알려주고 가능하다면 운전자에게 국도를 제시하면서 고속도로의 주변으로 우회할 것을 지시할 것이다. 이산화탄소 문제는 장기적으로 영향을 끼칠 것이기 때문에 이러한 화석연료 매장량이 고갈되기 전에 새로운 에너지원을 찾아낼 필요가 있다.

이러한 이유로 배출가스와 소음이 없는 전기자동차는 최소한 인구과밀지역에서 이점이 있을 것이다. 결국 알코올을 근거로 한 연료와 동·식물성 기름과 같은 생물자원에서 에너지를 획득하는 것에 관심을 갖게 될 것이다. 자동차가 폐기된 후에 모든 구성물질의 80%는 재사용된다. 이것은 자동차가 오늘날 가장 효과적인 재생기술제품이

라는 사실을 의미한다.

그러나 자동차가 여전히 증가하고 있고 산업 선진국에서는 매립장 수가 감소하고 있기 때문에 미래에는 재생물질의 비율을 이전보다 더욱 증가시킬 필요가 있을 것이다.

2.8. 자동차 엔진의 발달사

전술한 바와 같이 여러 가지 자동차가 개발된 배경에는 자동차의 핵심장치로 볼 수 있는 동력원을 어떠한 방식으로 개발 적용시키는가에 크게 의존되었다고 할 수 있다.

자동차가 탄생될 때부터 현재 사용되고 있는 자동차의 동력원은 크게 동물의 힘 → 풍력 → 증기력 → 석유에 의한 연소에너지 → 전기에너지 및 대체에너지로 변천되어 왔으며 이와 같은 에너지원을 바탕으로 자동차의 동력발생장치가 개발 적용되어 왔다.

현재, 자동차의 동력발생장치로 사용되고 있는 원동기는 대부분이 내연기관이며, 그 중 왕복형 내연기관(reciprocating engine)이 가장 많이 사용되고 있다. 그리고 엔진의 효율, 작동편이성 및 구조의 단순화 등으로 인하여 가솔린엔진(gasoline engine)과 디젤엔진(diesel engine)이 주종을 이루고 있다. 따라서 여기서는 자동차엔진의 발달과정을 내연기관 중심으로 살펴보기로 한다.

James Watt의 증기기관(steam engine)이 실용화될 즈음 Robert Street (1794, 영)는 실린더 내에서 연료를 연소시켜 동력을 발생시키는 내연기관의 개발을 시도하였으며, William Barnett(1838, 영)가 혼합기를 압축시킨 후 실린더 내에서 점화시키는 것이 유리하다는 사실에 착안하여 화염 점화장치를 고안하였다. 그 후, Lenoir(1860, 불)는 작동이 원활한 무압축 전기점화식 가스엔진을 개발하였으며, B.D. Rochas(1862, 불)에 의해 압축행정을 고려한 4행정식 엔진이 더욱더 효과적임을 제시하였다.

이와 같은 연구와 개발을 발판으로 현재와 같은 피스톤식 내연기관의 원형이 N.A. Otto(1876, 독)에 의해 탄생되게 되었으며, 그 당시 Otto는 Rochas가 제안한 원리를 기초로 하여 4행정 가스엔진(열효율 : 13~15%)을 제작하는데 성공하였다. 그 후, 수많은 연구와 기술개발을 거듭하면서 오늘날에 와서는 내연기관이 자동차를 비롯하여 선박, 건설용 중장비 및 트랙터 등과 같은 장비의 동력원으로 크게 자리를 잡게 되었다. 이와 같은 자동차용 내연기관의 발달 과정을 아래 표에 나타내었다.

[표] 내연기관의 발달과정

년 대	발달과정
1794	가스 폭발엔진의 고안(Robert Street, 영국)
1833	가스 폭발엔진에 관한 구도 발표(Wright, 영국)
1838	연료와 공기를 압축하여 점화하는 방법 고안(Barnett, 영국)
1860	실용 가스엔진의 개발(Lenoir, 프랑스)
	재의 왕복형 엔진에 가까운 회전형 엔진, 열효율 3～4%, 출력=0.4～2.5kw
1862	압축방식의 사이클 제안(Beau de Rochas, 프랑스)
	용적형 내연기관의 기초가 됨
1867	프리 피스톤식 가스엔진이 실용(Otto & Langen, 독일), 열효율 7～8%
1876	4사이클 가솔린엔진 제작(Otto, 독일), 열효율 약 14%
1881	2사이클 엔진의 개발 및 실용화 성공(Clerk, 영국), 열효율 약 16%
1883 ～	4사이클 가솔린엔진 탑재 자동차 완성(Daimler, 독일)
1885	2사이클 가솔린엔진 탑재 삼륜차 완성(Karl Benz, 독일)
	석유엔진의 개발(Priestman, 영국)
1886	소구엔진의 개발(A. Stuart, 영국)
1893	압축착화의 고안과 개발(R. Diesel, 독일)
1897	디젤엔진개발 완성(R. Diesel, 독일), 열효율 약 28%
1894 ～	4륜 자동차 완성(F. Julia, 미국), 독사적 엔신 개발성공(H. Ford, 미국)
1914	각국에서 자동차회사 설립(Ford, Oldsmobile, Buick, GE, Dodge-미국)
	(Benz-독일, Fiat-이태리 등)
1900	자동차용 가솔린엔진의 실용화(미국, 영국, 독일, 프랑스 등)
1909	자동차엔진의 대량생산(Ford사, 미국)
1914	항공기용 엔진의 개발
	1차 대전을 계기로 군용 항공엔진의 대형화(약 300Kw)
1920	항공엔진의 대출력화, 자동차엔진의 대량생산, 디젤엔진의 대형화
1936	디젤승용차 개발 성공(Benz, 독일)
	제트엔진의 개발 성공(F. Whittle, 영국), 초음속기의 개발 성공
1954	로터리엔진의 고안(Wankel, 독일)
1959	1로터식 로터리엔진 개발 성공(NSU사, Wankel사, 독일)
1967	2로터식 로터리엔진 개발 성공(동양공업-일본, Wankel사-독일)
1968～	가솔린 분사식엔진의 개발 진행(K, D, L-Jetronics)
1972	
1980～	고출력, 저연비 엔진의 개발 진행, 엔진부품 세라믹화 진행
1990	엔진 전자제어화 진행(각종 센서류 개발)
1991～	고연비/고성능엔진 개발, ULEV/ZEV엔진 개발, LNG/CNG엔진 개발
1995	Lean Burn엔진/GDI엔진 개발(Mitsubishi, 일본)
1999	GDI엔진 개발(Hyundai, 한국)
2000	커먼레일식 전자제어 디젤엔진 개발(Hyundai, 한국)

03 우리나라 자동차기술의 발달

자동차산업은 한 나라의 경제력과 기술수준을 평가하는 대표적인 산업으로서 광범위한 산업구조를 가진 고용창출 효과가 지대한 국가경제를 주도하는 핵심 산업이다.

또한 2~3만 여개의 부품으로 구성되는 대표적인 종합기계 산업이기 때문에 산업전후방 연관효과가 커서 철강, 기계, 전자, 전기 등 관련 산업의 발전을 선도하는 고도의 첨단기술이 요구되는 기술집약적 산업이다. 그리고 일정한 경쟁력 요건만 갖추게 되면 수출산업화가 용이한 수출전략산업으로서 무역수지에 결정적 역할을 할 수 있다.

[그림 34] 새나라 자동차(1962년형)

3.1. 한국 자동차산업의 발전과정(육성시책)

3.1.1. 국산화 및 계열화 정책

자동차산업을 육성하기 위한 정부의 본격적인 정책은 사실상 1962년부터 시작되었다고 해도 과언이 아닐 만큼 1962년은 한국 자동차 산업의 발전과정에서 매우 중요한 의미를 갖는다고 볼 수 있겠다. 사실 이 때부터 수공업적인 조립과는 구별되는 근대적 조립방식이 처음으로 도입되었고 이를 위해 정부가 1962년 4월 자동차공업 5개년계획을 수립하고 이를 경제개발 5개년계획에 따른 사업의 일환으로 반영하는 한편 이의 법적인 뒷받침을 위해 자동차공업 보호법을 제정, 시행하였기 때문이다.

당시 5개년계획의 주요 내용을 보면 자동차 생산을 정부가 허가토록 하고 국내산업의 육성을 위해 자동차 제조용 시설재 및 부품수입을 허용하고 관세를 감면하는 것 등이었다. 이와 함께 정부는 수요 진작을 위해 보유차량 제한조치를 자가용과 관용차에 대하여 해제하였고, 노후차량의 대체계획도 실시하였다.

한편, 1963년에는 기존 5개년계획을 수정하는 자동차공업 일원화방안도 마련하였다. 기존의 자동차 조립공장들을 통합해 단일 자동차공장을 건설함으로써 일관성 있는 자동차 생산을 유도하고 부품의 국산화율을 높이고자 하였다. 그러나 이 조치는 기존 조립공장들의 통합에 대한 반발과 절차상의 어려움 등으로 인해 이듬해에 사실상 효과를 상실하는 결과를 가져왔다. 그 대신 정부는 1964년 8월 자동차공업 종합육성계획을 마련하는 한편 1965년 1월에는 1969년까지 완전 국산화한다는 내용의 국산화 5개년계획을 다시 수립하였다. 이 방안은 현재 가동 중인 자동차 제조공장을 중심으로 기존 부품 생산업체를 모두 계열화함으로써 국내 자동차 수요를 단 1개의 조립라인을 통해 공급하겠다는 것이었다.

[그림 35] 신진자동차의 코로나(1966년)

이후 자동차공업보호법이 1967년 말로 시효가 끝나게 되자 조립업체에 대한 허가 규정과 군소업체 난립을 방지하기 위한 법적 기준을 다시 작성할 필요성이 발생하였다. 이를 위해 자동차 제조공장 허가기준을 마련하였는데 선진 외국과 기술제휴를 맺은 업체 또는 외자도입에 관해 승인을 얻은 업체로서 이 제휴 선이 제품의 성능을 보장할 수 있는 조건을 구비한 업체에 한해 자동차 제조공장으로 허가한다는 내용이었다.

[그림 36] **현대자동차 최초의 승용차 코티나**

완성차 조립업체와 부품업체간 계열화는 1966년경부터 국산화정책의 일환으로 추진되었으며 부품업계는 이때부터 보수용 부품이 아닌 조립용 부품을 생산하고 조립업체에 안정적으로 부품을 공급할 수 있는 기반을 갖추게 되었다. 그러나 실적이 충분치 못함에 따라 1969년 12월 자동차공업육성 기본계획을 다시 수립하게 되었다.

[그림 37] **K-600, 기아산업(1969년)**

그동안 국산화의 가장 큰 장애요인인 다종소량 생산체제를 지양하기 위해 모델단일화를 통해 양산체제를 구축하고 국산화율의 급속한 제고를 도모하고자 하는 것이었다.

그리고 완전 국산화 목표연한을 승용차는 1972년까지, 버스와 트럭은 1974년까지로 설정하고 주요 부품의 국산화를 위해 엔진공장, 트랜스미션, 액슬 등에 대한 국산화 추진계획까지 수립하게 되었던 것이다.

한편, 1960년대 말에 자동차산업의 불황이 지속되자 정부는 전국에 산재해 있던 약 30여 개의 잠정 조립공장을 폐쇄하고 완성차 공급구조를 조립구조로 재편하는 조치를 취하는 한편 8.3조치를 통해 막대한 금융 및 조세상특혜를 부여하기도 하였다.

1973년에 발표된 정부의 자동차산업 육성정책에 의해 업계의 국산화 추진 계획은 더욱 분명한 목표를 설정할 수 있게 되었다. 조립공장과 부품공장을 분리하고 수평적 계열화를 추진하면서 1975년까지 완전 국산화를 달성하여 1980년대 초까지 50만대를 생산한다는 것이었다. 이러한 정부의 방침은 1975년까지 완전 국산화, 부품산업의 수출산업화 등을 주요 내용으로 하는 대통령 특별지시에 의해 더욱 확고해졌다.

이와 같은 정부의 조치로 완성차 국산화율을 95% 이상으로 향상시키고, 차종별 전문 양산체제를 확립함과 동시에 부품부문에서는 부품업체를 전문화하여 대량 생산체제를 갖추고 조립업체와 수평계열화가 추진되었다. 정부 주도에 의한 부품업체의 계열화 방침이 구체화된 것은 정부가 계열화 대상품목과 업체를 선정하면서부터라고 말할 수 있다. 장기 진흥계획의 계열화 방침을 법적으로 뒷받침하기 위한"중소기업 계열화 촉진법"이 제정됨으로써 하청업체들의 신규 설립과 생산 활동이 활성화되었다.

[그림 38] **현대자동차 포니(1975년)**

1977년에 기계공업진흥 기본계획이 공고되어 국산화 및 계열화에 대한 추진방침이 다시 강조되었다. 기술 및 재무구조가 비교적 양호한 62개 업체를 부품계열화 업체로 지정하고 50개 부품을 중점 육성부품으로 선정하기까지 하였다. 이러한 일련의 국산화 및 계열화 시책은 신규업체의 증가, 생산 및 수출량 증가. 국산화율 제고 등에 긍정적인 영향을 미친 것으로 평가되었다. 한편, 국산화 정책과는 직접 관련이 없지만 최근에 이루어진 경차에 대한 지원정책도 빼놓을 수 없는 부분이다.

자동차관리법에 의해 각 차종 배기량 중심을 세분하고 1000cc 이하의 자동차에 대해 경자동차로 분리하여 여러 가지 지원책을 시행하였다. 세계적으로 한국과 일본이 독특하게 운영하고 있는 이러한 지원책은 1995년 6월부터 "경자동차 보급 활성화 대책" 을 마련함에 따라 이루어지게 되었다. 이에 따라 특별소비세 면제를 비롯한 각종 세금의 인하, 공영주차료의 할인, 고속도로 통행료의 감면 등이 시행되었고 이는 경자동차의 내수확대는 물론 수출증가에도 상당히 기여하게 되었다.

[그림 39] **대우자동차 티코(1991년)**

3.1.2. 수출산업화 정책

정부가 자동차산업을 수출 산업화하는데 중점을 두기 시작한 것은 1970년대 장기 자동차공업 진흥계획을 세우면서부터라고 할 수 있을 것이다. 한국형 소형차를 완전 국산화하고 양산한다는 기본목표도 수출산업으로 전환할 수 있는 목표를 추진하기 위한 것이다.

1970년대에는 미국, 유럽 등 선진국으로의 수출이 불가능했기 때문에 개도국 위주로 수출을 시도하다가 1975년경에 최초로 중동지역에 트럭이 수출되었고, 1976년부터는 우리의 주력 수출차종인 소형승용차가 수출되었다.

이와 함께 현대가 중동, 남미, 아프리카 지역에 포니를 수출하기 시작하여 수출이 호조를 보이자 정부는 1977년 11월 조선, 전자, 석유화학공업과 함께 자동차산업을 수출 전략산업으로 결정하기도 하였다. 수출규모도 점차 증대하여 1978년 2만 6천대, 1979년 3만 1천대를 수출함으로써 총생산의 15% 수준에까지 이르게 되었다. 이에 따라 1979년 1월에 자동차산업을 10대 전략 육성계획에 포함시키고 다양한 육성정책을 통하여 양산체제를 구축할 수 있도록 하였다.

1979년 10월에는 수출용 승용차의 다양화 및 대량수출 기반의 조기구축을 위한 중형승용차 생산방침을 발표하였다. 1982년 말까지 2,000cc 이내의 중형 고유모델을 개발하여 90% 이상의 국산화율을 달성하고 국산화된 부품에 대해서는 1982년부터 수입을 금지시키기로 하는 한편 기존 중형차 도입모델의 생산을 중단한다는 내용이었다.

한편, 완성차 조립업체에 대한 합리화 조치 이후 부품산업의 수출산업화를 위해 1981년 6월 자동차 부품공업의 향상 대책을 수립하였다. 여기에서는 1986년까지 10억불의 부품을 수출한다는 목표가 정해지고 부품산업을 육성하기 위한 자금지원책이 강화되었다.

[그림 40] **수출선적 대기 중인 포니자동차**

이와 같은 조치와 세계경기 회복에 힘입어 완성차 수출은 점차 호전되기 시작하였다. 또한 이때까지 주요 수출지역은 중동 및 유럽지역이었으나 1983년 말에는 현대가 캐나다에 포니를 수출함으로써 북미지역에 최초로 진출 발판을 마련하였던 것이다. 이에 따라 1984년 수출실적이 전년에 비해 두 배로 증가한 5만 2천대에 달하게 되었다.

한편, 1994년을 기점으로 내수시장의 증가율이 점차 둔화되고 업체의 설비증설이 계속되면서 자동차산업의 활로는 자연스럽게 수출확대로 나타날 수밖에 없게 되었다. 이에 따라 국산 자동차는 소형차를 중심으로 한 급격한 수출증가가 이루어졌고 급기야 1997년 말에는 연간 130만대 이상 수출할 수 있는 능력을 보유하였고, 2013년에는 약 310만대를 수출하며 우리나라 경제의 듬직한 버팀목이 되고 있다.

3.2. 한국 자동차 산업현황

자동차 산업은 가장 대표적인 종합 기계산업으로 불리워지고 있다. 좁게는 수송기기 산업으로 일컬어지지만 무려 2~3만개에 달하는 각종 부품으로 조립된다는 점에서 종합산업으로 설명될 수 있다.

자동차와 연관된 산업분야는 기계공업을 비롯하여 전기, 전자, 플라스틱, 석유화학, 섬유, 고무 등 매우 광범위하다. 뿐만 아니라 자동차의 판매와 운행에 이르기까지는 금융과 보험 등 서비스산업 전반에 걸쳐 밀접한 전·후방 관계를 맺고 있다. 자동차산업의 특성을 보다 구체적으로 살펴보면 다음과 같다.

첫째, 자동차산업은 생산과정에서 광범위한 관련 산업을 기반으로 한 피라미드형 생산·조립구조를 지니며 대규모 자본의 투입에 의한 대규모 생산체계를 지닌다는 점이다. 이는 생산액, 부가가치, 종업원 수 등에서 큰 규모를 지니고 있을 뿐만 아니라 사용되는 재료와 부품의 종류에 있어서도 관련부문이 광범위하다는 점에서 여타 산업과는 비교되지 않을 정도의 규모를 지니고 있다. 또한 생산과정에 있어서 전문화, 표준화, 기계화, 자동화의 정도가 다른 산업에 비교될 수 없을 정도로 높으며, 자동차산업 기계설비의 주요 부분이 고속, 고정밀 기계의 거대한 종합체이기 때문에 막대한 자본이 필요하게 된다.

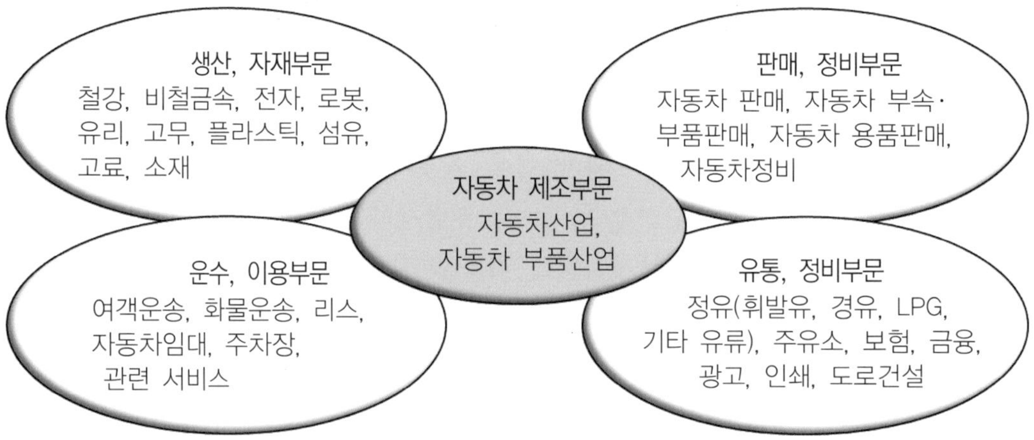

[그림 41] **자동차 관련 산업**

둘째, 자동차산업은 신차개발 비용과 시설투자 자본이 막대하기 때문에 규모의 경제가 큰 산업이라고 할 수 있다. 자동차산업에 있어서 규모의 경제수준은 연간 20만~30만 대로 추산하는 것이 통상적이나 최소효율 규모의 경제 크기는 제조공정에 따라 다르게 나타나며 규모의 경제가 가장 큰 부분인 엔진제조공정의 경우 최소효율 생간규모는 약 40만대로 알려지고 있다.

한편, 최소 경제규모의 판단은 회사 전체의 생산규모보다는 별도의 투자가 필요한 플랫폼(platform)당 생산규모가 기준이 되어야 한다. 즉, 자동차업체가 생산 및 개발면에서 규모의 경제성을 추구하려면 가장 중요한 것은 각 플랫폼당 생산대수가 경쟁상대에 비해서 우위를 가져야 한다는 점이다.

이런 규모의 정제 문제와 아울러 생각해야 하는 점은 자동차 판매시장의 확보를 위하여 시장경제원리에 입각한 국제경쟁력을 높이는 것이 무엇보다도 중요하다고 하겠다. 이를 위해서는 적정수준의 생산규모를 유지하여 제조비용을 절감함으로써 가격경쟁력을 높여야 한다.

셋째, 자동차산업은 다국적 기업화와 함께 국제 분업화가 활발해지는 범세계적 산업 및 국제 산업의 특징을 가지고 있다. 또한 국제무역에 있어서 연간 규모가 단일 품목으로는 가장 큰 산업이다.

결론적으로 자동차산업은 거대한 액수의 투자를 필요로 하는 산업으로서 효율성의 증대를 위해서는 규모의 경제를 이룰 필요가 있으며, 장기적인 안목에서 규모의 경제를 원만하게 운영하기 위해서는 세계화를 통한 국제 분업화와 세계시장의 확보가 절대적으로 필요하다.

3.3. 한국 자동차산업의 위상

3.3.1. 자동차산업의 국민경제적 위상

우리나라 자동차산업은 1955년 최초의 국산자동차인 시발자동차의 생산 이후 2011년 9월에 7,000천만대 생산을 돌파하였다. 자동차생산 7,000천만대는 단순한 생산대수 달성에 그치는 것이 아니라 자동차산업이 국내 산업 전반에 연과효과를 창출하며 국가 경제발전에 중추적인 역할을 해 온 것을 의미한다. 또한 국민경제에서 차지하는 위상도 빠르게 높아졌다. 이러한 자동차산업도 산업발전 초기에서의 국민경제적 위치는 매운 낮은 수준에 불괴했다.

1980년만 하더라도 자동차산업은 생산액이 1조 2,010억 원으로 제조업의 3.31%, 종업원 수에서는 6만 3천명으로 3.12%를 나타내는 데 그쳤고, 수출액은 8,800만 달러로 전 산업 수출액 175억 500만 달러의 0.50%에 불과했으며 부가가치도 2,940억 원으로 제조업의 2.48%를 나타내는 데 머무르는 수준이었다. 그러나 수요가 3만대에도 미치지 못했던 1960년대에 자동차산업이 차지한 위치는 극히 미미한 정도였다.

[그림 42] **시발자동차와 현대자동차 그랜저**

그러나 이는 1990년에 이르면 상당한 수준으로 상승하게 된다. 1980년대 중반의 북미시장 진출 성공과 후반의 자동차 대중화 개시로 산업이 빠르게 성장했기 때문이다. 즉, 1990년의 경우 생산액과 종업원 수 비중이 제조업의 9.16%와 6.17%로 높아졌고, 수출액과 부가가치는 전 산업의 2.94%, 8.23%로 각각 상승하게 된 것이다. 또한 1995년에는 생산액과 종업원 수 비중이 9.62%, 7.47%에 달하게 되고 수출액과 부가가치는 전 산업의 6.72%와 8.20%로 각각 높아지게 된다.

[표] 주요 국가간 자동차산업의 생산량 비교(2020년)

[단위 : 천대]

구 분	중국	미국	일본	독일	대한민국	인도	멕시코	세계 총생산
생산량	25,225	8,802	8,067	3,786	3,506	3,92	3,143	78,289

더구나 2009년에는 생산액이 113조 280억 원으로 제조업의 10.07%, 수출액에서는 395억 2,338만 달러로 제조업의 8.52%를 차지하면서 최대 수출산업으로 자리를 잡게 되었고, 부가가치는 35조 2230억 원으로 제조업의 9.41%, 종업원 수는 25만 여명으로 제조업의 10.19%를 나타낼 정도로 높아졌다. 결국 자동차산업은 제조업 또는 전 산업에서 10% 정도를 차지하고 있는 셈이다. 뿐만 아니라 자동차산업의 고용효과는 이에 그치지 않는다.

자동차산업은 연관 산업효과가 매우 높은데 그 중에서도 고용효과가 특히 높아서 직접부문 이외에도 간접고용효과가 매우 크다. 미국의 경우에는 총 고용의 10%이상을 자동차 부문이 차지할 정도로 유발효과가 높다. 사업체 기초 통계조사보고서와 산업연관표 등의 관련 자료로 보면, 자동차 산업의 간접 고용효과는 2010년을 기준으로 할 때 판매·정비부문에서 22만 3천명, 자재부문에서 13만 1천명, 유통관련부문에서 23만 4천명, 운수 등 이용부문에서 75만 3천명 등에 이르고 있다. 즉 자동차산업의 고용효과는 직접부문과 간접부문을 합해 약 160만 명에 달하고 있는 것이다.

[표] 우리나라 자동차산업 동향

구분	2021년 2월	전월비 (%)	전년동월비 (%)	2021년 1월~2월	전년동기비 (%)
생산(대)	260,958	△16.9	37.9	575,148	30.5
내수(대)	123,317	△10.4	24.2	261,009	21.1
국산차(대)	100,753	△12.7	24.3	216,128	20.2
수입차(대)	22,564	1.1	23.5	44,881	25.4
수출(대)	161,886	△15.7	35.0	353,959	31.8
수출금액(억불)	35.3	△11.8	47.0	75.2	43.3
부품수출(억불)	19.6	8.4	8.9	37.7	6.5

[출처: 산업통상자원부]

(자료: 한국무역협회, 산업통상자원부, 관세청)

[그림 43] 2019년 주요 산업별 무역수지

3.3.2. 세계 속으로의 수출

[1] 북미진출 성공으로 수출산업화 달성

"장기 자동차공업 진흥계획"을 추진할 때만 하더라도 자동차산업의 꿈이었던 수출이 1975년 이루어진 데 이어 1980년대 중반에는 북미시장 진출에 성공함으로써 우리나라 자동차산업은 수출 산업화를 달성하게 되었다. 중동지역으로부터 시작된 우리나라 자동차의 초기 수출은 전략적으로 설정된 가격경쟁력의 우위를 바탕으로 개발도상국을 중심으로 이루어졌으나 품질경쟁력의 설정된 가격 경쟁력의 우위를 바탕으로 개발도상국을 중심으로 이루어졌으나 품질경쟁력의 열위로 인하여 1983년까지도 연간 3만대 안팎에 머무르는 수준이었다.

그러나 현대의 캐나다시장 진출 성공으로 수출규모가 급속히 늘어 1985년에는 12만 3천대에 달했고 이어 미국시장 진출에도 성공함으로써 1986년에는 일거에 30만대 선을 돌파하게 되었다. 현대의 미국 내 첫 해 판매실적이 무려 16만 8천대에 달했던 것이다. 이에 따라 우리나라의 자동차산업은 수출 산업화에 성공하게 되었다.

[그림 44] **첫 미국 수출을 위해 선적되는 현대 포니엑셀(1986)**

그러나 시장구조에서는 북미시장에 대한 의존도가 지나치게 높아 안정성이 떨어지는 문제가 있었다. 북미 진출로 이 시장에 대한 의존도가 1986년에 87.6%에 이르렀기 때문이다. 그리고 이 불안정성은 이후 곧 증명이 되었다. 수출에서 주력 차급은 당연히 소형차였다. 수출 초기부터 소형승용차가 수출의 대부분을 차지하였고 이후 캐나다시장에 대한 스텔라의 투입으로 소형급의 비중이 일시나마 약간 줄어들었으나 미국시장 진출 이후에는 다시 소형차의 비중이 절대적으로 높았다. 또 수출을 주도한 것은 북미시장 진출에 성공한 현대로, 1986년의 경우 자동차수출의 99% 가까운 비율을 차지했을 정도였다.

이어 1987년부터는 대우 르망과 기아 페스티발이 대미 수출에 가세하면서 우리나라의 자동차수출은 1988년에 57만 6천대까지 증가했다. 1984년 이후 연평균 86.8%(1987년까지는 115.4%)에 달할 정도의 폭발적인 증가세를 시현한 것이다. 그러나 1988년 하반기에 접어들면서 국산차의 미국 내 판매에 적신호가 들어오기 시작했다. 이전의 캐나다시장에서와 마찬가지로 판매 3년차가 되면서 내구성 저하에 따른 품질문제가 대두 되었던 것이다.

그 결과는 참혹했다. 1989년의 수출량이 전년보다 38.2%나 줄어든 35만 6천대로 무려 22만대가 감소한 것이다. 이 부진은, 그 폭이 미미하기는 했지만 이듬해까지 이어졌다. 이로 인해 국산차의 미국시장 진출은 미완의 성공으로 끝나게 되었고, 이때 잃어버린 신뢰성을 회복하는 데 10년이 걸리게 된다.

[2] 시장 다변화 전략의 추진과 성공

미국시장에서 판매가 급락한 이후 우리나라 자동차업계는 미국 내 판매증대를 위한 경쟁력 향상에 나서는 한편 당장의 수출 감소분을 만회하기 위하여 시장 다변화전략을 추진하기 시작했다. 그동안 북미진출 때문에 소홀히 했던 기존 지역에 대한 수출을 늘리면서 새로운 수출시장 개척에 나선 것이다. 이때 새로운 유망시장으로 떠오른 지역이 동유럽이었다. 이 지역은 그동안 진출이 안 되었던 지역이었으나 노태우정부의 북방외교 추진으로 신규진출이 가능했는데 이 지역은 만성적인 공급부족 상태에 있었기 때문에 이후 주요 시장의 하나로 자리 잡게 된다. 이와 함께 추진된 전략이 KD수출이었다. KD수출에서는 기아가 매우 활발한 전략을 펼쳐 상당한 성과를 거두었는데 주로 개도권 시장의 무역장벽을 회피하기 위한 전략으로 추진되었다. 1989년부터 시작된 KD수출은 1995년에 10만대를 넘어선 데 이어 1996년에는 20만대도 돌파하게 되었다.

한편 1993년부터는 GM과 합작관계를 청산한 대우가 자동차수출에 본격적으로 가세함으로써 시장다변화 전략도 활기를 띠게 된다. 대우가 GM과 옵션에 따른 수출시장 제한을 피하기 위해 동유럽 등의 개도국 시장에 적극 진출하게 되었기 때문이었다. 이 결과로 대우의 자동차수출은 1995년부터 탄력을 받게 되었다.

이러한 시장 다변화전략의 성공적인 추진으로 자동차수출은 1991년부터 상승세로 전환되고 이후 1997년까지 연평균 21.0%의 괄목할 만한 성과를 거둠으로써 1990년에 34만 7천대까지 감소되었던 것이 1996년에 최초로 100만대 선을 돌파하였고 1997년에는 131만 7천대까지 지속적으로 늘어나게 되었다. 이 과정에서는 대우의 활약이 두드러졌다. 대우의 수출량은 1992년에도 5만 8천대에 불과했으나 1993년 10만대를 넘어선 데 이어 95년부터 급증세를 나타내며 1998년에는 58만 3천대로 52만대를 기록한 현대를 제치고 수출대수 1위의 자리에 올라서게 되었던 것이다.

물론 기아의 수출도 호조를 보였으나 상당 부분이 완성차에서 제외된 KD수출이었기 때문에 완성차수출에는 반영되지 않았다.

수출시장 구조에서는, 다변화 전략의 추진으로 인해 큰 변화가 나타났다. 즉 1988년에 89.1%까지 올라갔던 북미지역의 비중은 1997년에 18.0%까지 급속히 줄어든 반면에 3.7%에 불과했던 서유럽지역의 비중은 27.5%로 높아지면서 주력시장이 되었다. 또 새로 추가된 동유럽지역이 14.2%로, 중동·아프리카, 아시아·태평양, 중남미 등의 개도권 지역들도 모두 10%대의 비중을 나타내게 된 것이다.

[3] 미국 내 판매 급증과 수출 250만대 달성

외환위기 이후 우리나라의 자동차수출은 원화 환율의 급상승에 따른 가격경쟁력 상승과 점진적인 품질경쟁력 향상, 제품 다양화의 진전 등에 힘입어 상승 가도를 달리게 되었다.

1996년에 최초로 100만대 선을 돌파한 수출이 1999년에 150만대를 넘어서고 2010년에는 277만대를 나타낸 것이다. 더구나 1989년의 판매급락 이후 부진을 면치 못했던 북미지역에 대한 수출도 1998년의 25만 5천대에서 1999년에 45만 1천대로 급증한 이후 상승세가 이어지면서 2011년에는 130만대를 돌파하는 호조를 나타낸 것이다. 이와 같은 1990년대 말 이후의 수출호조는 미국시장 및 다목적형의 호조에 힘입은 것으로 보인다. 1998년 이후 2003년까지 미국시장에서의 판매 증가량이 약 51만대, 다목적형의 증가량이 45만대였는데 이는 그동안의 국내 수출 증가량 50만대와 거의 일치하는 것이다.

특히 미국시장 내의 판매 급증은 우리나라 자동차산업의 경쟁력이 한 단계 상승한 것으로 평가되는 계기가 되었다는 점에서 큰 의미가 있는 것으로 보인다. 물론 최근의 판매증대가 현대의 10년 10만 마일 품질보증에 힘입은 바 큰 것도 사실이나 2001년 이후 국산차가 미국 내에서 받은 각종 평가내용을 보면 그보다는 품질향상이 더 큰 영향을 미친 것으로 분석되기 때문이다.

특히 2004년에 현대차는 미국시장에서 가장 큰 영향을 미친다는 J.D. Power사의 IQS 평가에서 도요타에 이어 2위에 오를 정도로 괄목할 만한 향상을 거두었을 뿐 아니라 그 외의 평가나 다른 기관에 의한 평가에서도 뚜렷한 향상을 나타내오고 있기 때문이다. 한편 수출차급에서도 두드러진 변화가 나타났다.

그동안 수출을 주도해왔던 소형차와 함께 다목적 형이 새로운 주력 차급으로 등장한 것이다. 이 차급은 1998년만 하더라도 승용차수출에서 4.8%를 차지하는 데 불과했으나 2001년 24.6%, 2003년에 30%로 높아지는 데 이어 2004년에는 71만 6천대로 31.4%를 나타냄으로써 소형차와 비슷한 규모가 되었다. 아울러 최근 들어 대형 급의 수출도 눈에 띌 정도로 호조를 나타내고 있다. 또 수출시장 구조도 크게 변화되었는데, 이는 북미시장의 비중 증대로 우리의 수출 지역 구성 비율이 세계 시장 구성과 비슷해짐으로써 수출의 안정성이 크게 향상된 결과가 되었다. 즉 북미지역이 48.0%, 서유럽이 28.1%를 나타내며 양대 주력시장으로 자리를 잡았고 다른 지역들도 4.0~8.0% 수준을 나타내고 있는 것이다.

[그림 45] 하늘을 나는 자동차도 등장하지 않을까?

Chapter 02

저공해 자동차와 전기자동차

01 저공해 자동차

1.1. 저공해 자동차의 개요

지구에 오존층이 뚫리고 산성비가 내리고 하는 것 등이 대기오염 때문에 심각한 환경문제에 대한 환경규제를 강화시키고 있다. 특히 그린라운드에 대한 논의가 이루어지면서 환경문제는 이제 우리나라에서도 적극적으로 연구해야 될 부분이 되었다.

그린라운드란 국제 환경협약을 이행하지 않았을 경우에는 무역제재를 가해야 한다는 내용인데. 수출에 많은 부분을 의존하고는 우리나라에 경우는 오히려 불이익을 당할 위험이 많아 졌다.

[그림 1] **지구온난화의 원인**

Reference **그린라운드**

지구 환경문제를 국제무역거래와 연계할 경우 관세 및 무역에 관한 일반 협정(GATT)을 중심으로 맺어지는 협상을 그린라운드라 한다.

특히 지구 온난화의 원인인 이산화탄소(CO_2), 메탄(CH_4), 오존(O_3), 아산화질소(N_2O), 수증기 등의 농도가 높아지면서 온실효과에 의해 지구의 온도가 서서히 상승하는 현상이 발생하고 있으며 이중 난방이나 동력을 얻기 위해 석유나 석탄 등의 화석연료를 태울 때 발생하는 탄산가스가 가장 큰 영향을 미치고 있다.

이러한 화석연료를 대체하기위해 가정용 및 산업용 연료로 널리 사용되고 있는 메탄올, 에탄올, 식물성 오일 등의 액체연료 외에 천연가스, 수소 등의 기체연료 등이 있으며 전기자동차와 이를 응용한 태양광 자동차, 연료전지 자동차에 관한 연구와 이들의 단점을 보완하기 위한 하이브리드 자동차에 관한 연구도 병행되고 있으며 특히 하이브리드 전기자동차는 ULEV(초지공해 차량)규제를 충분히 반족시킬 수 있다는 점에서 하이브리드 전기자동차는 지금현재 본격적인 상용화에 나서고 있다.

[표] **캘리포니아 배기가스 기준**

TLEV	잠정 저공해차(temporary low emission vehicle)
LEV	저공해차(low emission vehicle)
ULEV	초 저공해차(ultra low emission vehicle)
ZEV	무공해차(zero emission vehicle)

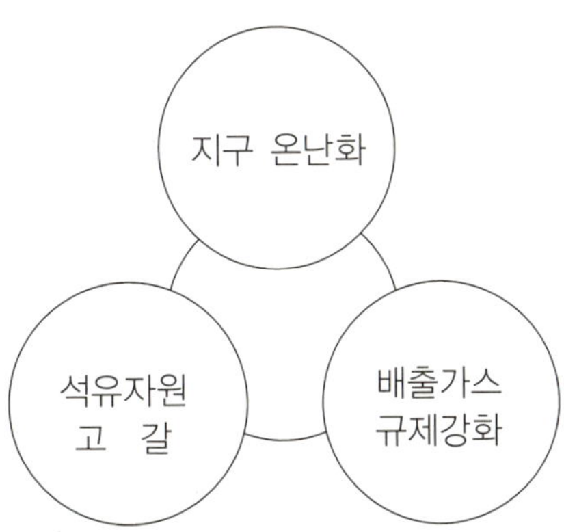

[그림 2] **저공해자동차의 개발**

1.2. 저공해자동차의 개발

1.2.1. 저공해자동차의 개발동향

유해 배출 물을 감소시키기 위한 대책으로서 기존의 가솔린 및 디젤자동차보다 발전된 기술을 적용하는 방안 외에 석유계 연료가 아닌 대체연료를 사용하기 위한 연구가 진행되어왔다.

[그림 3] **저공해자동차의 생산**

이러한 대체연료에 대한 연구는 한때 겪었던 석유파동을 계기로 활발히 시작되었으나 현재에는 석유에너지의 고갈과 유해 배출 물을 저감이라는 동시적인 목적에 연구개발되고 있으며 또한 배기가스 규제에 대한 보다 강화된 법안의 발효에 따라 자동차 업계는 단시일 내에 배기 오염물질을 대폭적으로 감소시키거나 무공해 차량을 개발해야 하는 환경적 압력에 직면해 있다.

현재 대체연료로는 가정용 및 산업용 연료로 널리 사용되고 있는 메탄올, 에탄올, 식물성 오일 등의 액체연료 외에 천연가스, 수소 등의 기체연료 등이 있으며 전기자동차와 이를 응용한 태양광자동차, 연료전지 자동차에 관한 연구와 이들의 단점을 보완하기 위한 하이브리드 자동차에 관한 연구도 병행되고 있다.

[그림 4] **환경오염**

1.2.2. 여러 가지 저공해자동차

대체 연료차량 개발이라는 큰 과제는 그 저공해성, 에너지 대체 및 연비향상 측면뿐만이 아니라 공급 용이성, 생산 경제성 등을 종합적으로 고려하여 검토되어야 한다. 에너지 생산과정을 제외하면 완전 무공해자동차라고 할 수 있는 전기 자동차 이전의 단계에 있어서는 가변연료 자동차, 천연가스 자동차 등이 상기 목적을 위한 가장 유력한 후보로 알려져 있다.

그러나 현재까지 자동차시장을 장악해 왔던 가솔린 차량의 성능, 경제성, 편리성을 동시에 충족할 수 있는 대체연료 차량의 개발을 위해 자동차 제작업체의 상당한 노력을 하고 있으며 또 배기규제 만족을 위해 새로운 기술적용의 가솔린엔진 및 부가장치 개발에도 활발한 연구를 진행하고 있다.

[1] 수소자동차

수소를 자동차의 연료로 사용하는 연구는 오일쇼크와 자동차의 배기가스 규제의 강화를 계기로 시작되었다. 수소엔진은 물로부터 만들어지는 수소를 자동차의 연료로 사용한다는 점에서 지구 환경문제에 대처하기 위해서는 이상적이다.

그러나 수소는 전력과 마찬가지로 2차 에너지이기 때문에 수소연료를 사용하는 자동차가 양산되기까지는 탑재성과 같은 자동차 측의 문제뿐만 아니라 수소의 대량 제조기술과 저장·수송기술 등의 연료공급 측의 문제도 해결해야 할 과제로 남아 있다. 최근 지구환경 보존문제를 계기로 미래의 에너지로서 수소가 다시 주목을 받으면서 새로운 개발움직임이 일고 있다.

[그림 5] **수소연료 엔진**

(1) 수소자동차 기술의 개요

최근 들어 지구환경 보존에 대한 관심이 점점 높여지고 있는 가운데 일반적으로 널리 사용되고 있는 탄화수소계 연료와는 달리 탄소원자를 포함하지 않는 수소에 관한 중요성이 나날이 고조되고 있다.

근본적으로 수소는 재순환이 가능하고 환경에 미치는 영향이 적은 장점으로 인해 세계 각국에서 다양한 용도로 사용하기 위한 연구가 진행되고 있다. 자동차의 경우 수소를 내연기관의 연료로 직접 사용하는 방법과 연료전지(fuel cell)에 사용하여 전기에너지를 얻는 방법의 2가지 방향의 연구가 진행되고 있다. 수소는 무색, 무취, 무미, 무독성의 기체로서 단위 질량당 에너지가 매우 큰 특성을 지니고 있어 연료로서는 우수한 성질을 지니고 있다.

또한 최소 점화 에너지가 작고 소염 거리가 작으므로 취급에 주의를 기울여야 하는 특성도 갖고 있으나, 공기보다 가볍고 확산이 빠르므로 밀폐된 공간만 아니면 누설되는 경우에도 폭발의 위험은 없다. 이러한 수소를 내연기관의 연료로 사용하기 위한 시도는 이미 1800년대 초반에 있었으나 이상연소의 발생으로 인해 무산되었고, 이후 1970년대 유류파동을 계기로 대체연료에 대한 연구가 활성화되면서 수소에 대한 관심도 높아지기 시작하여 현재는 환경보호에 기여할 수 있는 청정연료라는 점에서 주목을 받고 있다.

수소엔진은 운전방법에 따라 다음과 같이 분류될 수 있다. 흡기포트 공급방식의 경우 출력의 저하와 역화(backfire)의 가능성이 있으므로 현재는 주로 연소실내 분사방식을 사용하고 있다. 이 경우 분사 시기는 흡기밸브가 닫힌 이후의 압축행정중이 되며 수소의 분사압력을 증가시켜 압출말기에 분사할 경우 확산연소에 의한 연소의 제어도 가능하다.

수소 인젝터의 구동방식은 여러 가지가 있으나 현재는 유압식의 인젝터가 일반적으로 사용되고 있고 전자적인 제어가 가능한 솔레노이드 방식의 개발도 널리 진행되고 있다.

1) 수소엔진의 개발에 있어 가장 중요한 연구과제

고부하 영역에서 발생하는 이상연소 현상의 억제, 이론공연비 부근에서 다량으로 발생하는 질소산화물의 저감, 고속작동 및 내구성이 보장되는 수소 인젝터 개발의 3가지로 요약할 수 있다.

현재까지의 연구에 따르면 희박연소, 배기가스 재순환장치(EGR), 물분사방법 및 엔진 운전조건의 제어를 통해 연소측면의 문제는 대부분 해결가능성이 높은 상태이며,

솔레노이드 또는 압전소자 등의 개발로 인젝터의 성능도 향상시킬 수 있는 것으로 평가되고 있다. 이상에서 기술한 수소엔진을 사용하는 수소자동차의 개발 및 그 운용을 위해서는 수소저장장치의 개발이 선결과제로 대두되고 있다. 이는 수소 내연기관뿐 아니라 연료전지를 이용하는 전기자동차의 경우에도 적용되는 것으로서 소형, 경량으로 다량의 수소를 안전하게 저장할 수 있는 장치가 요구되고 있다.

가장 쉽게 적용할 수 있는 고압 수소 용기의 경우 근래 들어 복합재료 분야의 연구결과에 의해 강도가 향상되면서 전체 체적이 감소하는 경향이어서 차량의 여유 공간을 활용하는 경우는 사용 가능성이 있는 것으로 생각되고 있다. 금속수화물(metal hydride) 탱크의 경우 안전성이 가장 높으나 중량과 내구성에 대해서는 아직 개선의 여지가 있다. 액체 수소탱크는 중량 및 체적 면에서는 유리하나 자연 증발에 의한 손실과 저온에서 작동하는 펌프 등의 부품개발이 연구과제로 남아 있다.

(2) 수소자동차의 기술동향

현재 미래의 에너지원으로서의 수소에너지에 관한 연구는 선진 각국에서 활발히 진행되고 있으며 발전 등의 용도 이외에 자동차용 연료로서의 연구도 동시에 진행되고 있다.

미국의 경우 정부의 활발한 지원 아래 연구소 및 대학을 중심으로 연구가 진행되고 있으며 최근 xerox사와 캘리포니아 riverside대학을 중심으로 차량을 제작하여 시험운행을 하고 있다. 이는 아직 초기단계로서 고압용기와 단순한 구조의 엔진을 사용하고 있으며 차량 자체보다 태양광으로 발전한 전기를 이용한 수소 전기분해 시설의 운영에 초점을 맞추고 있다.

일본에서는 mazda 등의 자동차회사와 동경 도시대학에서 다양한 연구를 수행하고 있다. mazda의 경우 로터리 엔진과 metal hydride 저장장치를 사용하여 시험 차량을 운영하고 있으며, 동경 도시대학의 경우 액체수소 저장기술과 유압식 인젝터를 사용하여 다양한 형태의 차량과 엔진에 관한 연구를 수행하고 있다.

독일의 경우 BMW 및 연구소에서 액체수소 이용기술과 고성능 인젝터의 실용화 연구에 주력하고 있다. 이밖에 캐나다, 이탈리아, 인도 등에서도 수소 자동차에 관한 기초연구를 진행하고 있다. 현재까지의 연구는 아직 실용화에는 미치지 못하고 있으며 엔진형식, 수소 공급방식, 수소 저장방식에 있어 다양한 시도가 이루어지고 있는 기초연구단계라 할 수 있다.

그밖에 수소를 연료로 사용하는 연료전지 자동차의 경우도 최근 도요타, 벤츠 등에서 시작 차량을 발표한 바 있으며 이와 동시에 하이브리드 차량 개념의 수소연료의 이용 방안에 대해서도 미국과 일본을 중심으로 연구개발이 활발히 진행되고 있다.

(3) 수소자동차의 특징

① 물을 이용하여 에너지를 얻기 때문에 공해가 없다.

② 최근 지구환경 보존문제를 계기로 미래의 에너지로서 수소가 주목을 받는다.

(4) 상용화에 어려운 점

① 에너지 효율성이 떨어진다(수소를 만드는 에너지가 차를 구동시키는 에너지의 3배).

② 수소를 저장, 공급하는 방법이나 공정상에 문제로 양산이 쉽지 않다.

[2] 천연가스 자동차

천연가스 자동차란 천연가스를 사용하는 엔진으로 구동되는 자동차를 말하며, 천연가스를 차량에 탑재하는 방식에 따라 크게 CNG(compressed naturel gas)와 LNG(liquified natural gas)로 구분되어진다.

CNG는 천연가스를 압축하여 고압용기(200~250기압)에 충전하여 이용하는 방법이고, LNG는 상온, 상압에서 기체상의 천연가스를 저온화(−162℃ 이하) 하여 액화시킨 후 단열용기에 저장하여 이용하는 방법이다.

LNG는 CNG에 비해 연료의 에너지밀도가 높고 운반성 및 주행거리 측면에서의 이점이 있으나 단열용기의 제작, 연료공급 장치의 동결 및 극저온 기술 문제의 대두로 현재는 거의 CNG자동차가 대부분이다.

그러나 상온, 상압에서 기체이므로 연료의 운반성 및 엔진 출력이 석유계 액체연료에 비해 열세이며, 1회 충전당 주행거리가 짧아 일일주행거리가 짧은 도시버스, 청소차 등에 국한되어 적용 가능하다는 점 등의 단점이 있다.

[그림 6] CNG, LNG연료 엔진

(1) 천연가스 자동차의 장점

① 연료공급의 안정성으로 인한 저렴한 연료가격

② 낮은 CO_2 배출율로 인해 기구 온난화 방지

③ 기존 석유계 연료의 연소기술의 활용이 가능하다.

(2) 천연가스 자동차의 단점

① 연료의 운반성 및 엔진 출력이 석유계 액체연료에 비해 열세이다.

② 1회 충전당 주행거리가 짧아 일일 주행거리가 짧다.

(3) 천연가스 자동차의 종류

1) 압축 천연가스자동차(CNG)

천연가스를 200~300bar의 고압으로 압축하여 연료 용기에 저장하여 사용하며 현재 대부분의 천연가스자동차가 사용하는 방식이다. 압축 천연가스자동차는 타 연료와의 혼용 여부에 의해 아래와 같이 구분할 수 있다.

① **겸용(bi-fuel)**: 압축 천연가스와 휘발유를 동시에 자동차에 저장하고 그 중 한 가지를 선택하여 연료로 사용하는 방식이다. 천연가스 보급 초기에 천연가스의 충전 환경이 좋지 않을 때 사용하기 적합한 장점이 있으나, 두 가지 연료를 동시에 사용하도록 되어 있으므로 차량 성능이 다소 저하되는 단점이 있다.

② **혼소(dual-fuel)**: 압축 천연가스와 경유를 동시에 저장하여 두 가지 연료를 동시에 사용하는 방식이다. 디젤은 엔진 시동 및 운전 중에 파이롯 분사하여 점화 원으로 활용하도록 구성되어 있다. 그러나 현실적으로 천연가스의 가격이 디젤 가격대비 가격 경쟁력이 가솔린에 비해 높지 않으므로 많이 보급되지 않고 있는 실정이다.

③ **전소(dedicated)**: 압축 천연가스만을 저장하여 사용하는 방식으로, 천연가스 엔진으로 최적화 할 수 있으므로, 출력 성능 및 배출가스 저감 능력이 우수하여 전 세계적으로 가장 많이 보급되고 있는 방식이다.

2) 액화 천연가스자동차(LNG)

액화 천연가스자동차는 -162℃로 냉각 액화한 천연가스를 극저온 단열용기에 저장하여 연료로 사용하는 방식으로 LNG를 기화기에서 기화하여 믹서나 흡기 다기관에 분사하여 연료를 공급하는 방식과 LNG를 액상 그대로 실린더 내로 직접 분사하여 실린더 내의 점화플러그에 의해 점화시키는 방법이 있다.

액화 천연가스자동차는 연료 저장 효율이 좋으므로 1회 충전당 주행거리를 3배 이상 늘일 수 있는 장점이 있으나 LNG단열 용기의 가격이 고가인 단점이 있다. 현재 LNG 단열 용기 개발, LNG 충전기술이 미진하여 LNG연료를 직접 사용하는 엔진개발 연구가 활발히 진행되어 실용화 단계에 접어들고 있으며, 특별히 미국과 유럽, 일본 등에서는 시험운행이 활발하며 미국에만 약 100대 이상의 차량이 시험 운행 중에 있다. 현재 미국 LA공항에서는 LNG버스를 운행하고 있다.

LNG자동차는 연료를 액체상태로 저장하기 때문에 CNG자동차에 비해 주행거리가 길다. 또한 우리나라와 같이 LNG상태로 수입하는 경우는 이를 직접 사용할 수 있어, LNG를 기화하여 배관을 통하여 공급한 후 다시 압축하여 사용하는 CNG에 비해 압축기를 구동하여야 하는 에너지가 절감되며 압축기 설치도 필요 없다.

그러나 LNG단열 용기에 전달되는 외부 열원에 의해 용기내의 LNG 성분 중 비점이 낮은 메탄 성분이 먼저 증발하여 증발가스가 발생되며, 이 증발가스에 의한 용기 내 압력상승을 방지하기 위하여 증발가스를 엔진에 우선적으로 공급하거나 대기 중으로 방출하여야 한다.

따라서 시간이 경과할수록 용기 내에는 메탄성분이 감소하고 고 비점의 연료성분이 농축되는 풍화(weathering)현상이 발생한다. 이것은 엔진의 정밀한 연료 공급을 위하여 어려운 기술적 장애요인으로 작용하고 있다.

3) 흡착식 천연가스자동차(ANG)

흡착식 천연가스자동차는 활성탄 등의 흡착제에 천연가스를 30~60kgf/cm^2 가압하여 저장하는 방식으로 충전 압축기 등 충전 시설비용 등의 절감이 가능하나 흡착제의 비용이 고가이고 저장 효율이 낮아 현재의 기술 수준으로는 실용화에는 많은 문제점이 있다.

CNG 공급망이 완비된 지역에서는 OEM에 의한 전소방식이 배기가스 측면이나 경제성 측면에서 이상적이므로 최근 CNG 공급망 확충에 따라 대기오염 개선 효과가 큰 전소방식이 본격적으로 보급되고 있다.

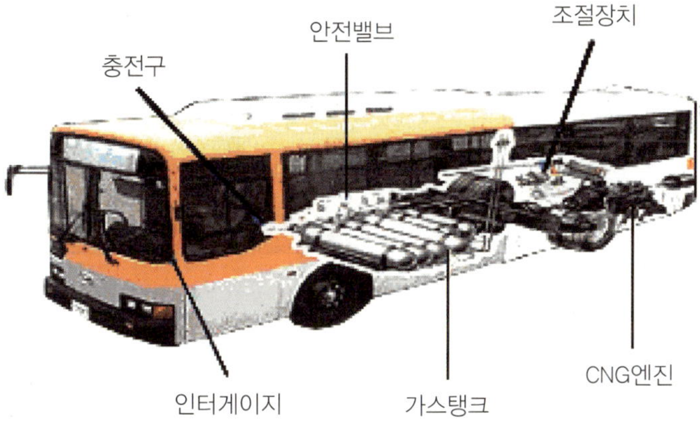

[그림 7] **흡착식 천연가스자동차**

① **천연가스 물성**: 일반적으로 천연가스는 메탄(CH_4)이 약 90% 정도를 차지하고 기타 여러 성분이 혼합된 다성분계의 혼합물로 산지마다 연료의 조성이 다르다. 특히 열역학적 특성은 조성뿐 아니라 상태에 따라 변화하므로 정확히 정량화하기 어렵다. 땅에서 취출되는 천연가스는 여러 가지의 non-methane hydrocarbons, H_2S, CO_2, 수증기 N_2, H, Ar 등을 함유하고 있다.

대부분의 경우 파이프라인으로 공급하기 전에 배관의 부식을 방지하기 위해, 물과 H_2S는 제거되어야 하며, 고 탄화수소도 고압에서 응축되는 것을 방지하기 위해 제거되어야 한다. 천연가스는 대부분 80~99%의 메탄(CH_4)이 주성분으로 되어 있으므로 대부분의 물성이 메탄의 물성과 비슷하다.

[3] 태양광자동차

태양광자동차는 태양에너지를 직접 시켜 전기에너지로 바꾸어 주는 에너지 변환효율이 17% 이상인 고성능 태양전지(solar cell)를 사용, 에너지 효율을 극대화하고, 차체를 초경량으로 설계하여 최고속도 120km/h의 고성능을 발휘한다.

태양광자동차는 전기자동차와 함께 다가오는 21세기의 유력한 교통수단으로 평가받고 있으며 선진 자동차 제조업체가 참가하는 3년마다 호주에서 개최되는 세계 태양광자동차 경주대회(WSC; world solar challenge)를 비롯하여 미국, 일본 등지에서 매년 열리는 태양광자동차 경주대회 등을 통해 실용화를 위해 많은 노력을 하고 있다.

[그림 8] 태양광자동차

(1) 태양광자동차의 특징

태양광자동차는 태양에너지를 직접 전기에너지로 바꾸어 구동을 하며 차체를 초경량으로 설계하여 최고속도 120km/h 이상의 성능을 발휘한다. 주로 전달효율이 좋은 체인을 통해 뒷바퀴를 구동하는 방식이다.

(2) 상용화에 어려운 점

① 에너지 변환효율이 10%대여서 상용화하기에는 전지 효율이 덜어진다.
② 전지의 비용이 너무 고가이다.
③ 충분한 태양이 없으면 제 성능을 발휘하기 힘들다.

[4] 알코올자동차

알코올자동차는 메탄올을 이용한 자동차이며 메탄올은 고옥탄가 연료이므로 압축비를 12 : 1까지 높일 수 있었으며, 이에 따라 엔진 출력이 약 20% 정도 향상될 수 있다.

알코올 엔진은 메탄올 연료 뿐 아니라 가솔린으로도 운전될 수 있기 때문에 가솔린 사용 시의 녹킹(knocking)을 방지하기 위하여 압축비는 기본 엔진과 동일한 10 : 1로 환원되었다. 동일 압축비에서 M85(메탄올 85%, 가솔린 15%)의 경우 최대출력은 가솔린에 비해 약 6% 정도 상승한다. 이 출력 상승은 메탄올의 높은 열효율과 흡입공기 단위체적당 높은 발열량에 기인한다.

알코올 엔진의 특징인 M0(순수 가솔린)부터 M85까지의 임의 혼합연료에서도 최적의 운전상태가 가능하도록 하기 위하여 연료센서를 통하여 메탄올 함량을 감지한 후 각 함량에 따라 연료량 및 점화시기를 최적제어 하도록 제어논리를 구성하고 있다.

[그림 9] M85(메탄올 85%, 가솔린 15%)연료 엔진

(1) 알코올자동차의 특징

① 알코올자동차에 사용되는 메탄올은 고옥탄가 연료(압축비가 12 : 1까지 높일 수 있기 때문에 엔진출력 20% 향상)

② 메탄올 85%와 가솔린 15%를 혼합한 M85에 경우 가솔린에 비해 최대 출력 6% 상승한다.

(2) 상용화에 어려운 점

① 가솔린에 비해 연비가 20% 가량 떨어진다.

② 배기가스에서 포름알데히드 냄새가 난다.

[5] 전기자동차

전기자동차는 일반 내연기관 자동차와 달리 전동기, 전동기 제어기, 축전지 및 충전장치로 구성된다. 전동기는 개발초기에는 직류 전동기가 주로 사용되었으나 최근 들어 교류 유도 전동기, 혹은 BLDC(brushless direct current) 전동기가 주류를 이루고 있다.

[그림 10] 전기자동차

또한 현재 주목받고 있는 것이 축전지 관련 기술이다. 기존의 납축전지는 1회 충전 시 주행거리가 100~150km 정도에 불과하고 기타 대체 전지들의 경우 주행거리는 약 2배 정도 늘릴 수 있으나 현재 가격은 상당히 고가이다. 이렇게 전기자동차 실용화의 관건이 되는 축전지 개발은 매우 다양하게 진행되어 왔으나 이중 Ni-MH(니켈수소)축전지가 가장 현실에 접근한 기술로 평가되고 있다.

[그림 11] 전기자동차의 구성

(1) 전기자동차의 특징

① 차량 구동 시 오염물질이 생성되지 않는다.
② 전기로 움직이기 때문에 엔진 소음이 없다.
③ BLDC전동기를 주로 사용한다.

(2) 상용화에 어려운 점

① 전지를 충전시키는데 결국 동력이 필요하다.
② 충전소의 확보가 힘들다.
③ 축전지의 가격대비 효율성이 많이 떨어진다.

[6] 하이브리드 전기자동차

하이브리드 전기자동차는 주동력원인 전기 배터리에 보조 동력장치(일반적으로 내연기관)를 조합, 연결하여 운행되는 자동차이다.

[그림 12] **하이브리드 전기자동차**

이 자동차는 축전지만으로 주행 시 주행거리가 짧은 전기자동차의 단점을 보완하기 위하여 개발된 자동차이다. 또한 하이브리드 전기자동차는 배기가스를 대폭 저감시킬 수 있는 방법의 일환으로도 생각되고 있다.

[7] 연료 전지자동차

(1) 연료 전지자동차의 개요

21세기 자동차로 가장 선두 주자라면 단연 연료전지(fuel cell)를 꼽는다. 특히 에너지 자원이 전무한 우리나라의 경우 에너지 기술개발의 중요성은 아무리 강조하여도 지나칠 수 없다.

국내 에너지 현안 문제는 크게 에너지 수급 구조의 불안정성 심화, 석유 의존도의 급격한 증가, 에너지 소비의 고급화 추세, 환경요인 증대 및 투자 제약 요인 심화, 에너지 다 소비형 산업 구조, 에너지 산업의 경쟁력 제고 필요성 증대 등으로 집약할 수 있다. 전기분해의 역반응의 원리를 이용하는 연료 전지의 경우 그 기술력이 문제이지 자원의 문제는 아니라고 할 수 있다.

연료 전지는 19세기 전반 영국의 글로브경(william R. grove)이 발명한 것으로 알려지고 있으며, 그 원리는 연료의 화학에너지(연소 에너지)를 직접 전기에너지로 변화시키는 장치이다. 일반적인 전지는 저장 시스템을 통해 에너지원을 공급시키지만 이 연료 전지는 하나의 제너레이터(generator) 역할을 수행한다.

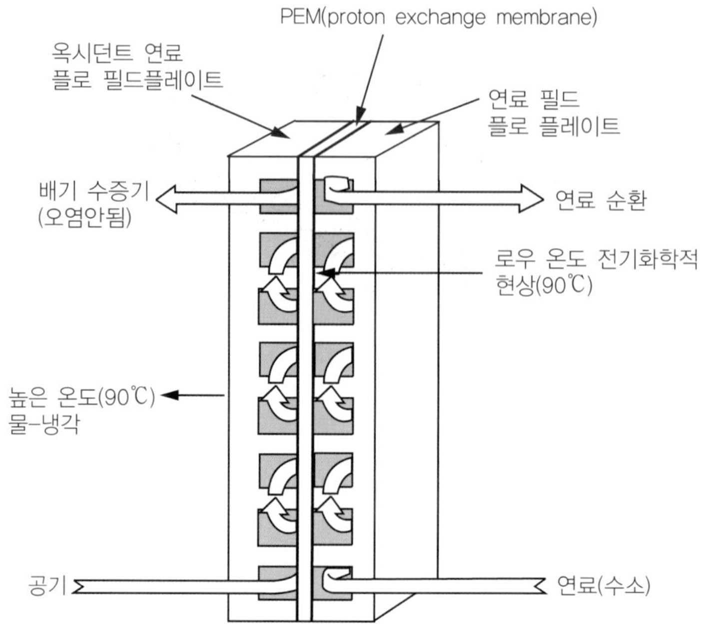

[그림 13] **연료전지 스텍구조**

(2) 연료 전지자동차의 특징

연료 전지의 작동원리는 물에 직류 전류를 흘려주면 물이 분해되어 수소와 산소가 된다. 그러나 반대로 반응시키면 전기와 물이 생성될 수도 있다. 연료 전지를 이러한 현상을 이용한 기술이다. 전기를 잠시 화학 에너지로 저장하는 일반 전지와 달리 연료로부터 직접 전기를 생산하는 에너지 변환 장치이다.

수소와 산소가 직접결합하면 급격한 반응이 일어나 물과 열이 발생하고 연료 전지는 수소와 산소를 직접결합하지 않고 이온 상태로 만나게 하여 물과 전기를 생성한다. 이 역할은 수소를 이온 상태로만 통과시키는 프로톤 교환막이 수행한다. 프로톤 교환막을 사이에 두고 수소와 산소를 흘려주었을 때 수소가 교환막과 만나면 전자를 내주면서 이온이 된다. 프로톤은 교환막을 지나가고 전자는 외부로 연결된 도선을 따라 반대쪽 공기가 있는 곳으로 이동하고, 공기 중의 산소와 교환 막을 지나온 프로톤, 전극을 타고 온 전자들이 만나 물이 된다.

외부의 도선을 타고 전자가 이동할 때 전자는 우리가 필요로 하는 일을 수행하게 된다.

연료 전지자동차의 실용화를 위해서는 연료 전지시스템의 개발뿐만 아니라 자동차와 연료간의 인터페이스 등의 개발이 필요하다. 연료 전지자동차의 연료를 선정할 때는 연료를 제조할 자원, 가격, 효율, LCA, 수송, 저장방법, 공급 인프라, 사고시의 리스크, 자동차에서의 탑재성 및 가반성 등이 중요한 요건으로 검토되어야 한다. 또한, 탑제 상태에서 개질 수소를 제조할 때에는 개질 효율, 시동성, 부하응답성 등도 검토되어야 한다.

연료 전지는 연료가 갖고 있는 화학에너지를 직접 전기에너지로 변환이 가능한 고효율 에너지 변환 기술로써 기본적으로는 수소와 공기 중의 산소를 이용하여 전기에너지를 얻는다. 그러나 자연계에서 단체로써 대량 존재하지 않는 수소를 어떻게 효율적인 원래의 연료로부터 발생시키는가 하는 것이 연료 전지용 연료에 있어서 핵심이다. 연료 전지의 원 연료로서는 석유를 대표로 하는 액상 탄화수소 및 천연가스 등의 가스 상태 탄화수소 및 메탄올 등의 합성 연료가 대표적이고, 연료 전지는 질소산화물, 유황산화물 및 소음도 거의 발생하지 않고 셀 본체로부터 배기 물질은 물밖에 없지만 개질의 단계에서 원 연료로부터 수소를 꺼내는 과정에서 탄산가스가 발생된다.

그러나 연료 전지를 사용하는 자동차는 연비를 예를 들어 가솔린 환산으로 리터당 35km 이상 될 것으로 예상하고 있어 연비 향상에 의한 탄산가스의 삭감효과가 기대된다.

그러나 원 연료를 채굴, 가공, 수송하여 국내에서 유동을 거쳐 연료 전지에 사용되기까지의 연료 효율인 종합 에너지(well to tank)의 종합 효율을 감안해야 하는데 연료 전지 자동차만의 제로 에미션의 달성은 본질적인 환경 대책이라고 말하기에는 무리가 있으며, 각종 엔진의 종합 에너지 효율은 아래 표와 같다.

[표] 종합에너지(well to tank)

	연료효율(%)	주행효율(%)	종합효율(%)
가솔린 내연기관	85	23	20
하이브리드	85	36	31
수소연료전지 자동차 (천연가스전 현지 개질)	53-56	50	28
메탄올 연료 전지차(천연가스 전 현지 메탄올 제조)	63	36	23
가솔린 연료전지차	88	39	34

(3) 연료 전지자동차의 개발 방향과 상업화 문제점

1) 수소저장방식과 연료개질 방식

연료 전지자동차의 개발 방향은 아직 명확하지 않지만 연료 전지에 수소를 어떻게 공급할 것인가에 따라서 달라진다. 첫 번째는 차량에 수소 저장용 탱크를 탑재하여 직접 수소를 공급하는 방식과 두 번째는 연료 변환기를 차량에 탑재하고 가솔린이나 메탄올 등 탄화수소 연료에서 수소를 추출하여 공급하는 방식이 있다.

현재, 이 두 가지 경우에서 연료 전지자동차의 개발이 진행 중이며 앞으로의 기술적 추이와 경제성에 따라 적절한 방식이 결정될 것이다. 현재의 상황으로 봐서 연료 공급의 기반 시설 마련을 위한 투자 정도와 신소재 개발에 의한 수소 저장탱크의 고성능화, 연료 변환장치 기술의 향상 등이 주요한 이슈가 되고 있다.

2) 연료공급 기반시설

연료공급을 위한 기반 시설에 있어서 수소 저장방식의 경우는 수소공급을 위한 간접시설이 부족하여 연료 변환방식에 비해 불리한 것으로 나타났다. 또, 수소는 메탄올이나 휘발유와 비교할 때 가격이 제일 비싼 연료라는 것을 감안한다면 단기적으로는 연료변환 방식으로 갈 가능성이 크며 업계에서도 이 방식에 더 비중을 두고 있다.

하지만 유해배기가스 측면에서는 수소 저장방식의 경우 유해한 배기가스가 전혀 없는 반면 연료 변환방식에서는 가솔린이나 메탄올을 변환할 때 비록 소량이긴 하지만 일산화탄소(CO), 미연탄화수소(HC), 질소산화물(NOx) 등 유해한 배기가스가 발생한다.

3) 수소 저장합금의 개발

수소 저장방식의 경우 상업화를 위한 문제점은 상온에서 기체상태인 수소를 액화시키는데 드는 많은 양의 에너지 소모와 수소 저장합금의 특성향상에 의한 수소탱크의 고성능화다. 수소를 저장하는 방법에는 압축기체 저장법, 액체수소 저장법, 수소 저장합금 이용법 등이 있는데 압축기체 저장법은 일반적으로 쓰이는 방법이지만 저장밀도가 낮아 차량용으로는 적합하지 않다.

액체 수소저장법은 수소를 액화점인 -235도 이하로 낮추어 액화시켜 저장하는 방법이며 이때 많은 에너지가 소모되고 저장 시에 기화하지 않게 단열성이 큰 극저온 용기를 사용해야 한다.

수소 저장합금 이용법은 수소 저장합금과 수소와의 가역 반응을 이용하는 것이다. 온도를 낮추거나 수소압력을 높이면 수소 저장합금에 수소가 흡수되고, 반대의 경우에는 수소를 방출하게 되는 반응을 이용하는 것으로 수소저장 밀도가 높고 안전한 것으로 알려져 있다. 수소 저장합금 이용을 위한 수소저장 용기를 제작할 경우 수소저장용량 및 수소화 반응속도 등의 우수한 특성을 나타내는 수소 저장합금을 개발하는 것이 중요하므로 소재 개발을 위한 연구가 진행 중이다.

4) 연료전지 자동차용으로 주목받는 메탄올

연료 변환방식에 있어서도 연료의 선택과 관련하여 몇 가지 가능성이 존재하는데 가솔린을 이용할 경우 기존의 기반시설을 그대로 이용할 수 있는 이점이 있고 메탄올을 연료로 이용할 경우 수소 변환 시 이산화탄소가 기존 내연기관의 1/2로 가솔린보다 적은 이점이 있다. 그 외에도 고청정 가솔린을 이용하여 배기가스를 줄이는 방안도 나와 있다.

현 연료 자동차 개발업체들이 발표한 차량과 계획을 보면 주로 메탄올 변환방식을 채택하고 있어 배기가스가 적고 쉽게 공급이 가능한 메탄올에서 수소를 추출하는 방법에 너 큰 실현 가능성을 두고 있다. 하지만 가솔린에서 수소를 추출하는 변환장치의 개선을 통하여 유해 배기 물을 줄이는 방법도 계속 연구하고 있으며 정유회사와의 기술제휴 등을 통하여 효율적인 연료변환장치를 개발하고 있다.

02 전기자동차(electric vehicle)

2.1. 전기자동차의 개요

자동차의 구동 에너지를 기존의 자동차와 같이 화석연료의 연소로부터가 아닌 전기 에너지로부터 얻는 자동차이다. 자동차에서의 배기가스가 전혀 없으며, 소음이 아주 작은 장점이 있다. 전기자동차는 최초로 조셉 핸리에 의해 DC 동력 모터로 1830년에 만들어졌다.

그러나 1834년 토마스 다벤포트가 개발한 전기자동차가 최초의 실용적인 전기 자동차로 평가되고 있다. 1859년 재충전 가능한 배터리가 개발되어 초기의 전기 자동차 개발을 가능하게 하였고, 1899년 두 개의 12V 전기모터의 동력을 이용한 전기자동차가 탄생하였다.

(a) 1842년경 전기자동차

(b) 2020년도 볼보 전기차 XC40 리차지

[그림 14] **최초 및 현재의 전기자동차 모습**

1912년까지 미국에서 34,000대의 전기자동차가 등록되었다. 이후 전기 스타터가 개발되고, 대량생산이 가능해 짐으로부터 가솔린자동차 시대가 도래되었다. 비록 초기의 가솔린자동차는 소음이 많고, 잔 고장이 많았지만 전기자동차보다는 나은 편이었다. 공해 문제가 최근 심각해지면서 다시 개발이 되고 있다.

그린라운드(green round) 이후 각 산업분야에서 환경에 관한 관심이 증대되고 있으며, 지구의 온실효과를 초래하는 물질의 사용 규제에 따라 환경보호 관점에서 CO, NOx, HC저감을 위한 수단으로 배기가스에 대한 규제가 강화될 전망이다.

전기자동차는 엔진이 전기모터로 대치된 것 외에 내연기관 자동차들과 약간씩의 차이가 있다. 그러나 가장 큰 문제는 에너지의 공급원인 배터리이다. 배터리의 경량·소형화 및 짧은 충전시간은 전기자동차가 실용화되기 위한 필수적인 선결 조건이다. 미국의 자동차 회사들은 배터리 연구 개발 공동 협의체를 만들어 운영하고 있다.

전기자동차는 축전지의 전기에너지를 이용하여 전동기를 구동시킴으로써 주행하는 차량으로서 그 단순한 구조 때문에 1835년 최초의 전기자동차가 개발될 정도로 역사가 깊으나 만족할 만한 성능의 축전지 확보에 실패함으로써 최근까지 가솔린자동차가 사용되기 힘든 리조트 차량, 실내 운용차량 등의 특수 분야로 사용이 제한되고 있었다.

그러나 1990년대에 들어와서 미국이 전기자동차 의무수출 규정을 채택함으로써 일반 운송수단으로서의 확대가 활발히 진행되게 되었으며, 그 결과 전 세계의 모든 완성차 업체들이 한번씩은 프로토 타입 전기자동차를 제작해 보았을 정도가 되었다. 하지만 현재까지 가솔린자동차와 견줄 만한 가격과 성능을 가진 차량은 거의 없다.

전기자동차 개발 동향은 크게 두 가지 방향으로 진행되고 있는데, 하나는 연축전지와 같이 가격과 안전성은 확보되고 있으나 주행거리가 짧은 차량들은 NEV(neighbor hood electric vehicle)로서 주로 출퇴근 전용차량으로 개발되는 방법으로 영국의 우유 배달차, 스위스 째르마트시의 전기버스, 전기택시 등으로 사용되고 있다.

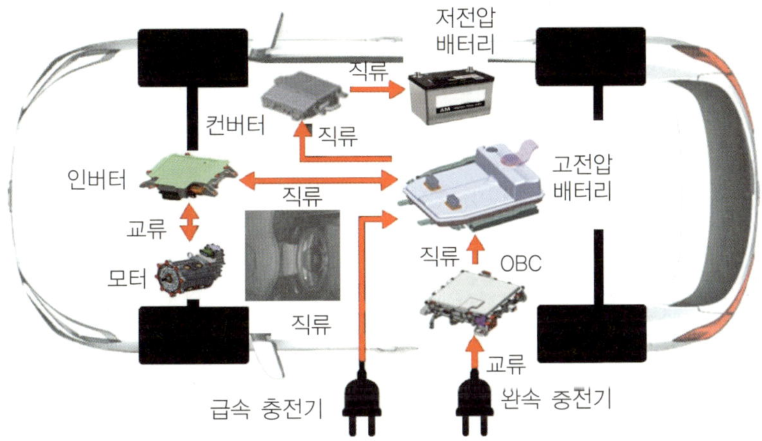

[그림 15] **전기자동차의 전기 에너지 흐름**

또 다른 하나는 전기자동차의 최종목표인 가솔린차량과 견줄만한 차량 개발을 위해 비록 고가이나 긴 주행거리를 가지는 Ni-MH, Li-Ion 축전지를 탑재한 고성능 전기자동차를 개발하는 것으로서 이를 위해서 고성능 축전지 팩의 제조비용을 줄이는 것이 최근의 연구 동향이다.

전기자동차는 구동에 필요한 기계적 에너지를 전기에너지로부터 얻게 되며 에너지 변환에는 모터가 사용된다. 모터를 작동시키는 동력원의 종류에 따라서 전지를 이용한 전기자동차, 연료전지를 이용한 전기자동차, 태양전지를 이용한 전기자동차, 플라이휠을 이용한 전기자동차 등이 있다. 태양전지 자동차는 궁극적으로 가장 이상적인 에너지이며 무한한 에너지원을 가지고 있다. 그러나 지금까지 개발된 태양전지의 에너지 변환 효율이 21%를 넘지 못하므로 새로운 물질이 개발되지 않는 한 전기자동차의 주 에너지원으로 사용하기에는 힘들 것 같다.

[1] 전기자동차 주행모드

[그림 16] **전기자동차의 주행모드**

2.2. 전기자동차의 구성

전기자동차는 모터에 에너지를 구동하는 배터리, 배터리에서 공급받은 에너지로 바퀴를 구동하는 모터와 배터리와 모터사이에서 동력을 컨트롤하는 제어기로 구성되어 있다.

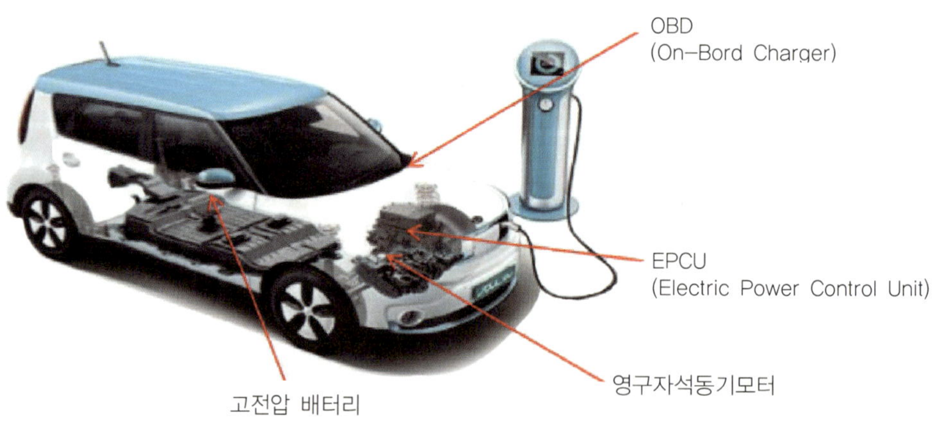

[그림 17] **전기자동차의 구성 시스템**

2.2.1. 배터리(battery)

전기자동차의 배터리는 여러 개의 배터리를 사용하여야함으로 기존의 납 배터리의 경우에는 납을 전극으로 사용하기 때문에 중량이 무거우며 에너지밀도도 낮아 전기자동차에서 사용하기에는 어려운 점이 있다.

(a) 기존 납 배터리

(b) 전기자동차 배터리

[그림 18] 배터리의 종류

또한 전기자동차의 가장 핵심기술은 성능이 우수한 배터리의 개발이라고 할 수 있으며 현재 전기자동차용으로 개발되고 있는 배터리는 다양한 성능요건을 충족시켜야 하며 배터리 성능을 결정하는 가장 중요한 부분으로는 에너지밀도와 출력을 들 수 있으며, 이외에도 안정성, 수명, 충전 용이성, 충전효율, 충전시간, 저온성능 등 다양한 요구를 만족하여야 한다. 에너지밀도는 1회 충전 시 주행할 수 있는 운행거리와 관계되며, 단일전지에 저장되는 에너지양으로 결정된다.

따라서 배터리는 에너지밀도가 높고 소형화와 경량화가 가장 중요한 요소이며 배터리의 출력은 가속력과 최고속도를 결정하는데 중요한 요소이다. 이러한 부분을 만족시키기 위해 현재 사용하고 있는 배터리는 니켈계열의 배터리를 사용하고 있으며 니켈계열의 배터리는 납 배터리에 비해 대전류 방전특성이 우수하고, 저온에서도 특성이 크게 저하하지 않으며, 출력밀도가 크고, 수명이 길며, 단시간 충전이 쉬운 장점이 있어 하이브리드 전기자동차에 사용되고 있다.

그러나 에너지밀도가 크게 높지 못하며 가격이 납 배터리에 비해 높고, 대량 사용 시 자원문제도 유발시킬 수 있다.

[1] 납축전지

① **장점**: 저가이며 온도 특성이 우수하고 고율방전이 우수하다.

② **단점**: 저 에너지 밀도이고 수명이 짧다.

[2] Ni-Cd전지

① 장점: 고출력이고 축전지의 신뢰성이 높다. 또한 밀폐화가 가능하다.
② 단점: 저 에너지 밀도이며 고가이다. 또한 공해물질을 사용한다.

[3] Ni-Fe전지

① 장점: 고 에너지 밀도이며 가격이 저렴하다.
② 단점: 축전지 보수가 어렵고 축전지 유지가 어렵다.

[4] Ni-MH전지

① 장점: 고 에너지 밀도이며 고율방전이 우수하다.
② 단점: 저온시 성능이 불량하고 자기방전이 크며 고가이다.

[5] Ni 전지

① 장점: 고 에너지 밀도이며 상온에서 작동하고 완전 밀폐식이다.
② 단점: 수명이 낮고 출력 밀도가 낮다. 또한 과충전, 과방전에 약하다.

2.2.2. 모터(motor)

전기자동차에서의 모터는 가솔린자동차의 엔진과 같다. 즉 모터가 엔진의 역할을 하는 것인데 즉 전기에너지를 기계적 에너지로 변환하는 장치를 말한다. 또한 모터는 전기자동차의 핵심기술 중의 하나이다. 거의 대부분이 회전운동의 동력을 만들지만, 직선운동의 형식으로 하는 것도 있다.

전동기는 전원의 종별에 따라 직류전동기와 교류전동기로 분류된다. 다시 교류전동기를 크게 나누면 ① 유도전동기, ② 동기전동기, ③ 정류자전동기 등으로 분류된다.

어느 전동기나 대개 50~60Hz의 교류를 전원으로 하지만 드물게는 수백 Hz 또는 그 이상으로 높은 주파수의 전원을 사용하는 예도 있다. 이것은 높은 회전속도를 얻고자 할 경우이다. ①은 대체적으로 정속도이고, ②는 완전한 정속도이며, ③은 광범위한 가변속도인 특징을 가지고 있다.

그러나 이것은 다만 일정한 주파수의 전원에 의해 운전할 경우에만 한정된다. 직류와 교류의 종별이 있다고는 하지만 원리상으로 보면 동일한 것으로, 자기장 속에 도체를 자기장과 직각으로 놓고 여기에 전류를 통하면 자기장에도 직각방향으로 전자기적인 힘이 발생한다는 전자 유도현상을 응용한 것이다. 전자기력은 자기장의 세기, 전류의 세기 및 도체 길이의 곱에 비례한다.

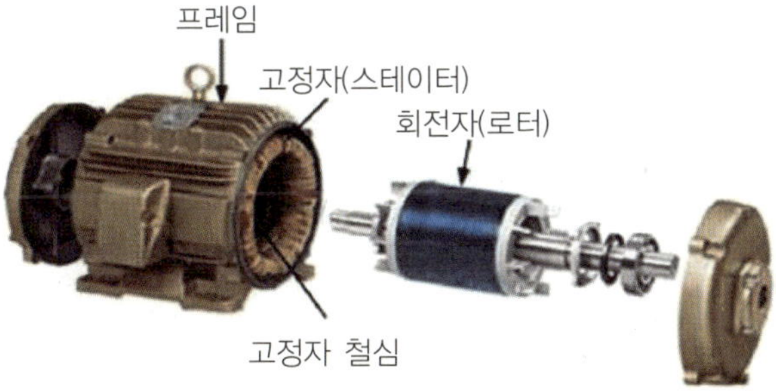

(a) 모터의 구성

(b) 모터

[그림 19] **전기자동차 인덕션 모터**

모터의 경우 DC모터(직류모터)를 AC모터(교류모터)로 변환함에 따라 전기자동차의 출력과 동력성능(가속성능, 최고속도)이 크게 향상되어 가솔린차에 비하여 손색없는 수준에 도달하였다. 고출력화를 추진하면서 고회전화 함에 따라 모터가 경량·소형화되어 탑재중량이나 용적도 크게 감소하였으며 모터와 동시에 감속기나 차동장치도 소형화되고 있다.

2.2.3. 인버터

인버터의 경우 주로 모터제어를 위한 컴퓨터이며, 모터로 공급되는 전류량을 제어함으로서 출력과 동력성능을 제어하고 또한 AC모터(교류 모터)를 사용함으로 배터리의 DC(직류)전원을 AC(교류)전원으로 변환시키는 인버터의 기능과 자동차의 주행 중 제동 또는 감속시에 발생하는 여유에너지를 모터에서 발전기로 전환하여 배터리로 충전을 하는 기능도 동시에 수행한다.

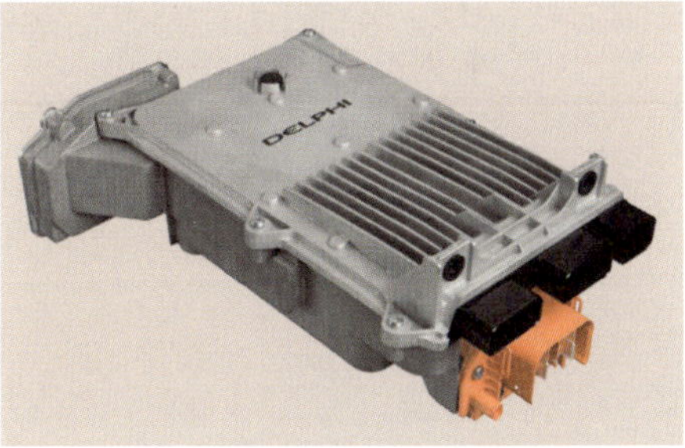

[그림 20] **전기자동차 인버터**

2.2.4. VCU(vehicle control unit)

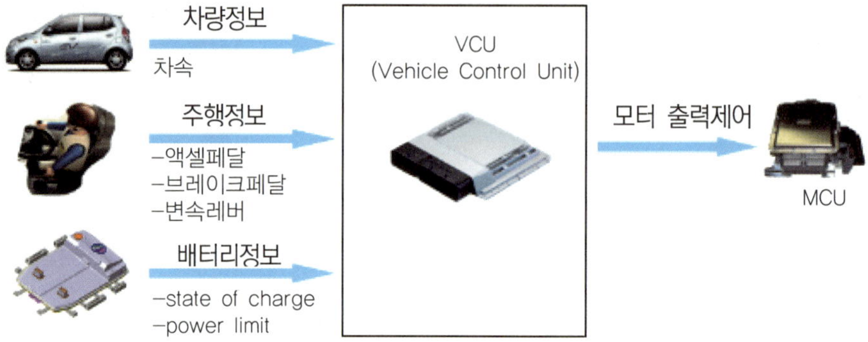

[그림 21] VCU

주요 기능	상세설명
구동모터 제어	배터리 가용파워, 모터 가용토크, 운전자 요구(APS, 브레이크 스위치, shift lever)를 고려한 모터 토크 지령 계산
회생제동 제어	회생 제동을 위한 모터 충전 토크 지령 연산 회생 제동 실행량 연산
공조부하 제어	배터리 정보 및 FATC 요청 파워를 이용하여 최종 FATC 허용 파워 송신
전장부하 전원 공급제어	배터리 정보 및 차량 상태에 따른 LDC ON/OFF 및 동작 모드 결정
cluster부하	구동 파워, 에너지 플로우, ECO level, power down, shift lever position, service lamp 및 ready lamp 점등 요청
아날로그, 디지털 신호처리 및 진단	APS, 브레이크 스위치, shift lever, 에어백 전개 신호처리 및 진단

2.2.5. LDC(직류 변환장치)

LDC(Low DC-DC converter)는 고전압 배터리 전압을 12V 전압으로 변환하여 일반 전장품과 각종제어기를 구동 및 보조배터리를 충전시킨다. 기존 가솔린 차량에서 엔진 회전력으로 12V 전원을 발생시키는 알터네이터 역할을 대신한다.

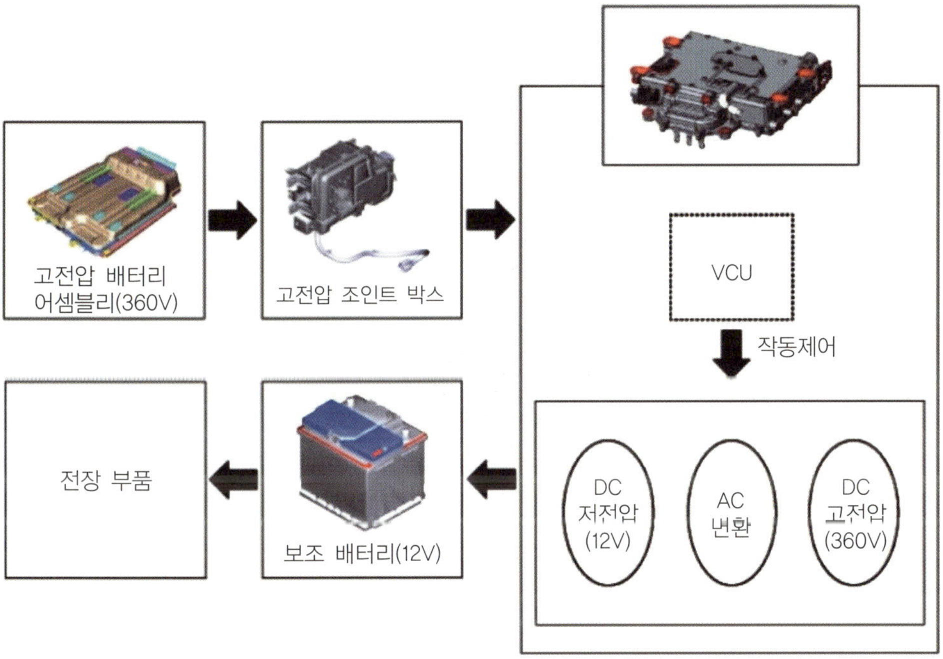

[그림 22] **LDC(저전압 직류 변환 장치)**

2.2.6. 감속기

전기차용 감속기는 일반 가솔린차량의 변속기와 같은 역할을 하지만 여러 단이 있는 변속기와는 달리 일정한 감속비로 모터에서의 입력을 자동차 차축으로 전달하는 역할을 한다.

감속기의 역할을 모터의 고 회전 저 토크 입력을 받아 적절한 감속비로 속도를 줄이고 그 만큼 토크를 증대시키는 역할을 한다.

(a) Offset Type A　　(b) Offset Type(B)　　(c) Inline Type

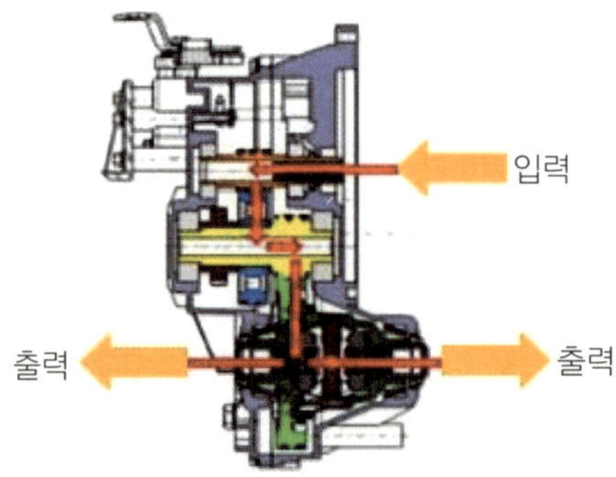

[그림 23] **EV 감속기**

2.2.7. 제동장치(brake system)

전기자동차에는 엔진이 없기 때문에 배력을 발생시킬 수 없다. 그렇기 때문에 기존의 제동장치를 사용할 경우 배력을 발생시킬 수 있는 진공 발생장치가 따로 설치되어야 한다.

현재 전기자동차의 가장 큰 장애 요소로는 1회 충전시 주행거리가 짧기 때문에 이를 극복하기 위한 방안 중의 하나로 주행시 모터가 전지의 에너지를 소비하지만 제동시에는 모터가 발전기 역할을 하도록 제어하는 재생시스템을 적용하는 것이다. 이 시스템은 주로 브레이크와 연결되어 있다.

또한 제동장치는 항상 디스크와 패드가 접촉하여 구동하기 때문에 마찰저항을 항시 받고 있다. 이를 해결하기 위한 방법으로는 비 접촉 브레이크 시스템을 적용하는 것도 바람직하다.

2.2.8. 충전시스템

충전이라는 것은 축전지(condenser)에 방전 때와는 반대로 전류를 외부로부터 가하여 본래의 전압까지 회복시키는 일을 말한다. 또 송·배전선에 전압을 가하는 것도 충전이라 한다.

2.3. 제조형태에 따른 분류

2.3.1. 개조형 전기자동차

개조형 전기자동차는 일반 가솔린자동차를 전기 자동차화 한 것으로서 가솔린자동차의 엔진부품과 변속기, 연료 및 배기시스템을 탈거한 후 엔진 대신에 모터를 사용하고 연료탱크 대신에 축전지 및 충전기 등의 전기자동차 부품을 사용하여 제작하는 자동차이다.

그러므로 일반 가솔린자동차를 이용하여 전기자동차로 만드는 만큼 비용이 작게 드는 것이 장점이지만 축전지의 탑제 공간이 비교적 좁기 때문에 1회 충전시 주행거리가 짧고, 가솔린엔진의 출력에 맞게 설계된 섀시와 보디에 의한 차량 중량이 무거워 동력성능이 떨어지는 단점을 가지고 있다. 그러므로 도시에서 일반적인 승용차용으로는 부적합하지만 일정 구간의 운행용 차량으로 사용하기에 적합하다.

2.3.2. 개발형 전기자동차

전기자동차용 프레임을 설계하여 개발하고 있으며, 이에 따른 재료의 경량화와 구조물의 경량화로 인한 동력성능을 향상시킨다. 즉 섀시의 경량화는 알루미늄 스페이스 프레임의 차체 형식이 전기자동차에 적용되고 있다. 이를 사용할 경우 1회 충전시 주행거리가 증가되며 동력성능을 향상을 기대할 수 있다.

그러나 전기자동차의 고성능 축전지의 개발이 필수적이다. 그러나 축전지 개발은 단시간에 해결하기 힘든 과제이므로 축전지에 대한 연구를 꾸준히 연결하고 동시에 차체 경량화를 통해 차량성능을 조금씩 향상시켜 나가야 된다.

Chapter 03

하이브리드 전기자동차

01 하이브리드 전기자동차의 적용배경
02 하이브리드 전기자동차의 형식
03 하이브리드 전기자동차의 구성
04 하이브리드 전기자동차의 구성부품
05 하이브리드 전기자동차의 엔진특징
06 그랜저 하이브리드자동차

01 하이브리드 전기자동차의 적용배경

1.1. 지구환경 파괴

지구환경 문제가 범세계적 관심사로 등장하면서 선진국을 중심으로 환경 규제가 강화되고 있다. 이는 산업의 발전에 따른 지구온난화, 오존층 파괴, 산성비 등 대기오염의 악화와 지구환경파괴에 대한 우려에서 비롯된 것으로 배기가스 규제, 연비규제, 프레온가스 규제 등을 중심으로 더욱 확대되는 추세를 보이고 있다.

최근 들어서는 그린라운드(green round)에 관한 논의가 이루어지면서 무역과 환경을 연계시키려는 국제적인 움직임마저 나타나고 있어 환경문제에 대한 적극적인 대응이 그 어느 때보다 절실히 요구되고 있다

1.1.1. 지구온난화

지구온난화란 대기 중에 이산화탄소, 메탄, 오존, 아산화질소, 수증기 등의 농도가 높아지면서 나타나는 온실효과에 의해 지구의 온도가 서서히 상승하는 것을 말한다.

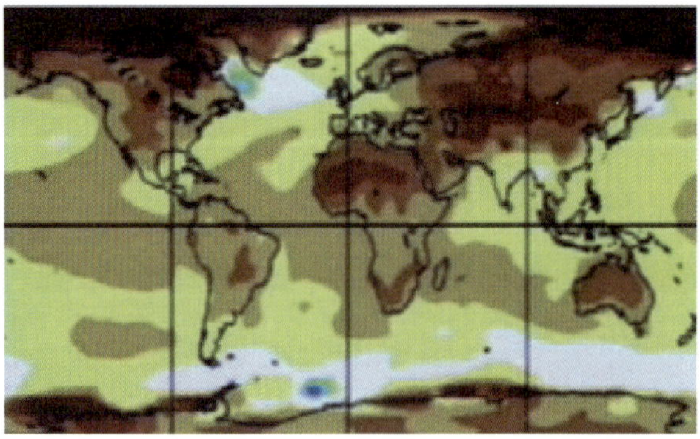

[그림 1] **지구 온도상승**

이러한 현상은 난방이나 동력을 얻기 위해 석유나 석탄 등의 화석연료를 태울 때 발생하는 탄산가스가 가장 큰 영향을 미친다.

[그림 2] **화석연료에 의한 환경오염**

이런 화석연료는 산업의 발전과 더불어 사용량이 점점 증가되고 있는데 지구 온난화에 가장 큰 영향을 주는 물질들의 비율을 살펴보면 석탄이나 석유와 같은 화석연료가 연소될 때 발생되는 이산화탄소가 50%에 이르며, 다음은 프레온이 20%를 차지하고, 메탄이 16%, 나머지 오존과 아산화질소가 각각 8%와 6%의 순으로 나타나고 있다.

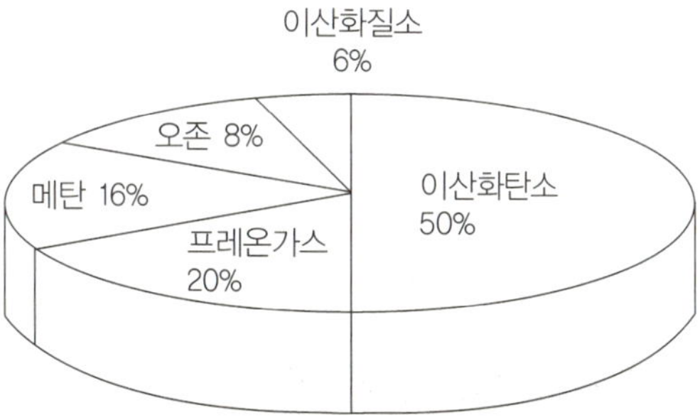

[그림 3] **지구온난화 발생가스**

이러한 온실기체는 산업혁명 이후 석탄, 석유의 사용 증가와 함께 과학문명의 산물인 냉장고, 에어컨 등에 사용되는 프레온 같은 인공 합성물질이 대량으로 쓰이면서 급격히 증가하기 시작했으며 이로 인해 지구의 온도가 높아지면서 극지방의 빙산이 녹아 해수면이 상승하여 낮은 곳에 있는 도시와 섬들이 침수하고, 농경지 감소, 해안선의 변화 등이 일어나 수자원 관리에 많은 문제점이 발생하게 된다.

또한 온도상승으로 미생물의 활동이 활발해짐에 따라 병충해의 피해가 크게 늘어나 농작물 수확이 줄어들게 되고, 이외에도 강수량과 수분 증발량을 변화시켜 이상기후가 발생하게 되며 생태계에 변화를 초래하게 되었다. 이러한 추세가 100년간 지속된다면 지구의 평균기온을 2.5℃에서 5.5℃ 정도 상승하게 되고 해수면이 0.5m에서 최고 2m까지 높아져 적어도 10억 명 이상의 환경 난민이 발생하게 될 것이다.

[그림 4] **극지방 빙산**

이렇게 심각한 지구 온난화 현상의 가장 큰 원인을 이산화탄소로 보고 있는데, 이러한 이유로 현재 전 세계적으로 이산화탄소를 줄이기 위한 노력들을 하고 있는 것이며 이런 노력에도 불구하고 아직까지 현재의 기술로는 이산화탄소 발생을 없애는 장치는 개발되지 못하고 있다.

현재의 상황으로선 이산화탄소 발생 자체를 줄이기 위해 연료를 적게 사용하여 이산화탄소의 생성량을 줄이는 방법 외에는 다른 대책이 없다. 이러한 측면에서 하이브리드 자동차의 탄생은 지구 환경파괴의 입장에서 보면 필연적으로 봐야 할 것이다.

[그림 5] **도심 환경오염 수치**

1.1.2. 석유자원 고갈

세계 자동차 메이커는 석유자원 고갈에 대비한 대체에너지 개발은 필연적이라고 생각하고 있으며 현재로서는 석유자원의 활용과 대체에너지의 개발을 병행하여 진행하고 있는 추세이며 특히 석유에너지의 활용에서 대기오염을 일으키는 질소산화물(NOx) 배출규제 대응 및 지구온난화 관점에서 이산화탄소(CO_2) 배출량을 줄일 수 있는 새로운 개념의 고효율 저공해 자동차 개발에 막대한 투자를 하고 있는 추세이다.

21세기에 직면할 화석연료 에너지원의 고갈과 갈수록 심각해지는 지구온난화 방지 관점에서 온난화 가스인 이산화탄소의 배출량이 적으면서 대기오염을 일으키는 질소산화물, 탄화수소 등의 배출규제에도 대응할 수 있는 차량개발이 시급해지고 있다.

[그림 6] **석유자원의 고갈**

1990년대 이후로 지구온난화현상에 대한 관심이 커짐으로서 자동차 배출가스 중 이산화탄소에 대한 관심이 높아 졌으며 가솔린엔진의 경우 이산화탄소가 연비와 직접적인 관계가 있다 즉 이산화탄소의 배출량은 연비가 좋은 차량일수록 배출량이 적어진다는 점에서 고효율 저공해 엔진의 개발이 더 고조되고 있는 실정이다. 이러한 측면에서 하이브리드 자동차의 탄생은 지구 석유자원 고갈의 입장에서 보면 필연적으로 봐야 할 것이다.

1.1.3. 배출가스 규제강화

자동차 유해 배출가스를 감소시키기 위해 각 나라에서 유해 배출가스를 제도적으로 규제하고 있으며 효과를 높이기 위해 다양한 제도를 통해 구체적인 규제가 이루어지고 있으며 제조사는 이에 발맞추어 다양한 기술 개발을 하고 있는 것이 지금에 현실이다.

미국 캘리포니아 주에서는 2003년부터 주요 자동차 메이커에게 무공해차 2% 이상의 의무생산을 의무화하고 있으며, 이러한 규제강화는 미국 전역으로 확대될 것으로 예상되고 있고 미국 에너지부 교통기술국(OTT)에 따르면 기존의 가솔린자동차는 2030년께부터 생산이 전면 중단된다. 반면 서서히 커지고 있는 하이브리드 카 시장은 2010년에 전체의 24%를 차지하고 2030년께는 거의 50%에 이를 것이라는 예측이다.

이와 같은 현실에서 세계는 다음 세대의 자동차로 두 개의 동력원을 가진'하이브리드 카(hybrid car)'에 주목하고 있다

1.1.4. 자동차에서 이산화탄소 양을 줄이려면

자동차에서 이산화탄소의 양을 줄이기 위해서는 어떻게 하는 것이 가장 좋을까. 현재로서는 자동차에서 적은 기름으로 멀리 갈 수 있게 연비를 올리면 될 것이다. 기름을 절약하게 되면 결과적으로는 이산화탄소가 줄어들어서 환경오염도 줄일 수 있을 것이다.

그렇다면 앞으로 우리는 어떤 자동차를 만들어야 할까 한마디로 연비의 저공해 자동차를 개발해야 하는 것이다. 오염물질을 적게 만드는 자동차를 개발한다면 환경문제도 해결할 수 있고 선진국의 까다로운 배출가스 규제도 통과할 수 있을 것이다.

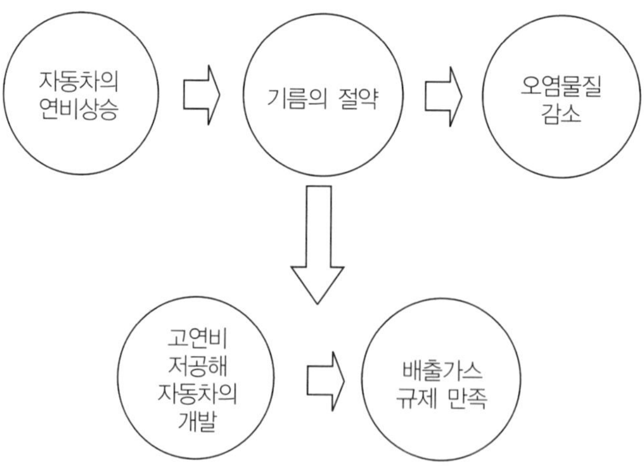

[그림 7] **이산화탄소 양을 줄이려면**

1.2. 하이브리드 전기자동차의 개요

하이브리드의 사전적 의미를 보면 두 가지 기능이나 역할이 하나로 합쳐짐. 이라는 뜻을 가지고 있으며 요즘시대에서 많은 분야에서 하이브리드의 말이 사용되고 있다.

예를 들어 태양에너지의 효율적 이용을 목적으로 집광형 태양전지나 태양 열 컬렉터를 결합시킨 태양 광열 하이브리드 발전이나 기존의 벼보다 월등하게 수확량이 많아 세계에서 '씨앗사업'의 새로운 목표물이 되고 있는 하이브리드 쌀과 같이 여러 분야에 하이브리드라고 하는 말이 사용되고 있으며 하이브리드 자동차도 이와 같이 시대에서 여러 형태로 발전되고 있는 환경의 변화의 경우 일 것이다.

(a) 태양광열 하이브리드 발전 (b) 하이브리드 쌀 (c) 하이브리드 자동차

[그림 8] **하이브리드의 의미**

하이브리드 전기자동차는 이전의 하이브리드의 사전적 의미에서 봤듯이 두 가지 기능이나 역할이 하나로 합쳐져 사용되고 있는 자동차를 말하며 이는 2개의 동력원(내연기관과 모터)을 이용하여 구동되는 자동차를 말한다.

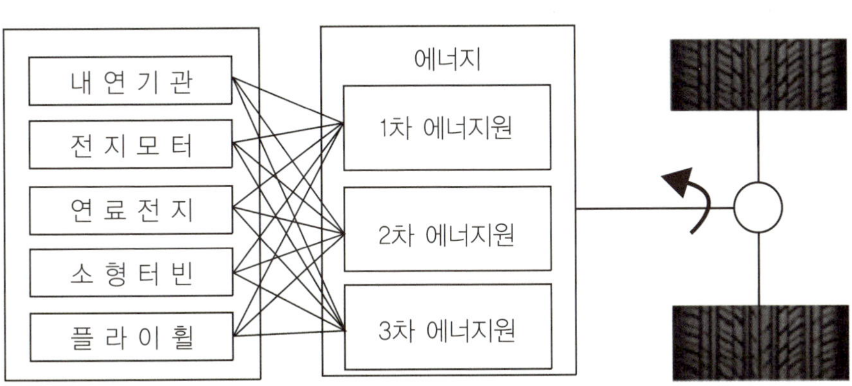

[그림 9] **하이브리드 전기자동차에서 2개의 동력원**

하이브리드 전기자동차에서 2개의 동력원을 사용하는 형태를 보면 가솔린엔진과 전기모터, 수소연소 엔진과 연료전지, 천연가스와 가솔린엔진, 디젤엔진과 전기모터 등 2개의 동력원을 사용할 수 있으며 지금 현재로서는 주로 가솔린엔진과 전기모터를 함께 쓰는 방식을 이용하고 있다.

1.3. 하이브리드 전기자동차 엔진의 특징

하이브리드(hybrid) 전기자동차는 내연기관의 장점과 전동기의 장점을 조합한 시스템으로 두 가지 상이한 동력원을 사용하는 시스템이 결합된 것이다. 따라서 하이브리드 자동차는 두 가지 이상의 동력원을 탑재하고 그 하나 또는 두 동력원 시스템을 작동시켜 동력을 발생하는 시스템이다. 동력원으로는 내연기관과 전기 전동기이며 대부분의 경우는 엔진과 전동기(발전기)의 조합이다.

하이브리드 자동차의 엔진 부분은 일반 가솔린자동차와는 조금 차이가 있다. 하이브리드 자동차의 특성상 일반 가솔린자동차에 비해 사이즈 즉, 배기량이 적은 엔진을 사용한다. 하이브리드 자동차 엔진의 주요 특징을 내연기관 자동차와 비교하여 보면 다음과 같다.

① 하이브리드시스템은 공회전할 때 자동적으로 정지하므로 공회전시의 손실 동력을 경감시킬 수 있어 에너지 손실을 감소시킬 수 있다.

② 자동차가 감속 또는 제동할 때 버려지는 동력 에너지를 회수하여 시동전동기 또는 전동기의 동력으로 사용하기 때문에 에너지를 회수 및 재활용할 수 있다.

③ 가속시의 전동기의 동력으로 엔진의 동력을 보조할 수 있으므로 전동기에 의한 동력의 보조가 가능하다.

④ 내연기관의 엔진 효율이 낮은 영역에서는 전동기를 사용하고, 전동기의 효율이 낮은 영역에서는 내연기관의 엔진을 사용하여 자동차의 효율을 최대화할 수 있다.

02 하이브리드 전기자동차의 형식

하이브리드 전기자동차는 구동모터와 엔진의 조합에 따라 다양한 형태의 구조가 가능하다. 기술적인 면과 양산성에 대한 고려하여 각 메이커별로 추구하는 개발 방향에 따라서 다양한 구조의 동력전달장치가 구성된다. 동력전달방식 및 구동모터의 사용정도에 따라 구분하고 있다.

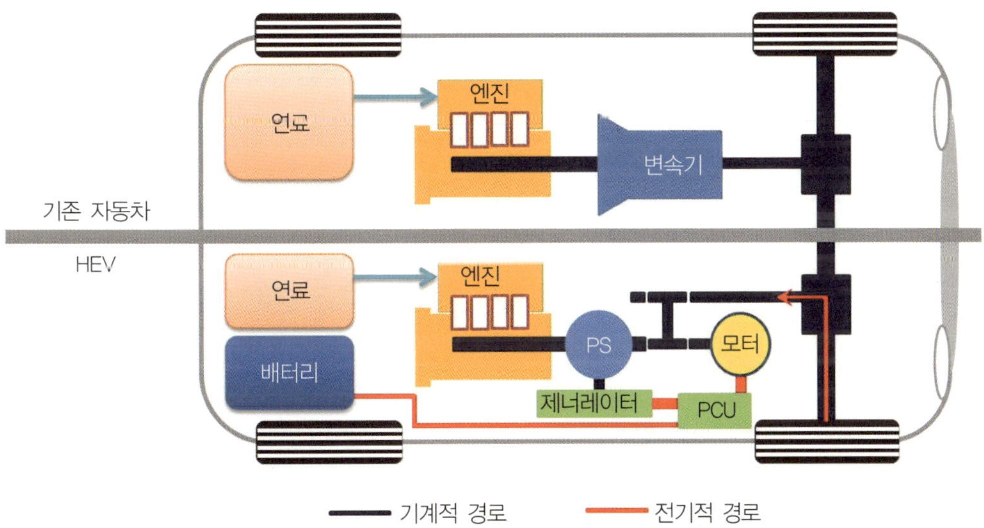

[그림 10] **기존 내연기관 자동차와 하이브리드 자동차 비교**

2.1. 동력전달방식에 따른 구분

하이브리드 전기자동차는 구동모터와 엔진의 조합에 따라 다양한 형태의 구조가 가능하다. 이러한 구조를 크게 직렬형과 병렬형으로 구분할 수 있으며 기술적인 면과 양산성에 대한 고려하여 각 메이커별로 추구하는 개발 방향에 따라서 다양한 구조의 동력전달 장치가 구성된다.

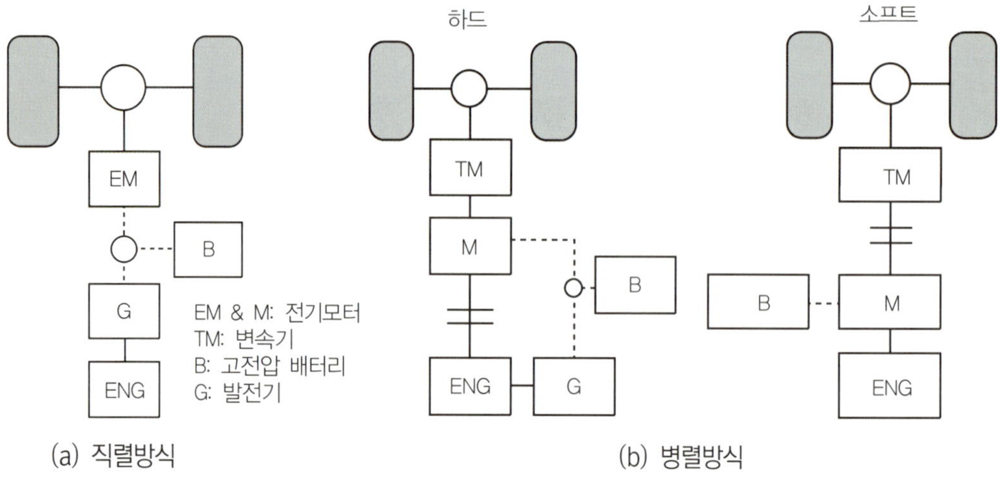

[그림 11] **하이브리드 전기자동차의 구동형식에 따른 종류**

2.1.1. 직렬방식(series type)

엔진에서 출력되는 기계적 에너지는 발전기를 통하여 전기적 에너지로 바뀌고 이 전기적 에너지가 배터리나 모터로 공급된다. 차량은 항상 모터에 의해 구동되기 때문에 대용량의 배터리를 필요로 한다. 기존의 전기자동차에 주행거리의 증대를 위하여 발전기를 추가한 형태를 말하며 이 발전기의 발전을 엔진동력 즉 연료를 이용한 엔진구동을 통해 발전하는 형태를 말한다.

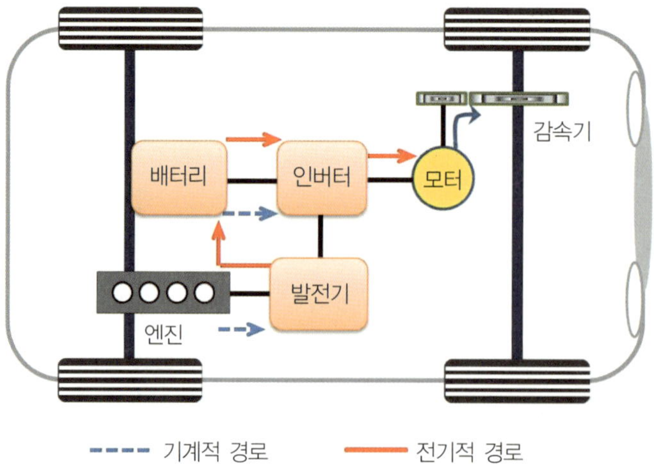

[그림 12] **직렬방식 HEV**

[그림 13] **직렬방식의 동력전달**

트럭이나 버스와 같이 중량이나 면적에서 제약조건이 적거나 저속주행에 발진과 정지가 반복되는 시내주행버스 등에 유리한 형태이다. 대표적인 차량으로는 시보레 볼트(chevrolet volt)와 도요타 코스터(toyota coaster)를 들 수 있다.

2.1.2. 병렬방식(parallel type)

병렬방식은 배터리 전원으로도 차를 움직이게 할 수 있고 엔진만으로도 차량을 구동시키는 엔진과 모터가 각각 독립적으로 구동시키는 방식을 말한다.

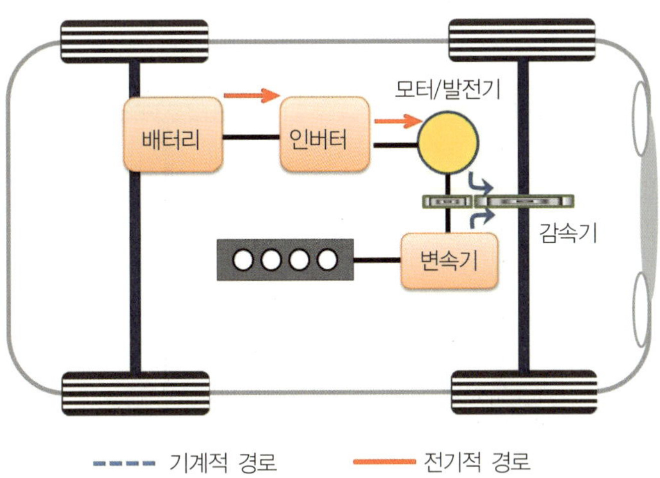

[그림 14] **병렬방식 HEV**

주행조건에 따라 엔진과 모터가 최적의 상태서 구동되도록 동력원을 변화시키게 된다. 그리고 여유 동력이 발생하게 되면 모터는 발전기 역할을 하여 배터리를 충전하게 된다. 대표적인 차량으로는 혼다 시빅(honda civic)과 현대 아반테 LPi를 들 수 있다.

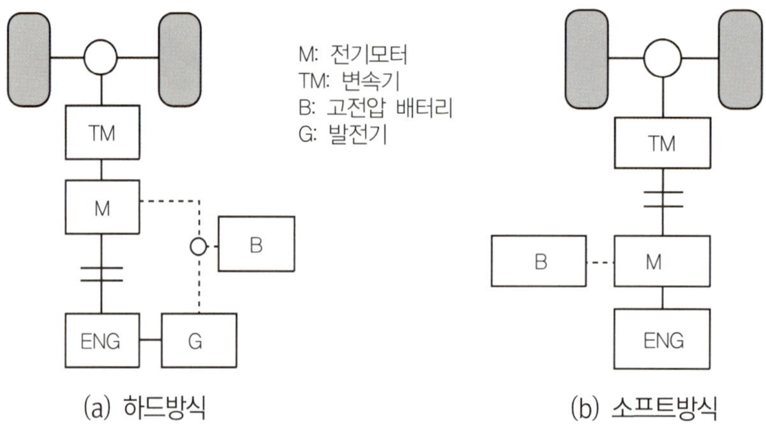

[그림 15] **병렬방식의 분류**

2.1.3. 복합방식(series-parallel type)

직렬형과 병렬형을 조합한 방식으로 상황에 따라 직렬형 방식과 병렬형 방식을 사용할 수 있을 뿐만 아니라 양쪽 모두 작동시킬 수 있다. 즉, 엔진 단독 또는 모터 단독으로 구동되거나 엔진과 모터가 동시에 구동되게 된다.

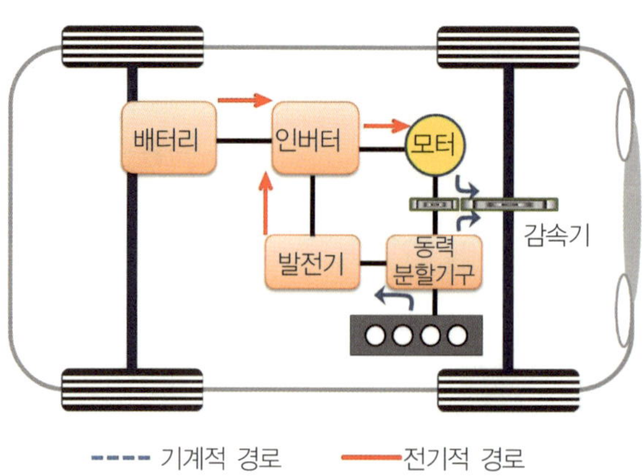

[그림 16] **복합방식 HEV**

또한, 발전기를 단독으로 갖고 있는 것이 병렬형과는 다른 점이다. 복잡한 구조와 전장기술의 필요로 하기 때문에 비교적 고가이며, 중형급 이상의 차종에 적합한 방식이다. 이 방식은 도요타의 프리우스(Prius)에 처음으로 채택한 방식으로 THS(toyota hybrid system) 방식이라 불리기도 한다.

[표] 동력전달방식에 따른 구분의 장단점 비교

구 분	연비개선				주행성능	
	아이들 스톱	회생제동	엔진 최적제어	종합효율	가속성능	연속출력
직렬형	●	◎	●	●	○	○
병렬형	●	●		●	●	○
복합형	◎	◎	◎	◎	●	●

◎ (우수), ● (보통), ○ (낮음)

2.2. 모터 사용정도에 따른 구분

2.2.1. micro(mild)방식

micro방식은 공회전시에 시동이 자동으로 꺼지고 액셀러레이터를 밟아 출발하게 되면 시동이 켜지는 idle stop & go system을 장착한 차량으로 제약조건이 많은 소형차량에 적합한 방식이다. 이 방식에서 모터는 보조역할만 하는 단순한 시스템이다.

2.2.2. soft(power assist)방식

micro방식보다는 모터의 보조역할이 더 크며, 대부분의 병렬형방식이 이에 해당한다. 모터 단독으로도 차를 움직일 수 있지만 모터는 단지 추진의 보조역할을 하게 된다.

전기적인 비중이 적어 가격이 저렴한 장점이 있지만, 순수 전기모드의 구현이 불가능하므로 연비개선 및 배기가스 저감에서는 상대적으로 불리하게 된다. 이 방식은 시동이나 가속 순간에만 모터가 엔진을 보조하고 정속 주행시에는 일반 자동차와 동일하게 엔진으로만 구동하게 된다.

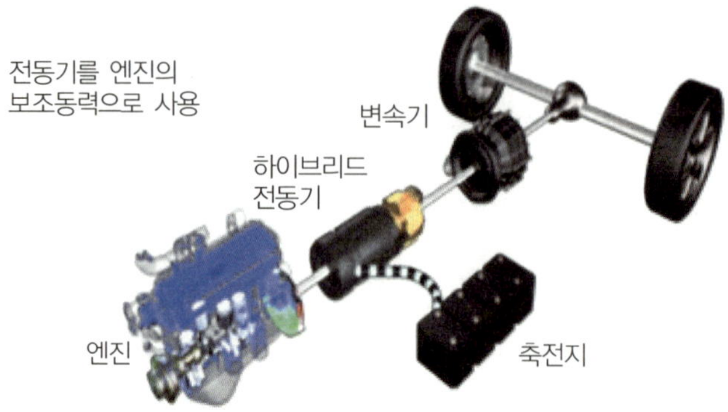

[그림 17] **소프트방식의 동력전달**

2.2.3. hard(full)방식

이 방식은 모터가 출발과 가속시에만 역할을 하는 것이 아니라 일반 주행에서도 사용된다. 직렬형과 혼합형이 이 방식에 속한다. 도요타의 프리우스가 대표적이며 엔진과 모터를 효율적으로 사용하기 때문에 연비개선 및 배기가스 저감 측면에서는 매우 유리하지만 이 방식을 실현하기 위해서는 기술과 비용측면에서 불리하다.

모터로만 주행하기 위해 대용량 모터와 배터리 그리고 복잡한 시스템을 구현할 제어기가 필요하기 때문에 Soft방식에 비하여 전용부품이 1.5~2배 이상 고가인 단점이 있지만, 회생제동 효율이 우수하고 연비가 좋은 장점을 가지고 있다.

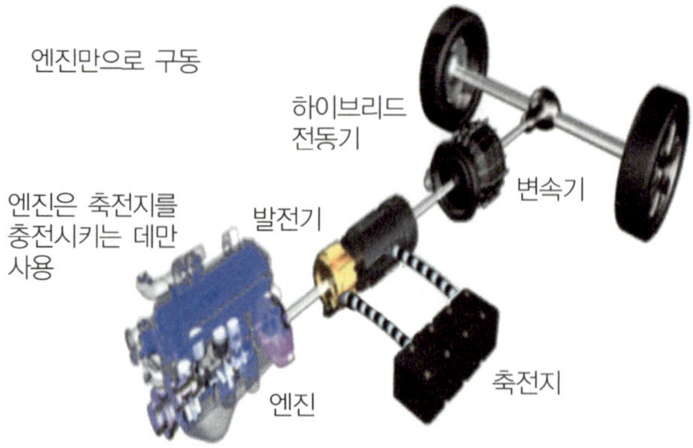

[그림 18] **하드방식의 동력전달**

2.3. 하이브리드 전기자동차시스템의 주요 구성

하이브리드 자동차의 주요 구조는 엔진과 전동기(발전기), 전동기(발전기)를 제어하는 인버터(inverter) 또는 컨트롤러, 회생하는 전기 에너지를 축적하는 축전지로 구성된다.

2.3.1. 엔진

하이브리드 자동차는 일반 가솔린자동차의 내연기관과 같이 전자제어 가솔린엔진으로 구성되어 있다. 이 엔진은 연비를 증대시키는 동시에 배출가스 저감을 위해 가변흡기 제어장치, 엔진의 연소상태를 향상시켜 배출가스 저감과 연비를 향상시킨 전자 EGR밸브 그리고 람다 광역 산소센서 등 전자제어시스템이 많이 적용되고 있다.

또한 운전자의 의도에 따라서 실린더에 유입하는 공기량을 제어할 수 있는 전자 제어식 스로틀 제어밸브인 ETC(electronic throttle control valve)가 사용된다.

2.3.2. 전동기(발전기)

전동기(발전기)는 영구자석을 내장한 로터와 코일이 감긴 스테이터(stator)로 구성되어 있으며 전동기와 발전기의 역할을 한다. 회로의 결선은 Y결선 방식의 3상 교류를 사용하며, 회전부의 발열을 방지하기 위해 전동기(발전기)에는 냉각수가 순환된다.

2.3.3. 인버터

인버터는 전동기(발전기)를 제어하는 장치로서 축전지로부터 전기를 공급받아 전동기를 구동하기도 하고 더불어 전동기를 발전기로 바꾸어 발전된 전기를 축전지에 공급하여 회생하는 동작을 한다. 최근에는 고효율 제어 소자로 절연 게이트형 바이폴라 트랜지스터가 많이 사용되고 있으며, 소형 경량화를 위하여 수냉식 구조로 되어 있다.

2.3.4. 축전지

납축전지는 충방전 효율이 낮고 무거우며 수명이 짧으므로 니켈수소 전지, 리튬이온전지 등이 사용된다. 이들 전지는 고성능화하고 또한 전지가격의 경제성을 추구하는 것이 기술개발의 핵심이 되고 있다.

03 하이브리드 전기자동차의 구성

하이브리드 자동차의 전체적인 구성을 살펴보면 첫 번째로 차량 앞쪽에 있는 엔진 부분을 들 수 있는데 이 부분은 엔진과 자동변속기 또는 CVT의 결합으로 이루어져 있고 일반 차량과는 다르게 그 사이에 구동을 위한 하이브리드 모터가 들어가 있다. 다음으로 하이브리드 고전압 배터리부분을 들 수 있는데 고전압 배터리부분을 보면 고전압 배터리 외에도 배터리를 식혀 주는 쿨링시스템과 하이브리드 모터를 제어하는 모터 컨트롤 유닛이 장착되어 있다.

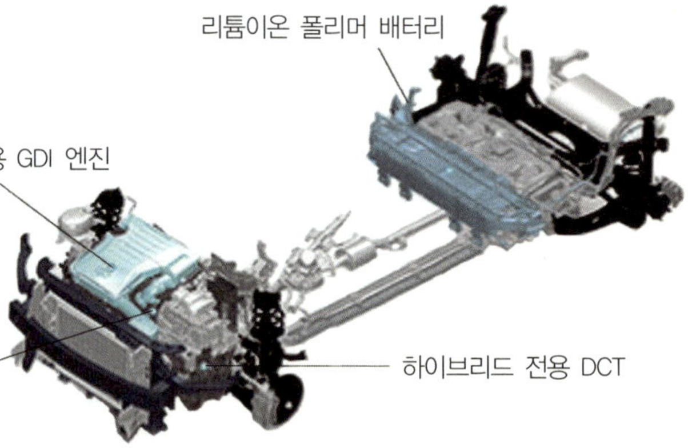

[그림 19] **하이브리드 전기자동차 "아이오닉"의 구성**

모터 컨트롤 유닛이 이쪽에 있는 이유는 모터 컨트롤 유닛에서는 열이 많이 발생하기 때문에 쿨링시스템이 있는 이곳에 같이 장착이 된 것이다. 또한 저연비 고효율 자동차를 실현하기위해 전기 모터방식의 파워스티어링의 적용과 차량 밀림방지시스템이 추가적으로 적용된다.

[그림 20] **하이브리드 고전압 배터리부분**

3.1. 모터

AC(교류)전압으로 동작하는 고출력 영구 자석형 동기 모터(PMSM)로 모터 하우징과 스테이터, 스파이더, 로터 등으로 구성되어 있으며 스테이터는 코일이 감겨져 있고 모터의 고정자 기능을 하고 로터에는 영구자석이 내장되어 있어 모터 고정자에 형성된 회전 자계에 의해 발생된 회전 토크를 변속기 입력축으로 전달하는 회전자 기능을 하고 엔진 시동(이그니션 키 & 아이들 스탑 해제시 재시동) 제어와 발진 및 가속 시 엔진의 동력을 보조하는 기능을 한다.

[그림 21] **HEV 모터의 구성**

[1] 파워트레인

하이브리드 전기자동차에서 모터는 주 동력원인 엔진과 무단변속기(CVT)사이에 장착되어, 엔진시동 및 발진·가속시 엔진의 동력을 보조하는 역할과 차량 감속 또는 제동시 고전압 배터리의 충전을 위한 발전기의 역할을 수행하게 된다.

그림 22는 하이브리드 전기자동차의 파워트레인 구조를 나타내고 있는데, 모터 고정자는 엔진과 무단변속기 하우징에 체결되고 실제 구동력을 발생시키는 모터 회전자 측, 로터는 엔진 크랭크축에 직접 체결된다.

[그림 22] **하이브리드 전기자동차의 파워트레인 구조**

3.1.1. 모터의 구조

[1] 모터의 분해도

(a) 하이브리드 모터 (b) 스파이더와 로터 (c) 하우징과 스테이터

[그림 23] **모터의 분해**

(1) 리어 플레이트

엔진블록과 모터 하우징사이에 장착되어 있으며, 모터 회전자(로터)의 위치 및 속도 정보를 검출하기 위한 레졸버(resolver)센서가 장착된다.

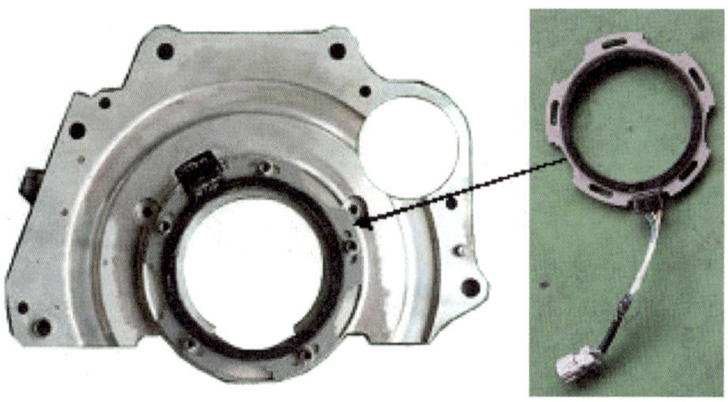

(a) 리어 플레이트　　　　(b) 레졸버

[그림 24] **리어 플레이트**

(2) 모터 하우징

엔진과 무단변속기사이에 장착되며, 모터 고정자와 회전자 등 모터 구동 관련 부품들이 내상되어 있다.

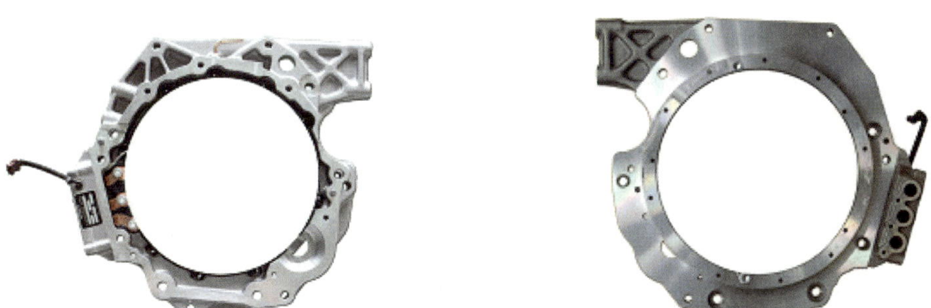

(a) 엔진쪽에서 본 면　　　　(b) CVT쪽에서 본 면

[그림 25] **모터 하우징**

(3) 회전자 어셈블리

영구자석이 내장된 로터이며, 모터 고정자에 형성된 회전 자계에 의해 발생된 회전 토크를 변속기 입력축으로 전달한다.

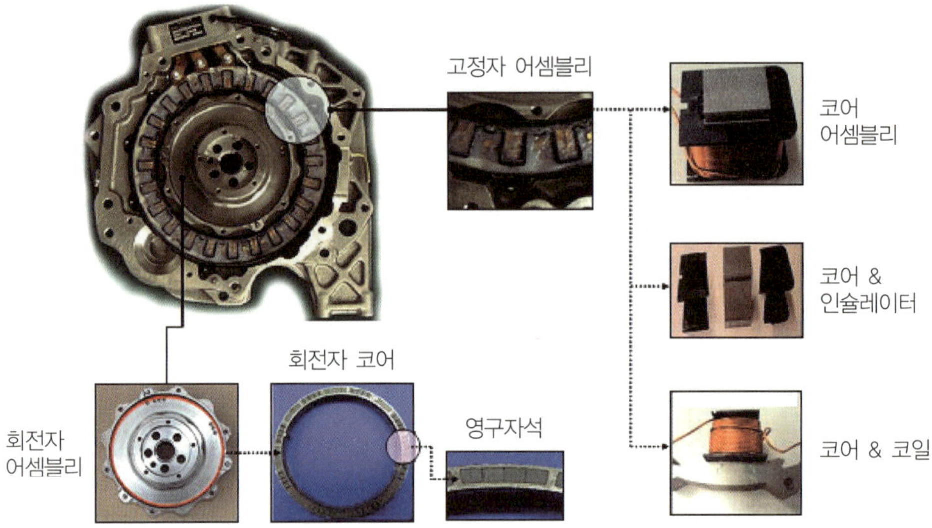

[그림 26] **모터 세부구조(엔진측에서 보았을 때)**

1) 댐퍼 플레이트

모터 회전자(로터)와 무단변속기(CVT)사이에 장착되며, 변속기 입력축이 연결되는 스플라인 기어가 가공되어 있다. 엔진 또는 모터 회전에 따른 동력을 변속기 입력축에 전달하는 역할을 한다.

[그림 27] **댐퍼 플레이트**

2) 스테이터

모터 고정자에 3상(U, V, W)에 전류를 공급하기 위한 계자코일이 감겨있으며, 각 상에 인가되는 전류에 의해 회전자계를 발생시킨다.

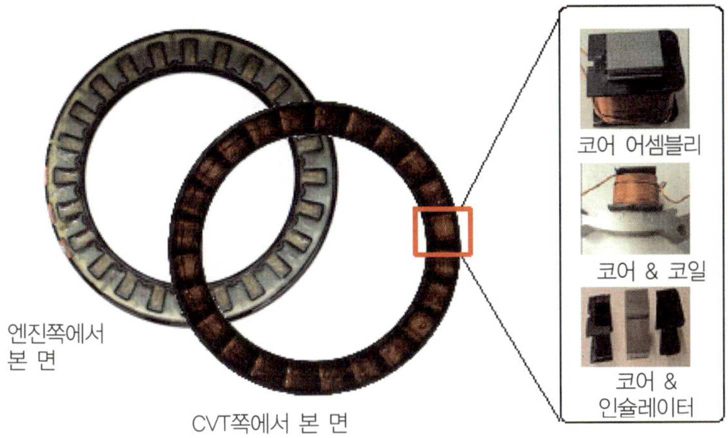

[그림 28] **스테이터**

3) 스파이더

모터 회전자이며, 로터가 내부에 삽입되어 있다.

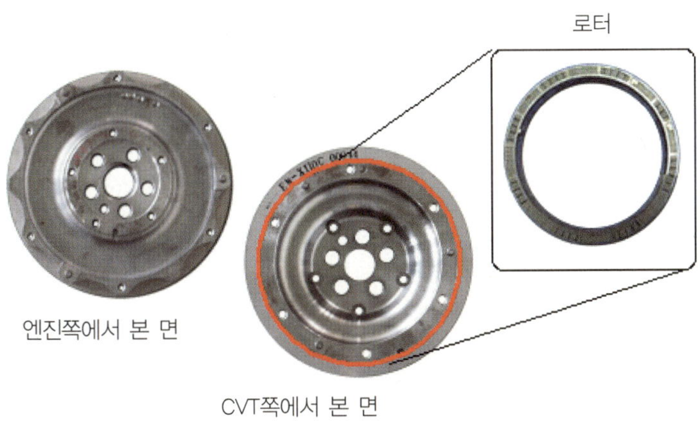

[그림 29] **스파이더**

4) 로터

모터 회전자이며, 영구자석이 내부에 삽입되어 있다.

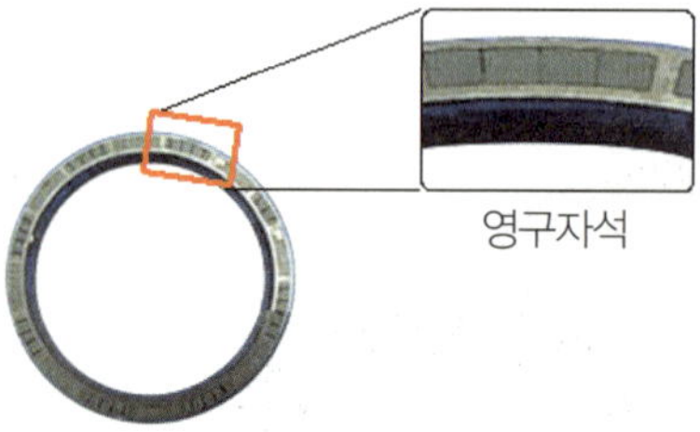

[그림 30] 로터

[2] 모터 장착도

모터 고정자는 하우징과 일체로 엔진블록에 장착되고, 회전자는 크랭크축에 직접 체결된다. 3상(U, V, W) 파워케이블이 모터 컨트롤 유닛(MCU)에서 모터 하우징에 가공된 체결부까지 연결되어 있다.

(a) 장착도

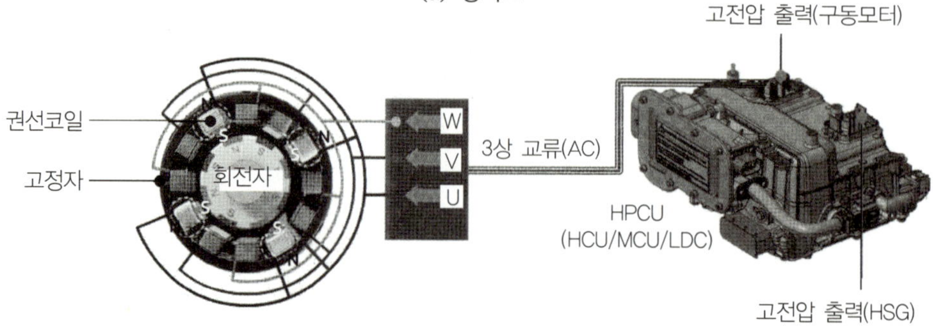

(b) HEV 모터 케이블 연결 상태

[그림 31] HEV모터 장착도 및 케이블 연결 상태

(1) 모터의 세부구조

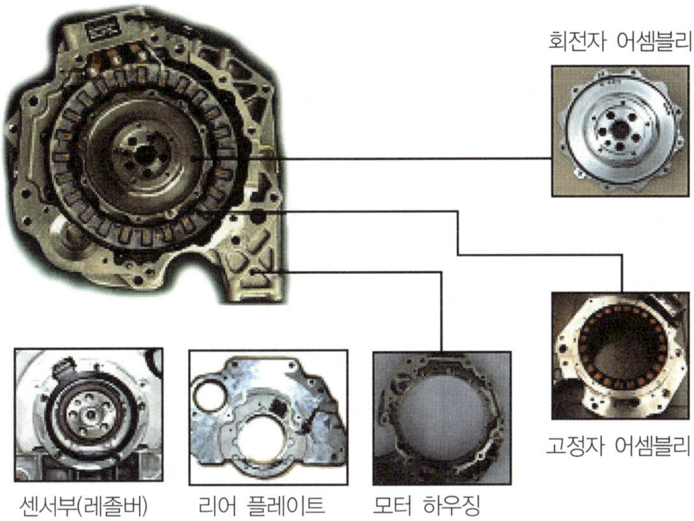

[그림 32] **모터의 세부구조(엔진쪽에서 보았을 때)**

3.1.2. 레졸버(resolver) 보정

[1] 레졸버 보정의 개요

레졸버(resolver) 보정은 모터(리어 플레이트)에 장착되어 있는 레졸버의 정확한 상(phase)의 위치 검출을 통해 MCU는 정확한 토크를 지령하여야 하는데 일반적으로 레졸버는 정확한 위치로 모터와 조립되어 보정이 필요 없도록 해야 하지만 차량의 파워트레인과 조립되는 하이브리드 차량의 경우에는 하드웨어적으로 로터와 레졸버 상의 위치가 맞도록 조립하는 것이 어렵다(기계적인 조립 공차 발생).

[그림 33] **레졸버 위치센서**

따라서 정확한 상의 위치 값과 레졸버 출력 값이 같아지도록 자동적으로 보정해주는 방법이 제공되어야 한다.

[2] 레졸버(Resolver)의 구조

① 모터와 유사한 구조이다(여러 개의 극수로 제작).

② **고정자(스테이터)**: 1상의 여자 권선과 2상의 검출 권선(상호 90°위상 차)이 감겨 있다.

③ **회전자**(rotor): 회전각에 따라 철심 형상이 변화하여 쇄교 자속량이 변동하게 한다(가변 릴럭턴스).

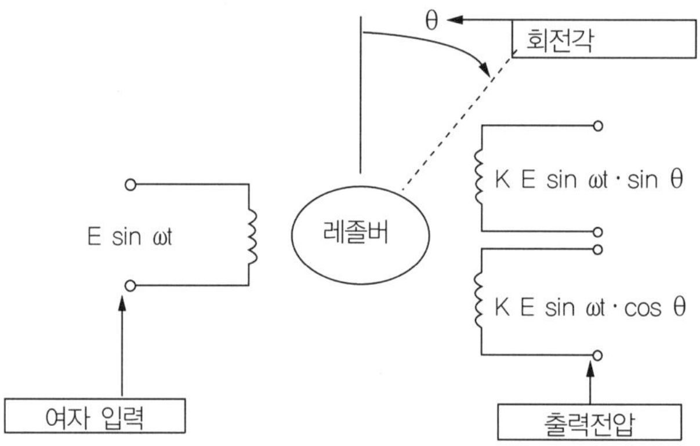

[그림 34] **레졸버 구조 및 작동원리**

(1) 동작원리(변압기의 원리)

① 고정자(스테이터)여자 권선에 고주파 여자신호인가(ex. 10㎑): 외부 구동회로 필요하다.

② 회전자(로터)가 회전하면 릴럭턴스 변화에 따라 1차와 2차 측 상호 쇄교자속이 주기적으로 변화한다.

③ 스테이터 2상의 검출 권선의 출력전압 진폭이 회전각에 비례하여 변화한다(sin/cos형태).

④ 출력신호를 RDC(resolver to digital converter)를 거쳐 위치각으로 변환시킨다.

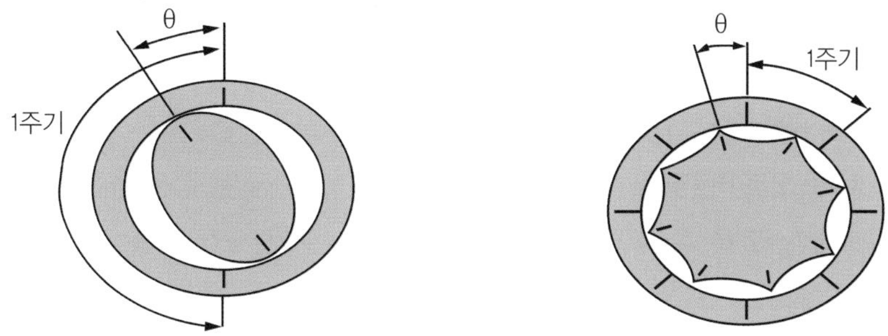

(a) 2극 레졸버　　　　(b) 8극 레졸버

[그림 35] **레졸버의 형상**

(2) 모터 회전자 위치각의 정의

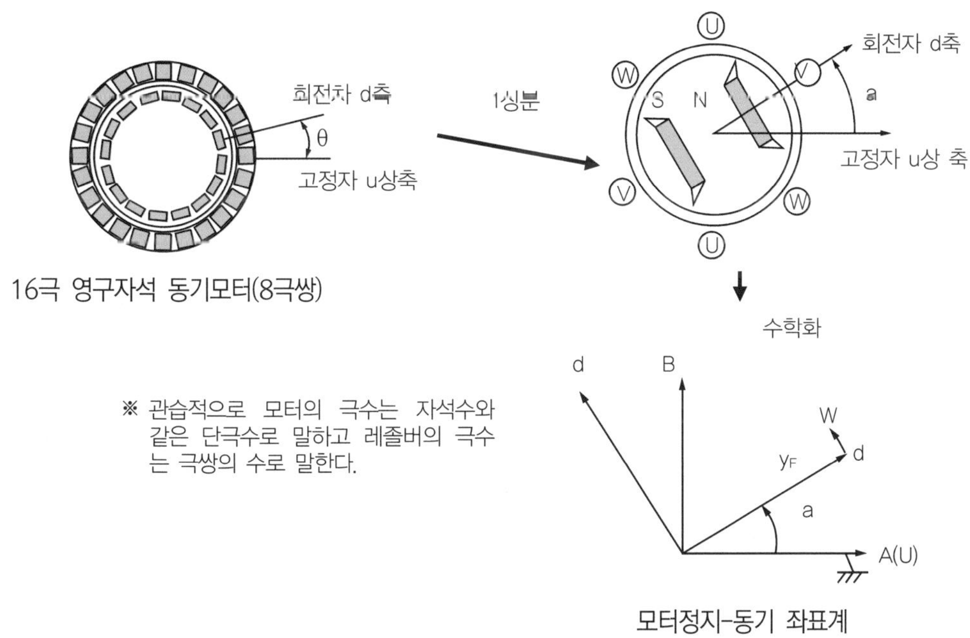

※ 관습적으로 모터의 극수는 자석수와 같은 단극수로 말하고 레졸버의 극수는 극쌍의 수로 말한다.

[그림 36] **모터 회전자 위치각의 정의**

[3] 레졸버의 설치

① 모터와 동일한 극수 적용
② 모터 고정자와 레졸버 고정자 연결
③ 모터 회전자와 레졸버 회전자 연결
④ 레졸버 위치각과 모터 위치각이 1 : 1 대응

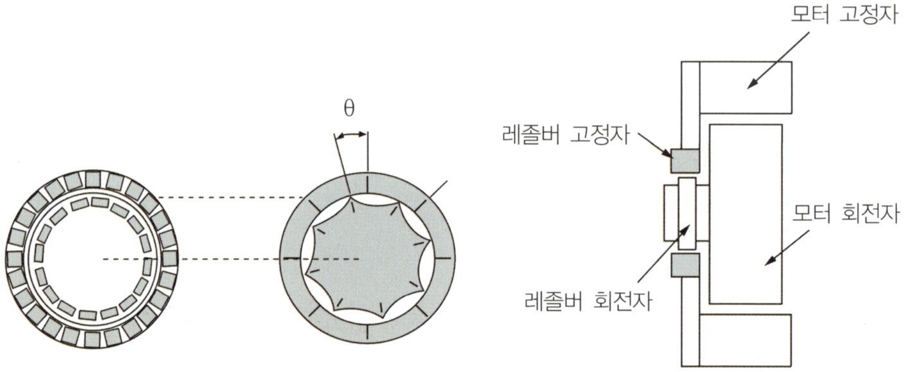

(a) 모터-레졸버 간 결합도　　　(b) HEV 모터-레졸버 연결구조

[그림 37] **레졸버의 설치**

3.1.3. 모터 취급시 유의사항

① 고전압으로 작동되는 장치이므로, 시동 키 2단(ON) 또는 엔진 시동 상태에서는 절대 만지지 않는다(키 OFF 후 약 5분 이상 경과해야만 안전 함).

[그림 38] **시동 키**

② 모터에 연결된 고전압 파워 케이블(AC 3상)은 감전의 우려가 있으므로 손으로 부품을 만지거나 커버 또는 전기케이블을 임의로 탈착하지 않는다.
③ AC 3상 케이블의 각 상간(U, V, W) 연결이 잘못되면 부품의 손상 또는 사용자나 작업자의 안전에 심각한 위협을 초래할 수 있으므로 주의한다.

[그림 39] AC 3상 케이블

④ 엔진 룸 내부 고압 세차금지(고전압 누전에 의한 감전 또는 부품손상 우려)
⑤ 관련 부품 정비 점검 및 수리작업은 반드시 직영 서비스센터로 의뢰한다.

[그림 40] 하이브리드 자동차 엔진룸

3.2. 고전압 배터리

정격 직류 전압 Ni-MH(니켈-수소) 혹은 Li-PB(리튬 폴리머전지)가 주로 사용되며, 모터 작동을 위한 전기 에너지를 공급하는 기능을 한다.

[그림 41] **고전압 배터리**

고전압 배터리는 내부를 보면 크게 배터리 팩 부분이 보이며, 그리고 그 옆 부분에는 고전압 배터리를 제어하는 BMS가 위치하고 있으며, 그 주변으로 릴레이나 안전 플러그 등의 전장부품이 결합되어 있습니다.

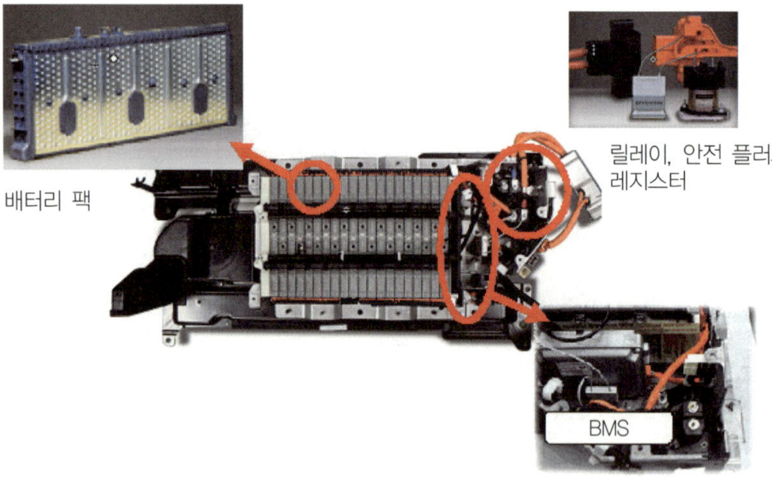

[그림 42] **고전압 배터리의 내부**

3.2.1. 고전압 배터리시스템의 구성

고전압 배터리시스템은 고출력, 고 에너지, 고 내구성을 가지고 있는 배터리와 배터리상태 예측, 입·출력 에너지 제한, 냉각 및 안전제어 그리고 에너지 잔존 용량계산 등을 총괄 제어하는 배터리 제어기를 포함하고 있다.

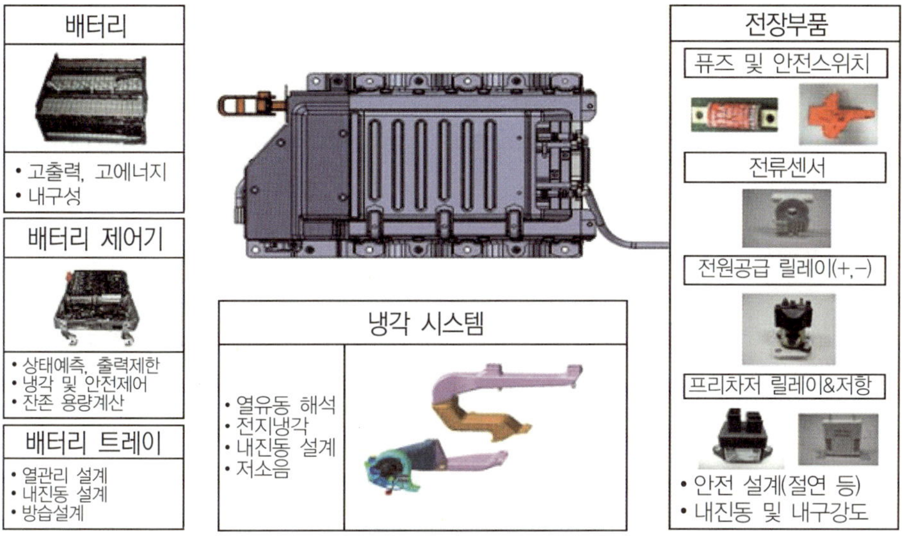

[그림 43] **고전압 배터리시스템의 구성**

그 외에도 배터리 보호를 위한 트레이 부분과 배터리의 최적 동작환경 조성을 위한 냉각시스템, 전원공급 및 안전 제어를 위한 각종 릴레이와 퓨즈, 안전 플러그 및 센서 등으로 구성되어 있다.

3.2.2. 고전압 배터리시스템 구성부품의 기능

고전압 배터리는 트렁크 룸 내부에 모터 제어기, 냉각시스템과 함께 장착되어 있다. 내부 구성부품들의 장착위치와 기능을 좀 더 자세히 알아보도록 하자.

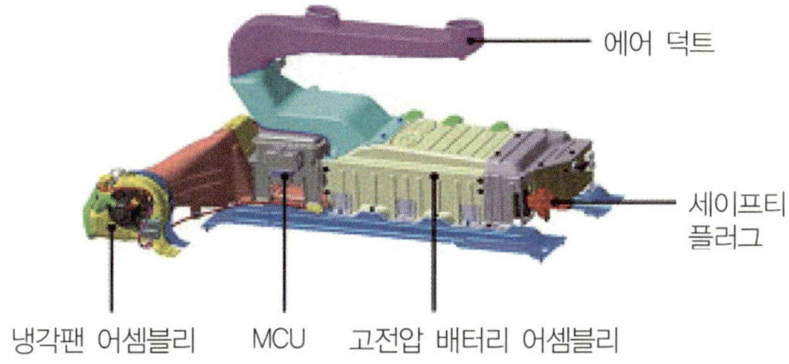

[그림 44] **고전압 배터리시스템의 구성**

[1] 배터리 팩(pack) 어셈블리

프리우스에 사용되는 DC 정격의 Ni-MH(니켈-수소) 배터리는 DC 7.2V의 배터리 모듈을 직렬로 연결되는 구조로 되어 있고 한 개의 모듈은 6개의 셀로 구성되며, 셀 간 전압은 1.2V이다. 직렬 연결된 두 개의 배터리 모듈은 블록(block)이라는 단위로 정의되며, 블록 전압은 14.4V가 된다.

배터리 팩(pack) 상단에 장착된 외기온도센서는 부특성 서미스터(NTC) 소자를 사용하며, 배터리 주변 온도를 감지하여 BMS ECU(배터리 제어 유닛)로 입력시킨다. 배터리 팩 하단부에는 배터리 내부온도를 감지하기 위한 모듈온도센서가 장착되는데, 총 4개의 센서가 일정 간격을 두고 모듈에 삽입되어 있다.

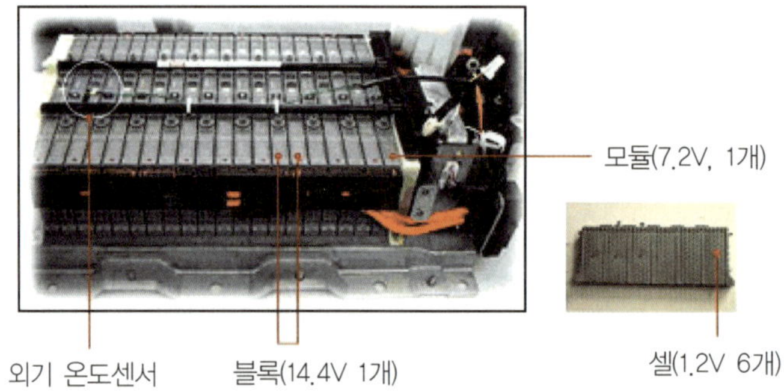

(a) 상단부

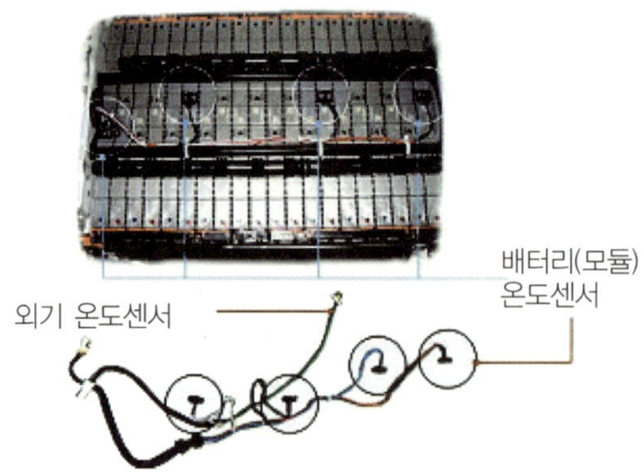

(b) 하단부

[그림 45] **고전압 배터리 팩 어셈블리**

[2] BMS ECU(battery management system ECU)

고전압 배터리 제어를 위한 컴퓨터이며, 배터리 에너지 입·출력 제어와 배터리 성능유지를 위한 전류, 전압, 온도, 사용시간 등 각종 정보를 모니터링하고, 종합적으로 연산된 배터리 에너지 상태정보를 HCU 또는 MCU로 송신하는 역할을 한다.

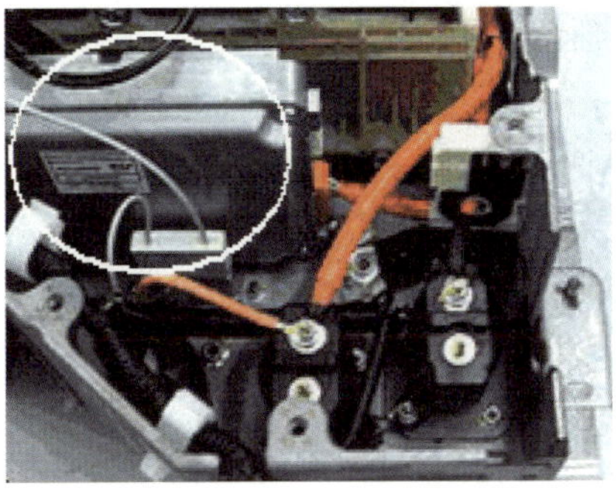

[그림 46] BMS ECU

[3] 메인 릴레이 (+), (-)

고전압 배터리의 DC 전원을 MCU(motor control unit)측으로 공급하는 역할을 하는 릴레이이다. 이그니션 키가 ON되고 고전압 전기 동력시스템이 정상일 경우 MCU는 메인 릴레이를 작동시켜 고전압 배터리 전원을 MCU 내부에 설치된 인버터로 공급하여 모터를 이용한 엔진시동을 준비한다.

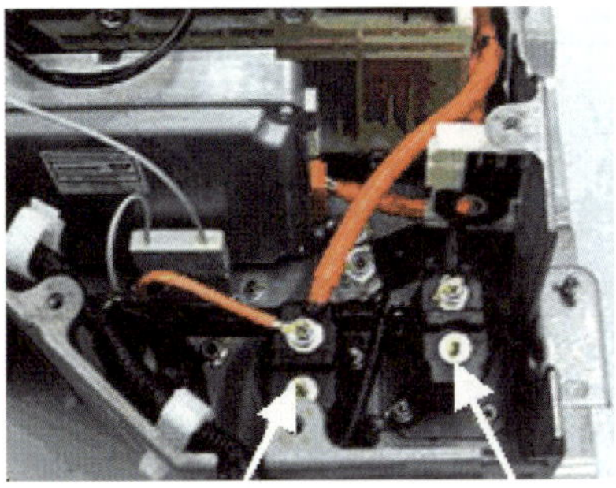

[그림 47] 메인릴레이

[4] 프리차저(pre-charger) 릴레이 & 레지스터(저항)

이그니션 ON시 MCU는 고전압 배터리 전원을 인버터로 공급하기 위해 메인릴레이 (+)와 (-)릴레이를 작동시키게 되는데, 프리차저 릴레이는 메인릴레이 (+)와 병렬회로가 구성되어 있다.

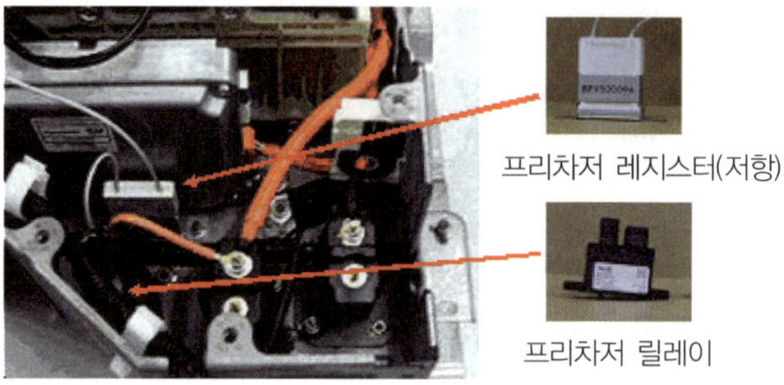

[그림 48] **프리차저 릴레이 & 레지스터**

MCU는 메인릴레이 (+)를 작동시키기 이전에 프리차저 릴레이를 먼저 동작시켜 고전압 배터리 (+)전원을 인버터측으로 인가하게 하는데, 프리차저 릴레이가 작동되면 저항을 통해 고전압이 인버터측으로 공급되기 때문에 순간적인 돌입 전류에 의한 인버터손상을 방지할 수 있다.

MCU는 프리차저 릴레이 작동 직후 완만한 전압상승이 완료되면 메인 릴레이(+)를 작동시켜 정상적인 고전압의 전원공급을 완료하고, 즉시 프리차저 릴레이를 OFF시킨다. 따라서 이그니션 ON시 릴레이 작동순서는 메인 릴레이(-), 프리차저 릴레이, 메인 릴레이(+) 순이 된다.

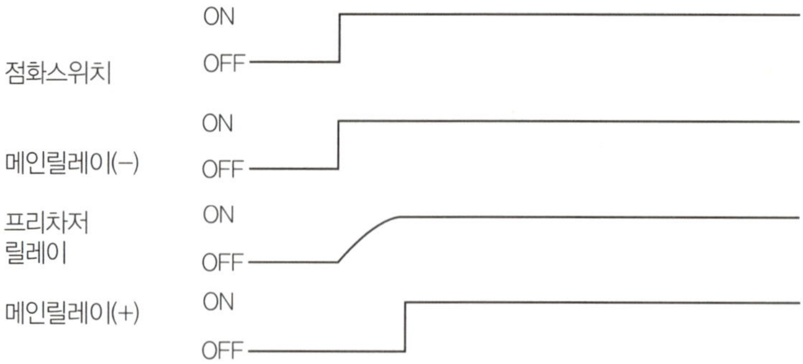

[그림 49] **고전압 배터리 릴레이 제어**

[5] 전류센서

홀 효과를 이용해 전류 양을 검출하며, 고전압 배터리 (-)케이블 측에 설치되어 있다.

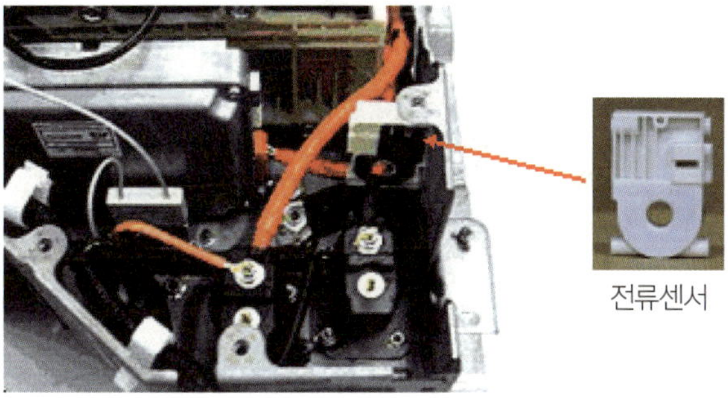

[그림 50] **전류센서**

[6] 세이프티 플러그

고전압 배터리는 고전압장치이기 때문에 취급시 안전에 유의해야 한다. 세이프티 플러그는 고전압 배터리 전원을 임의로 차단시킬 수 있는 전원 분리장치로 과전류 방지용 퓨즈를 포함하고 있다.

고전압 전기 동력시스템과 관련된 부품 탈·부착이나 정비점검 시 세이프티 플러그를 탈거하면 고전압을 차단시킬 수 있으므로 이점 유의하여 작업을 해야 하고, 엔진 시동상태 또는 이그니션 ON상태에서는 세이프티 플러그를 탈거하지 말아야 한다.

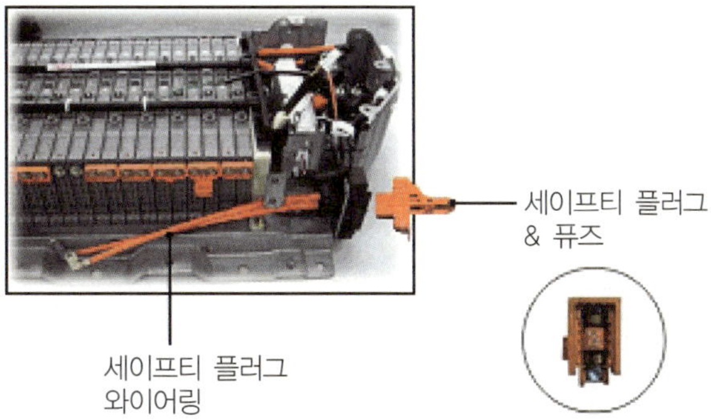

[그림 51] **세이프티 플러그**

3.2.3. 고전압 배터리시스템의 취급시 유의사항

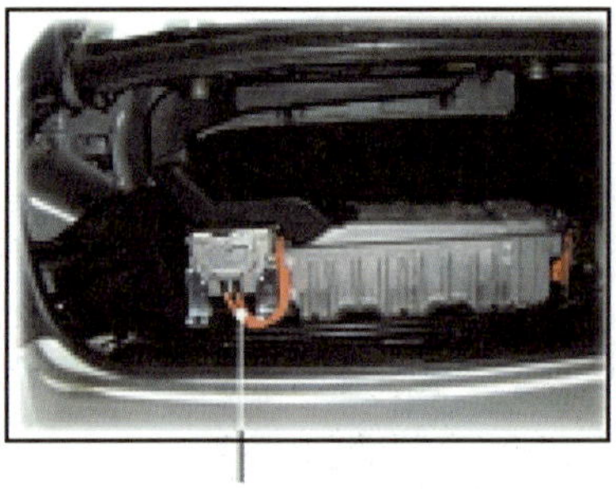

[그림 52] **고전압 배터리**

① 고전압으로 작동되는 장치이므로 시동 키 2단(ON) 또는 엔진 시동상태에서는 관련 부품을 만지거나 탈·부착하지 않는다.

② 고전압 배터리에 연결된 DC 파워케이블(+, -)은 감전의 우려가 있으므로 안전조치를 취하지 않은 상태에서 손으로 만지거나 임의로 탈·부착하지 않는다.

③ 고전압 배터리 관련 정비·점검 작업을 할 경우 반드시 세이프티 플러그를 탈거하여 고전압을 사전에 차단시킨다.

④ 고전압 배터리는 트렁크 룸 내부에 장착되므로 과다한 화물적재 또는 충격이 가해지지 않도록 유의한다(부품손상, 배터리 냉각 및 환기불량 초래).

⑤ 고전압 배터리시스템 관련 부품의 정비·점검 및 수리작업은 직영 서비스센터로 의뢰한다.

(a) (b) (c)

[그림 53] **고전압 배터리시스템의 취급시 유의사항**

[1] 고전압 배터리 또는 차량화재 발생시

① 차량의 시동 키를 OFF하여 전기 동력시스템 작동을 차단시킨다(고전압 배터리 전기 에너지 입·출력이 금지 됨).

② 고전압 배터리 부위의 집적적인 화재가 아니거나 화재 초기상태라면 트렁크를 열고 신속히 세이프티 플러그를 탈거한다(화재진행 중이라면 접근금지).

③ 실내 또는 밀폐된 공간에서 화재가 발생되었을 경우 수소가스의 원활한 방출을 위해 신속히 환기시킨 후 대피한다.

④ 화재진압을 위해서는 액체물질을 사용하지 말고 분말소화기 또는 모래를 이용한다.

⑤ 배터리에서 분출된 가스나 액체성분이 피부 또는 눈에 침투되었을 경우 붕산 액, 소금물 또는 흐르는 물로 환부를 신속하게 세척한 후 의사의 진료를 받는다.

[2] 고전압 배터리 또는 차량 장기 방치시

① 차량의 시동 키를 OFF하여 전기 동력시스템 작동을 차단시킨다(고전압 배터리 전기 에너지 입·출력이 금지 됨).

② 고전압 배터리의 SOC(충전상태)가 30% 이하일 경우(계기판의 SOC 게이지가 적색구간 이하) 2개월 이상 차량 장기방치 시 고전압 배터리의 재사용이 불가할 수 있으므로 주의한다.

③ 고전압 배터리의 SOC(충전상태)가 정상(약 60%)일 경우라도 6개월 이상 장기 방치시 고전압 배터리의 재사용이 불가할 수 있으므로 주의한다.

3.2.4. 고전압 배터리 제어시스템

하이브리드 전기자동차에서 고전압 배터리는 차량내의 타 제어시스템(HCU; 하이브리드 컨트롤 유닛, MCU; 모터 컨트롤 유닛) 제어기와의 CAN통신을 통하여 다음과 같은 항목들을 제어한다.

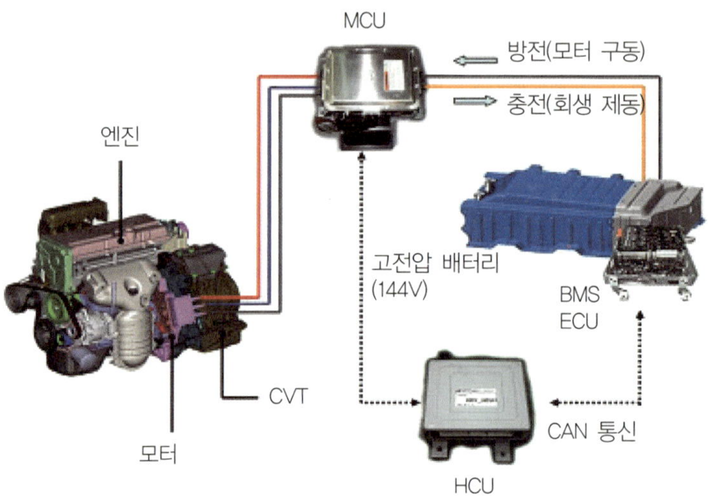

[그림 54] **고전압 배터리 에너지 입·출력 개요**

[1] 에너지 입·출력제어

고전압 배터리시스템에 이상이 있을 경우 방전 전류량 제어를 통해 가용 에너지 입·출력 파워를 제한한다.

(a) MCU (b) BMS

[그림 55] **에너지 입·출력제어**

[2] 안전제어

에너지 입·출력과정에서 발생되는 수소가스에 의한 폭발방지를 위한 제어와 배터리 성능 또는 손상에 영향을 줄 수 있는 항목들을 모니터링 하여 안전사고를 방지한다(BMS ECU).

(a) 냉각팬

(b) BMS

[그림 56] **안전제어**

[3] 배터리 최적 동작환경 조성

배터리 외부온도 상승과 화학적 열발생을 제한하기 위해 냉각시스템을 제어하여 최적의 동작환경을 조성한다.

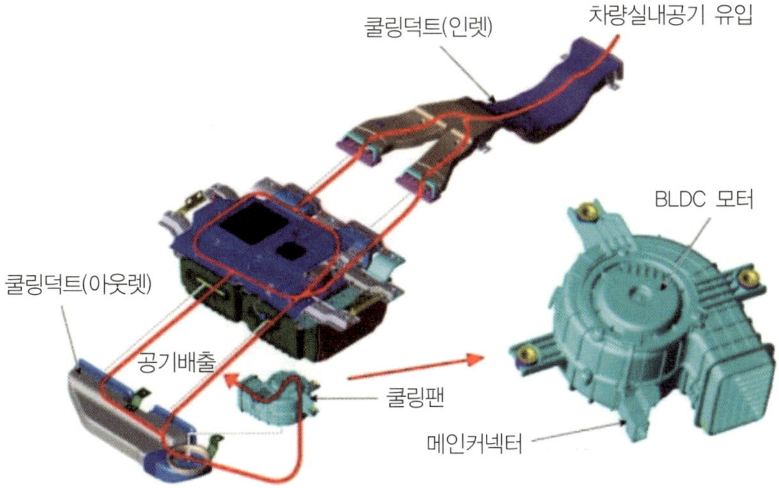

[그림 57] **하이브리드 고전압 배터리 냉각 시스템**

3.2.5. 고전압 배터리시스템의 제어특성

[1] 차량에서의 동작모드 정의

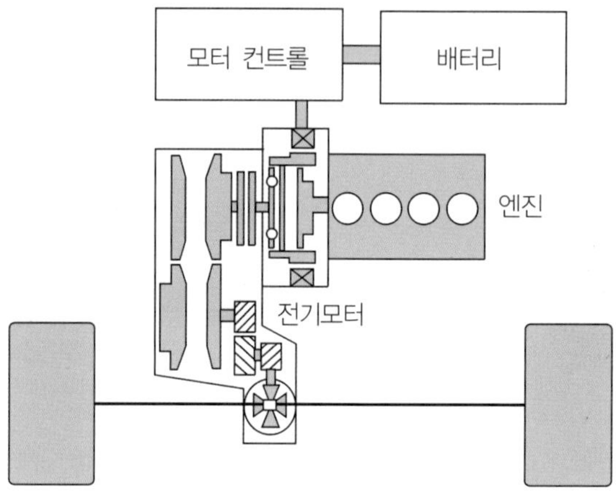

[그림 58] **차량에서 고전압 배터리 동작모드의 정의**

(1) 방전모드(discharge, 모드 1)

모터 구동을 위해 고전압 배터리가 전기 에너지를 방출하는 동작모드이며, 모터 동작 요구 토크에 따라 방전 전류량은 달라진다.

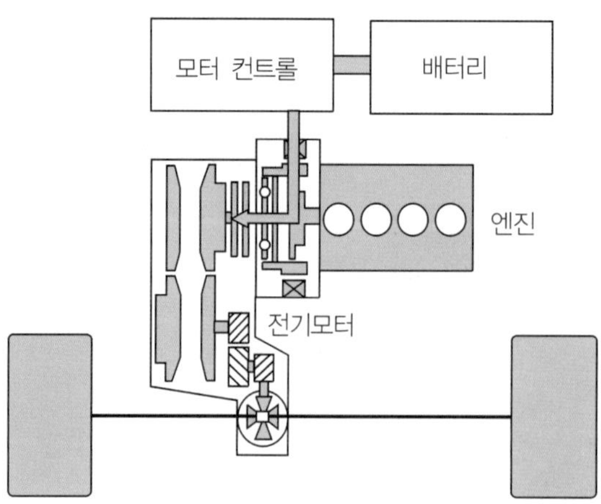

[그림 59] **방전모드**

(2) 정지모드(No power, 모드 2)

고전압 배터리의 전기 에너지 입·출력이 발생되지 않는 동작모드

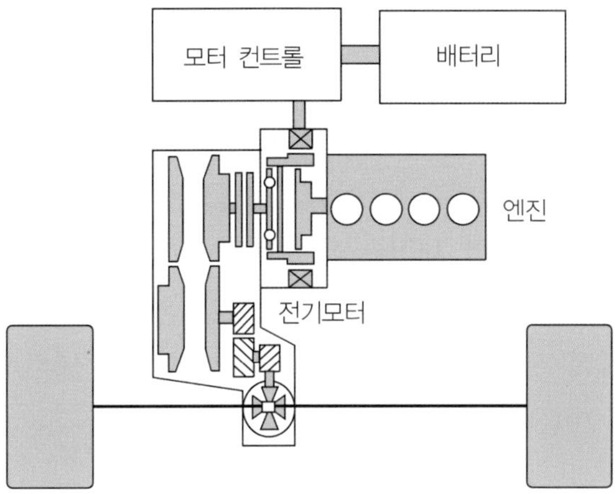

[그림 60] **정지모드**

(3) 충전, 회생 제동모드(generating, regenerating, 모드 3)

고전압 배터리가 소모한 전기 에너지를 회수·충전하는 동작모드로, 충전(generating) 모드와 재생(regenerating)모드로 구분된다.

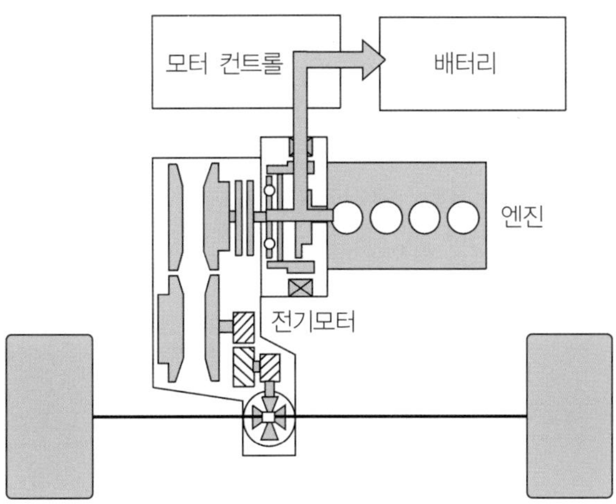

[그림 61] **충전·재생 제동모드**

충전모드는 공회전 또는 정속주행과 같이 일반적인 주행상태에서 고전압 배터리의 SOC(state of charge: 충전상태)가 낮을 경우 모터에서 발생된 전기 에너지를 고전압 배

터리로 충전시키는 동작모드이며, 회수할 전기량은 HCU(하이브리드 컨트롤 유닛)가 결정하여 MCU(모터 컨트롤 유닛)로 CAN 통신 라인을 통해 명령을 주고, MCU는 모터를 충전모드로 제어하여 회수된 전기 에너지를 DC로 변환시켜 고전압 배터리로 보내준다.

재생모드는 주행 중 감속 또는 브레이크에 의한 제동발생 시점에서 모터를 충전모드로 제어하여 전기 에너지를 회수하는 동작모드를 말하며, 충전모드와 동일한 제어 과정을 가진다.

[2] 차량 주행상태에 따른 배터리 제어특성

차량 주행모드에는 시동모드, 발진 및 가속모드, 정속 주행모드, 감속 및 회생제동 모드, 아이들 스탑모드가 있다. 차량 주행모드에 따라 배터리 제어는 각 특성에 따라 차이를 보이며 내용은 다음과 같다.

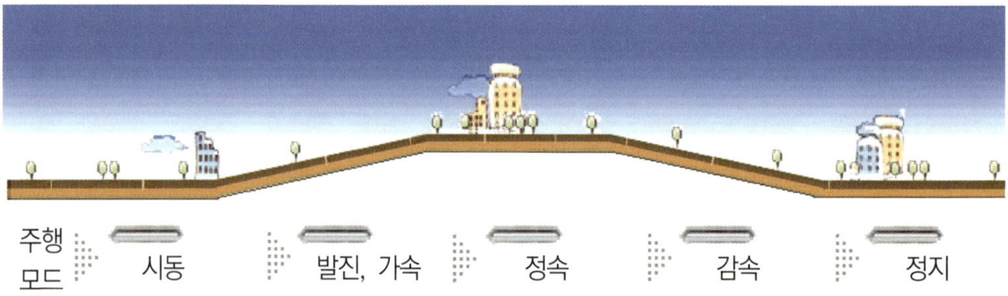

[그림 62] **주행상태에 따른 배터리 제어특성**

(1) 시동모드

하이브리드 전기자동차는 고전압 배터리를 포함한 모든 전기 동력시스템이 정상일 경우 모터를 이용한 엔진 시동을 제어한다.

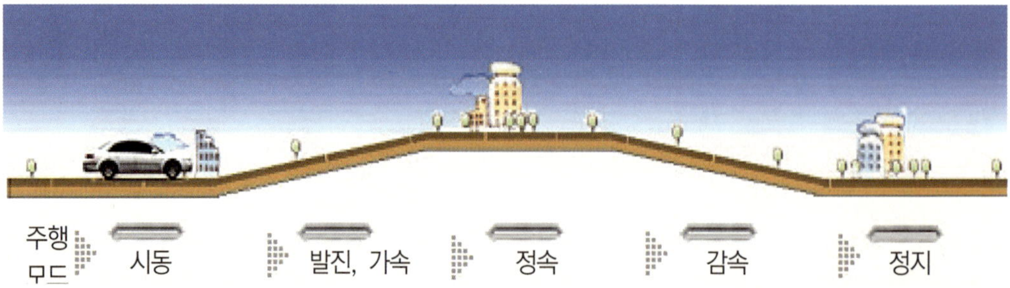

(a)

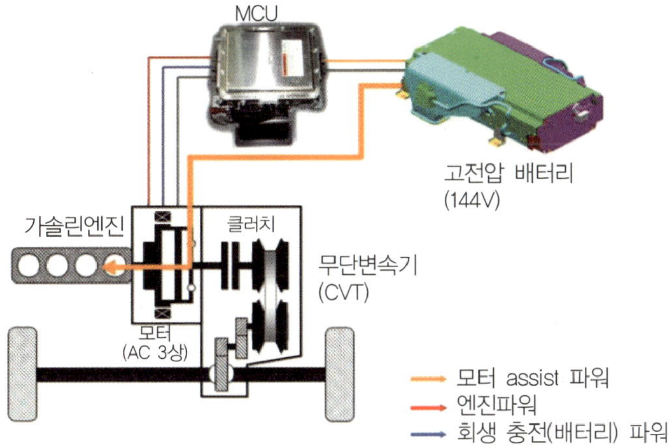

(b)

[그림 63] **고전압 배터리 에너지 흐름(시동모드)**

고전압 배터리시스템에 이상이 있거나 배터리의 SOC(충전상태)가 기준치 이하로 떨어질 경우 HCU(하이브리드 컨트롤 유닛)는 모터를 이용한 엔진 시동을 금지시키고 12V 스타터 모터를 작동시켜 엔진 시동을 제어한다(fail safe).

(2) 발진 및 가속모드

발진 또는 가속모드에서 HCU(하이브리드 컨트롤 유닛)는 운전자의 토크 요구 정도 양을 연산하여, 엔진과 모터의 토크 분배량을 결정하고 고전압 배터리의 SOC(충전상태)에 따라 모터 출력을 제어한다. 또한, HCU는 고전압 배터리의 SOC상태가 낮을 경우 발진 또는 가속모드에서 모터 구동을 제한하거나 충전모드로 전환시키는 SOC상태에 따른 제어를 수행한다.

(a)

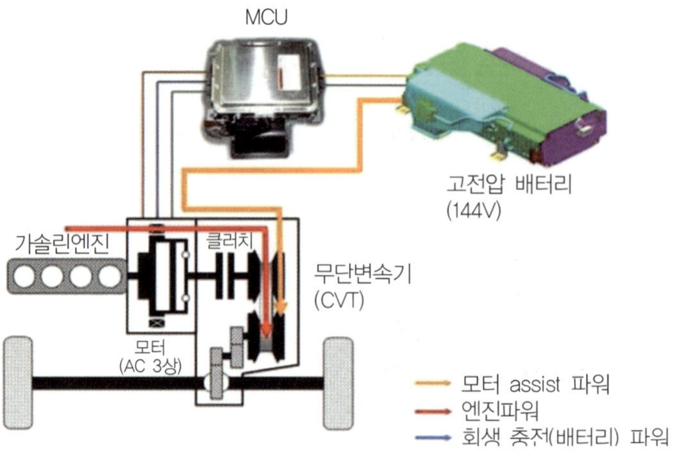

(b)

[그림 64] **고전압 배터리 에너지 흐름(발진 및 가속모드)**

(3) 정속 주행모드

정속주행과 같이 엔진부하가 낮은 영역에서는 엔진 출력만으로 효율적인 운전이 가능하기 때문에 모터를 이용한 동력보조는 이루어지지 않는다.

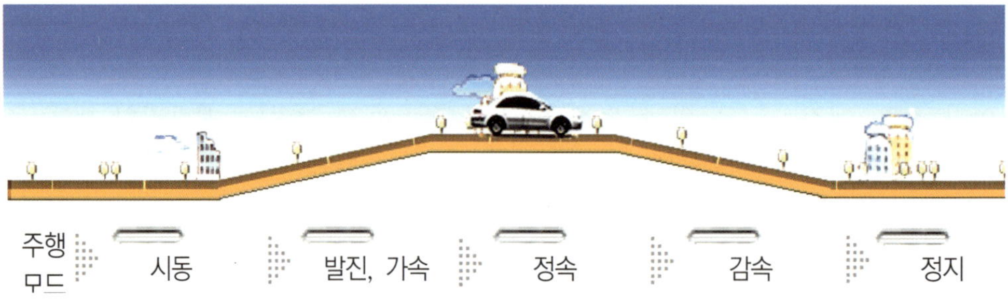

[그림 65] **정속주행모드**

정속 주행모드일지라도 고전압 배터리의 SOC상태가 낮다면 HCU는 엔진의 여유 출력이 발생되는 영역에서 충전모드로 전환시키는 SOC상태에 따른 제어를 실행한다.

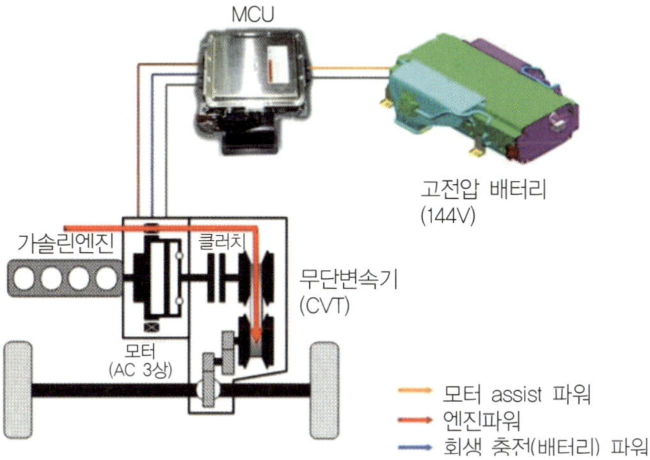

(a) 배터리 SOC 양호

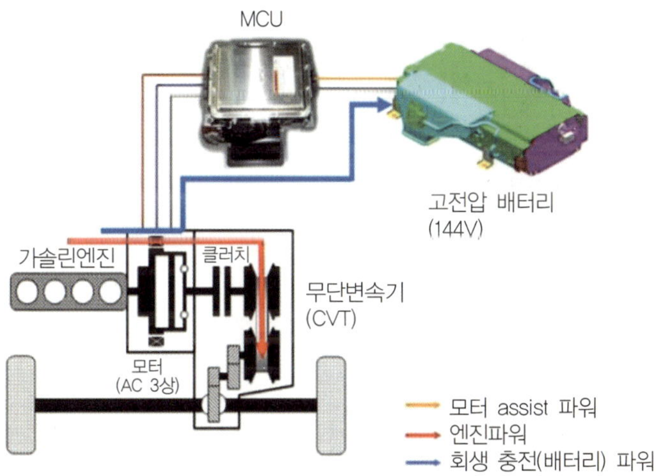

(b) 배터리 SOC 부족-재생

[그림 66] 고전압 배터리 에너지 흐름(정속 주행모드)

(4) 감속 & 회생제동모드

일반 차량은 주행 중 감속 또는 제동시점에서 발생되는 에너지가 마찰식 브레이크를 사용함으로써 열로 소산되지만, 하이브리드 전기자동차에서는 모터를 발전모드로 전환시켜 제동 에너지의 일부를 전기 에너지로 회수하게 된다.

HCU는 고전압 배터리의 SOC상태에 따라 감속 또는 제동모드에서 충전모드로 전환시키는 제어를 실행한다.

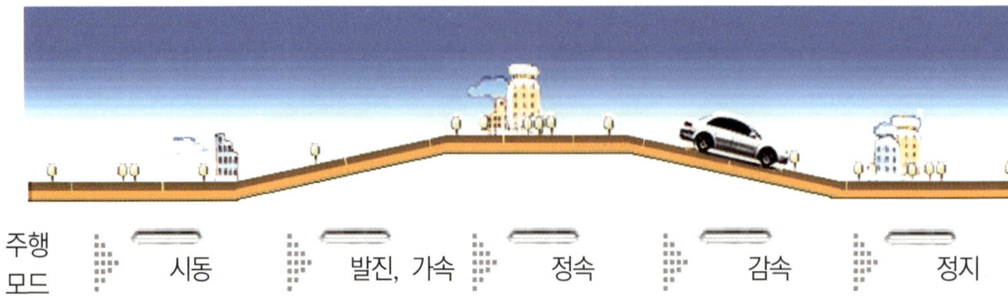

(a)

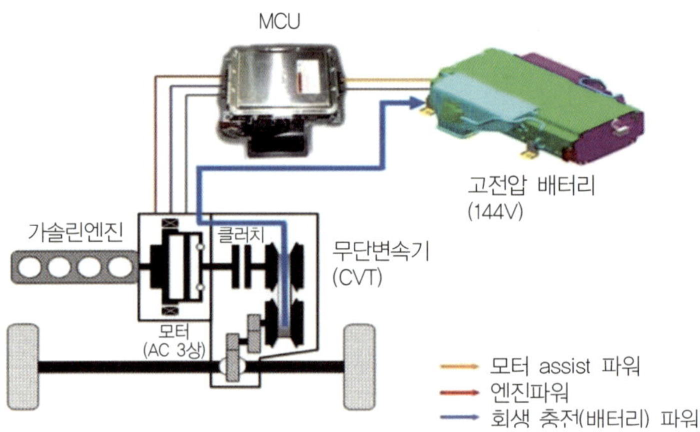

(b)

[그림 67] 고전압 배터리 에너지 흐름(감속 및 회생재생모드)

(5) 아이들 스탑(idle stop: 공회전 정지) 모드

아이들 스탑은 차량이 정지할 경우 연료 소비를 줄이고 배기가스를 저감시키기 위해 엔진을 자동으로 정지시키는 기능이다. HCU는 아이들 스탑이 해제되면 모터를 이용해 엔진 크랭킹과 엔진 연료분사를 재개하여 엔진을 재시동 시킨다.

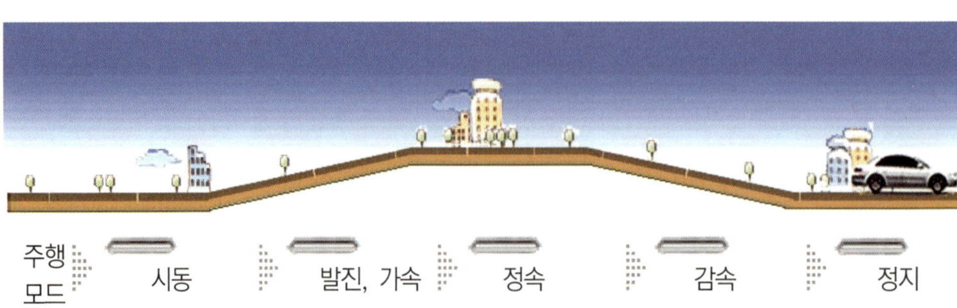

(a)

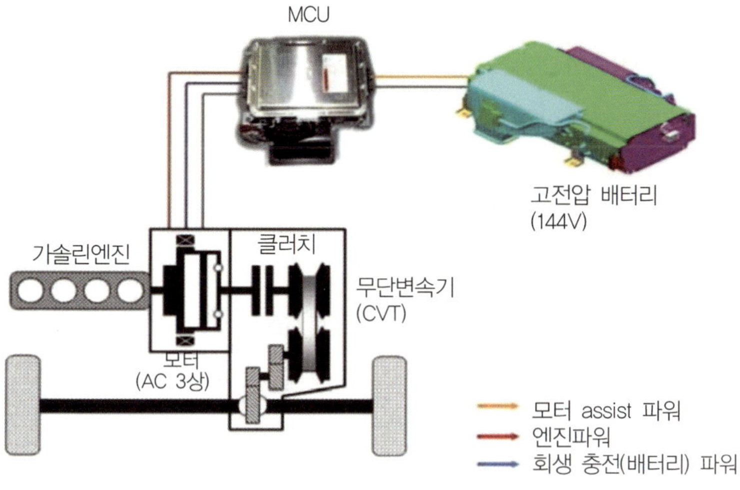

(b)

[그림 68] 고전압 배터리 에너지 흐름(아이들 스탑모드)

[3] SOC(충전상태)에 따른 배터리 제어특성

하이브리드 전기자동차는 모터를 이용해 엔진의 동력을 보조하는 시스템이기 때문에 전기 동력시스템이 정상적으로 동작하기 위해서는 전기 에너지 공급원인 고전압 배터리가 최적의 효율을 낼 수 있도록 SOC(state of charge, 충전상태)를 유지할 필요성이 있다.

하이브리드 컨트롤 유닛은 고전압 배터리의 SOC를 지속적으로 모니터링하고, SOC에 따라 각 주행모드에서 충전 및 방전을 제어한다.

[표] 충전상태에 따른 제어내용

고전압 배터리 충전영역	제어내용
고 충전영역	방전 지향, 충전금지
동작 충전영역: ~70%	방전 지향, 충전허용
최적 충전영역: 55~65%	충·방전 제어
동작 충전영역: 20%~	충전 지향, 방전허용
저 충전영역	충전 지향, 방전금지

(1) SOC상태에 따른 전략 제어

하이브리드 컨트롤 유닛(HCU)은 고전압 배터리가 최적의 효율을 낼 수 있는 영역인 55%~65%의 SOC를 유지하도록 제어한다. 아래 표는 고전압 배터리의 SOC에 따라 HCU가 모터 시동, 모터를 이용한 동력보조, 회생제동, 부분부하 및 아이들 충전 등을 어떻게 제어하는지를 보여주고 있다

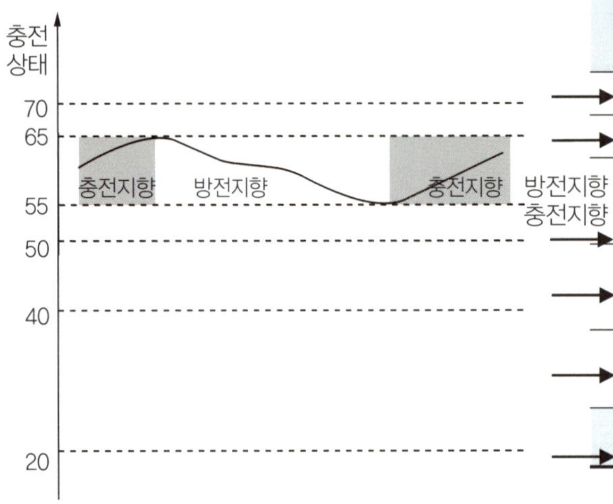

모터시동 (아이들 정지)	모터 보조	부압 제어	회생 제동	부분 부하 충전	아이들 충전
○	○	○	×	×	×
○	○	○	저감	×	×
○	○ 저감	○	○	X 저감	×
○	저감	○	○	증대	× ○
○	발진 시만	○	○	증대	○
×	×	×	○	증대	○

[그림 69] SOC(충전상태)상태에 따른 전략제어

(2) SOC게이지

하이브리드 전기자동차의 계기판에는 두 가지의 하이브리드전용 게이지가 설치되어 있는데, 하나는 고전압 배터리의 충전상태를 표시해 주는 SOC게이지이고 나머지 하나는 모터의 충·방전 동작상태를 보여주는 모터 게이지이다.

[그림 70] SOC(충전상태)게이지

SOC게이지와 모터 게이지는 모두 LCD를 이용한 디스플레이방식이며, 계기판과 HCU 간의 CAN통신을 이용해 작동이 이루어진다.

게이지 수	SOC (%)	게이지 수	SOC (%)
28	≥77	13	56
27	75	12	55
26	73	11	54
25	71	10	53
24	69	9	52
23	67	8	51
22	65	7	50
21	64	6	47.5
20	63	5	45
19	62	4	42.5
18	61	3	40
17	60	2	37.5
16	59	1	35
15	58	0	<35
14	57		

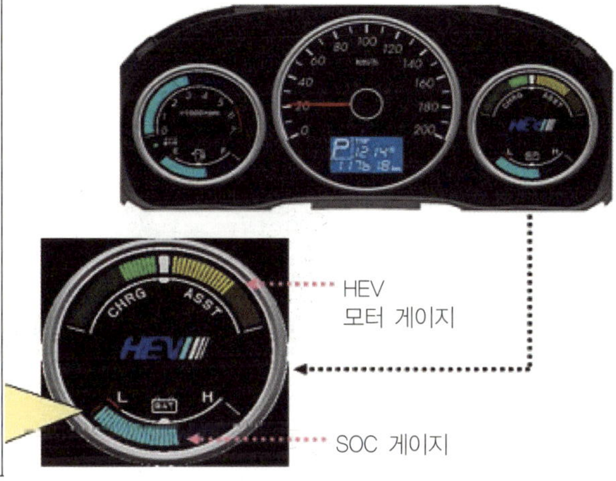

[그림 71] SOC(충전상태)게이지 구성 및 표시단위

HCU는 모터의 충·방전상태 및 고전압 배터리 SOC정보를 CAN통신 라인을 이용해 계기판 측으로 송신하고, 계기판에 내장된 마이크로컴퓨터는 그 정보들을 수신하여 게이지 작동을 직접적으로 제어한다.

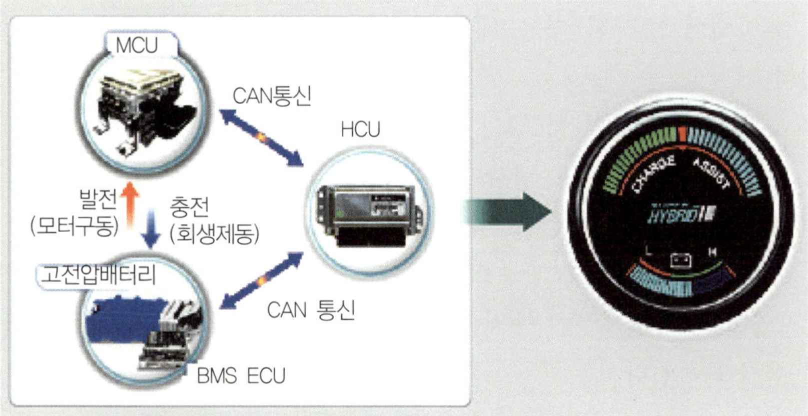

[그림 72] SOC게이지 제어

[4] 온도에 따른 배터리 제어특성

고전압 배터리가 최적의 효율을 내기 위해서는 온도관리가 매우 중요하다. 특히 프리우스에 탑재된 니켈-수소 배터리는 고온에서 장시간 사용할 경우 전기 에너지 입·출력과정에서 발생되는 수소가스 누출로 인한 화재발생의 우려가 있기 때문에 환기 및 적절한 냉각을 고려한 독립적인 냉각시스템을 가지고 있다

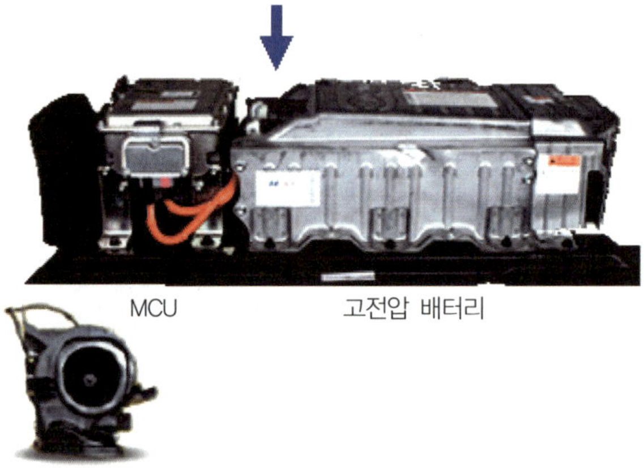

[그림 73] **고전압 배터리 & MCU 통합 냉각시스템의 구성**

고전압 배터리와 MCU(motor control unit)는 하나의 냉각팬에 의해 동시 냉각이 이루어지는 통합 냉각방식이 적용되었는데, 냉각팬이 작동되면 리어 패키지 트림을 통해 차 실내의 공기가 에어 덕트로 흡입되고, 흡입된 실내공기가 고전압 배터리와 MCU측으로 유입되어 냉각된 다음 배출 덕트를 통해 차량 외부로 배출되도록 유로가 설계되어 있다.

냉각 팬은 고전압 배터리와 MCU의 온도 조건에 따라 5단계로 속도제어가 이루어지는데, BMS ECU가 최종적으로 냉각 팬 속도를 결정하고 파워 트랜지스터를 이용해 냉각 팬 모터의 전류량을 제어한다. MCU는 내부 인버터 온도정보를 기준으로 냉각팬 동작 요구 속도정보를 BMS ECU측으로 전송하고, HCU는 차량정지 시 또는 아이들 스탑 모드 진입시 냉각팬 작동 중지명령을 MCU와 BMS ECU측으로 전송하여 실내 소음 유입을 최소화시킨다.

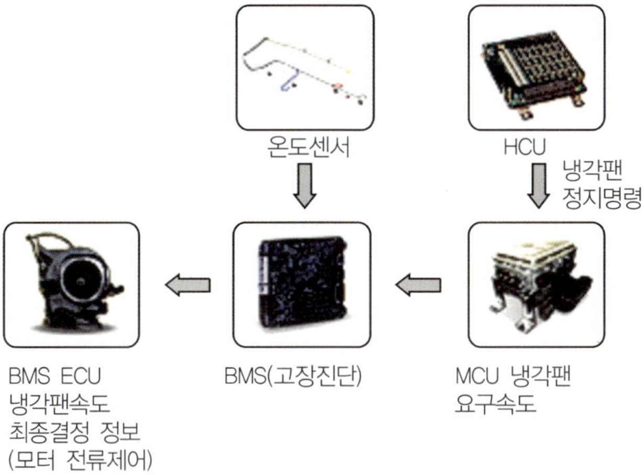

[그림 74] **고전압 배터리 냉각 팬 제어 흐름도**

3.3. 보조 배터리

보조 배터리는 일반 자동차에서 사용하는 배터리를 말하며 하이브리드 자동차의 경우 고전압 배터리를 이용하여 동력에 사용하고 있으므로 일반 전기장치의 경우는 보조 배터리를 통해서 전원을 공급 받는다

차량의 일반 전기장치를 작동하는 전원으로 사용
- 라이트
- 라디오
- 와이퍼 모터 등

[그림 75] **보조배터리**

04 하이브리드 전기자동차의 구성부품

4.1. 제어기의 구성

하이브리드 전기자동차는 내연기관 + 고출력 전기모터와 무단변속기에 의해 동력을 발생 구동을 하는 구조로 되어 있으므로 이에 따른 각종제어기가 구성되어 있는데 일반적으로 엔진제어기와 변속기 제어기는 일반자동차에도 구성이 되는 부품이며 여기에 구동모터 즉 하이브리드 모터를 제어하는 모터 컨트롤 유닛과 배터리의 충·방전을 제어하는 배터리 컨트롤 유닛 또 자동차의 벌브 및 작종 전기장치의 구동은 일반 자동차에서 사용하는 12V의 배터리(보조 배터리)를 사용하므로 이 배터리의 충전을 관장하는 보조배터리 충전 컨트롤 유닛이 구성되며 이러한 각종 제어기를 전체적으로 관장하는 하이브리드 컨트롤 유닛으로 구성되어 있다.

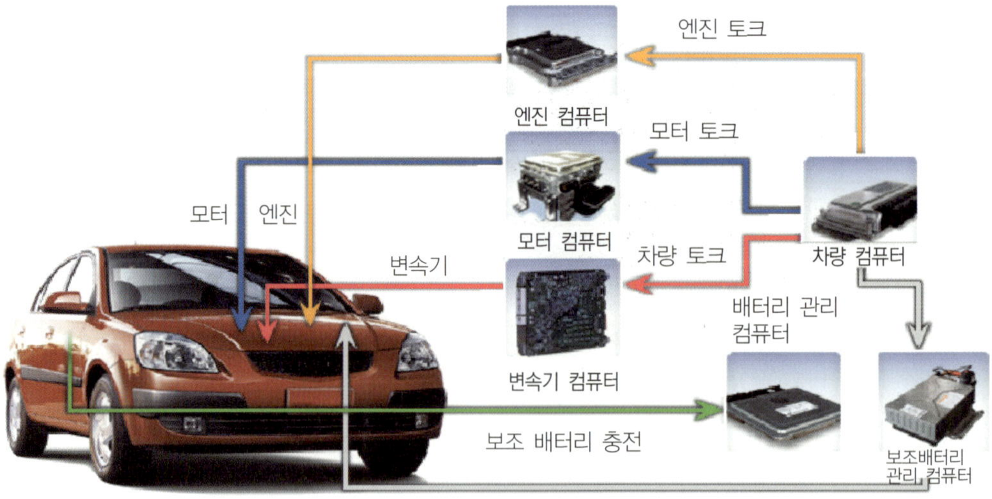

[그림 76] 제어기의 구성

4.2. 구성부품의 기능

하이브리드 자동차 시스템을 구성하는 부품들의 주요 기능은 다음과 같다.

4.2.1. 엔진 컨트롤 유닛

엔진을 제어하는 ECU(engine control unit)는 일반 차량에도 있는 것으로, 엔진 동작하거나 연료 분사량과 점화시기를 조절하게 된다.

[그림 77] **엔진 컨트롤 유닛**

4.2.2. 변속기 컨트롤 유닛

TCU(transmission control unit)는 변속기를 제어하는 것으로서, ECU와 마찬가지로 일반 차량에서도 볼 수 있는 것이다.

[그림 78] **변속기 컨트롤 유닛**

4.2.3. 모터 컨트롤 유닛

모터 컨트롤 유닛은 하이브리드 모터 제어를 위한 컨트롤 유닛이다. 모터 컨트롤 유닛은 HCU(hybrid control unit)의 토크 구동명령에 따라 모터로 공급되는 전류량을 제어하여 각 주행특성에 맞게 모터의 출력을 조절한다. 또한 MCU는 고전압 배터리의 DC(직류) 전원을 AC(교류) 전원으로 변환시키는 인버터의 기능과 배터리 충전을 위해 모터에서 발생된 AC전원을 DC로 변환시키는 컨버터의 기능도 동시에 수행한다.

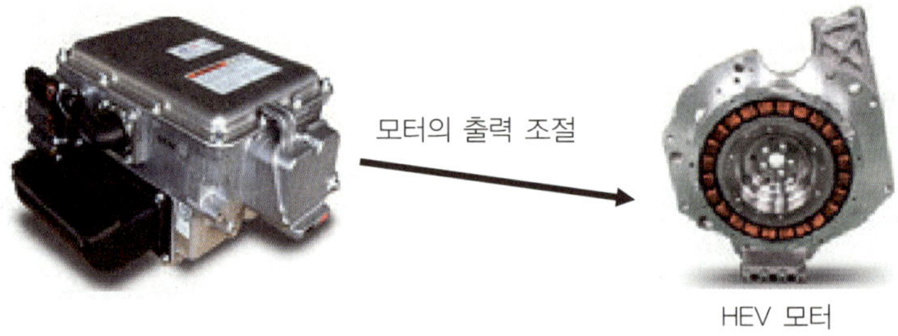

[그림 79] **모터 컨트롤 유닛**

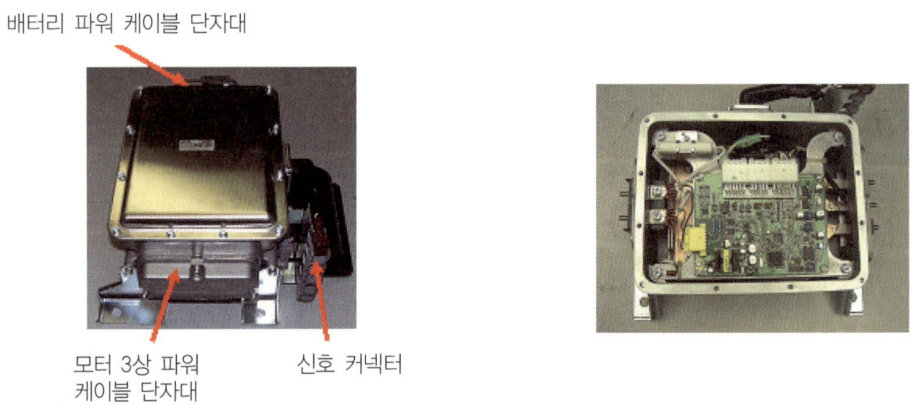

(a) (b)

[그림 80] **모터 컨트롤 유닛의 구성**

[1] 모터 컨트롤 유닛의 개요

MCU는 고전압 배터리로부터 DC전기를 공급받아 3상의 AC전기를 발생시키고, HCU의 모터 구동 토크 명령에 의해 AC 3상전류 제어하여 모터의 회전속도 및 토크를 제어하는 장치이다.

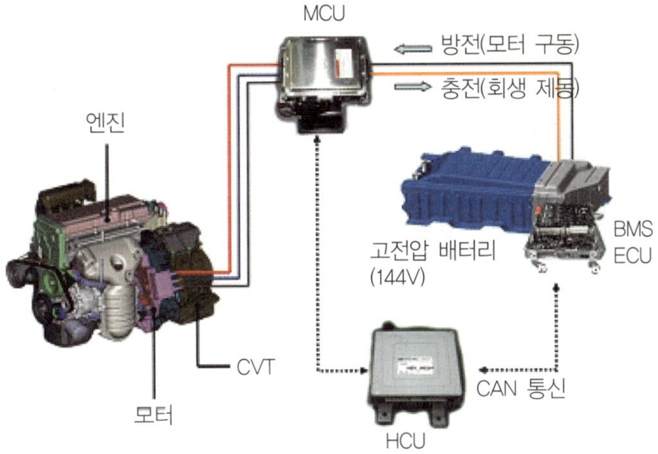

[그림 81] 모터 제어의 개요

고전압 배터리와는 2상 파워케이블이 연결되어 DC전기를 공급받도록 되어 있고, 모터와는 AC 3상 파워케이블에 의해 연결되어 3상전류를 출력하게 된다.

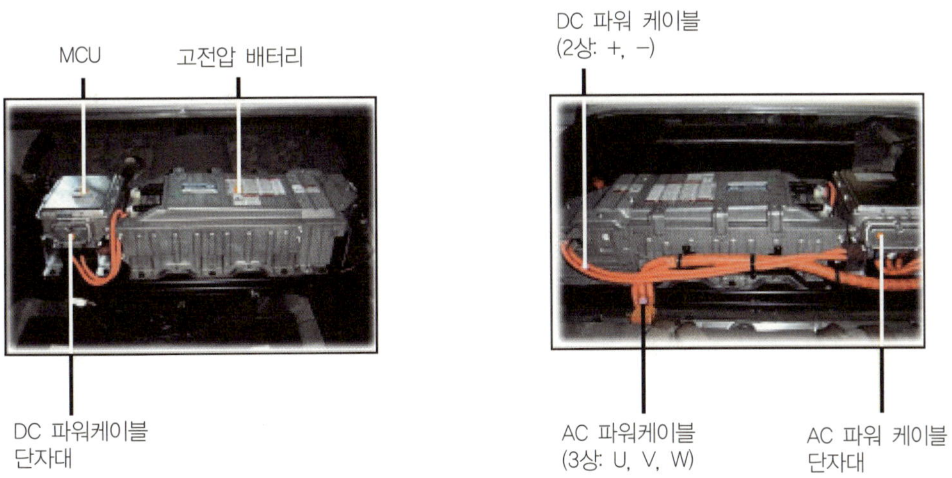

(a) 트렁크에서 바라본 모습 (b) 실내에서 바라본 모습

[그림 82] MCU의 장착위치

[2] MCU의 내부구성

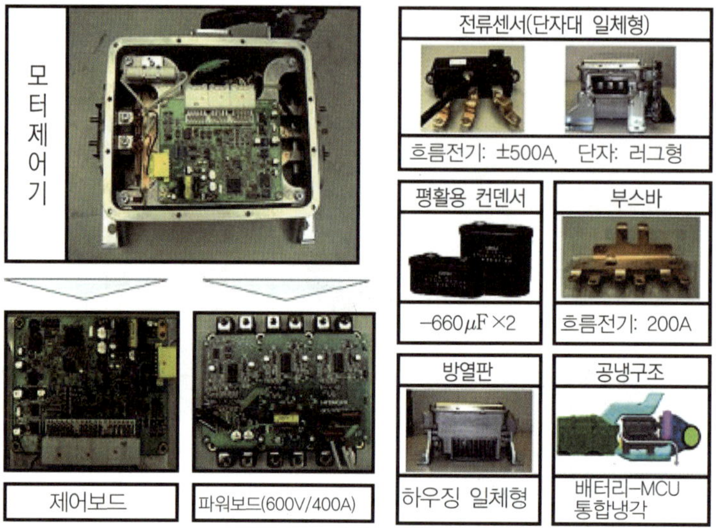

[그림 83] MCU의 내부구성

(1) 제어보드

제어보드는 CPU, 메모리, 입·출력 인터페이스회로, 전원 공급장치 및 차량의 타 제어모듈(HCU, BMS, 엔진 ECU, TCU 등)과 정보 송·수신을 위한 CAN통신회로를 가지고 있으며, 12V 보조 배터리 전원을 이용한다.

(2) 파워보드

전기적인 스위칭을 통하여 전력의 흐름을 제어하는 MCU의 핵심부품이며, 600V, 400A 정격의 산업용 전력소자를 이용해 고전압 배터리의 DC를 AC로 변환시켜 모터 각 상의 전류를 출력하는 인버터(inverter)와 U, V, W 각 상의 전류량을 검출하는 전류센서, DC 평활 및 소자보호를 위한 콘덴서 등이 파워 모듈 부를 구성하고 있으며, IGBT 구동을 위한 각종 구동회로, 산업용 전력소자 고장진단회로, 아날로그 전류제어회로 PWM발생기 등이 인버터 구동제어 부를 구성하고 있다.

▶▶▶ Reference 파워 모듈(인버터)

전력용 반도체 소자 및 6개의 다이오드로 구성되어 있고, 소자 보호를 위한 전류 검출 회로와 온도 검출 회로를 포함한다.

1) 인버터(inverter)

DC전원을 가변 주파수(Hz) 및 가변전압의 AC전원으로 변환시키는 장치를 말하며, 그 반대의 개념으로 AC를 DC로 변환시키는 장치를 통상적으로 컨버터(converter)라고 한다.

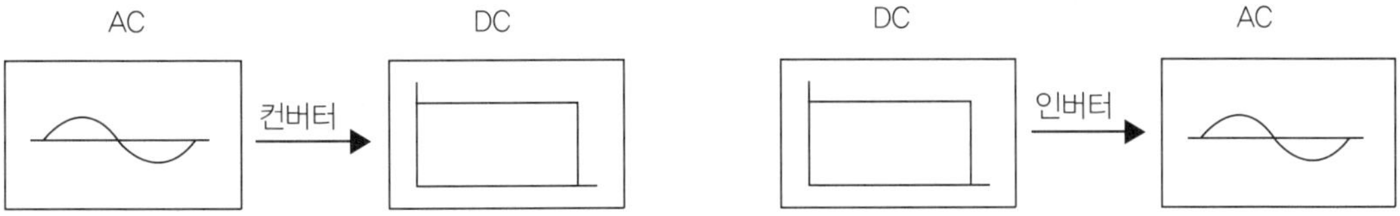

(a) 컨버터의 개념 (b) 인버터의 개념

[그림 84] **인버터**

① **평활부(평활회로)**: DC전원에서 맥동 성분을 제거

② **인버터부**: 정류된 직류 전원을 PWM 제어방식을 이용하여 가변 주파수 및 가변 AC전압으로 변환시켜 모터 구동전류 출력(가변 속도제어)

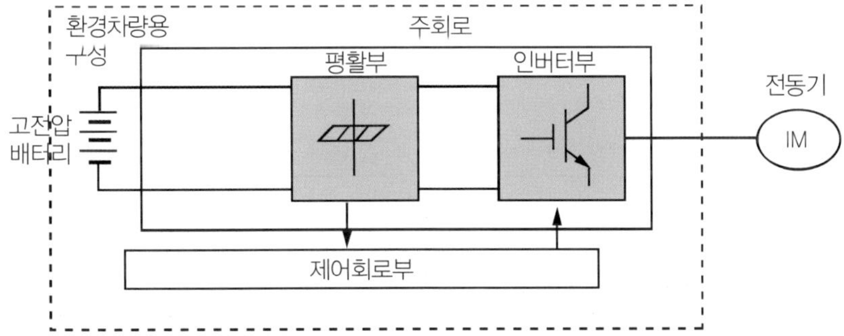

[그림 85] **인버터의 구성**

2) 인버터의 가변 전압 발생원리

① 반도체 스위치의 ON/OFF시간의 폭을 조절하여 평균 전압의 크기를 조절한다.

② (+), (-)전원에 연결된 2개의 스위치를 선택하여 극성을 결정한다.

③ 이 방식을 펄스 폭 변조방식(PWM: pulse width modulation)이라고 한다.

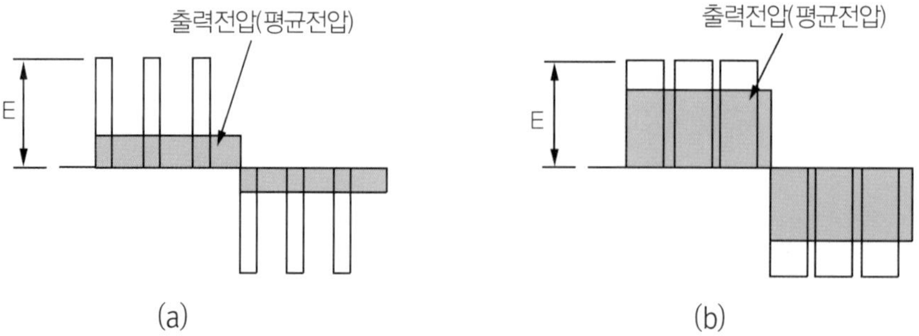

[그림 86] **인버터 가변전압 발생원리**

3) 인버터의 가변 주파수 AC 발생원리

반도체 스위치의 ON/OFF 시간을 조절한다.

$$f = \frac{1}{1} = 1[Hz]$$

$$f = \frac{1}{t_0} = [Hz]$$

f: 주파수[Hz]

t_0: 주기(sec)

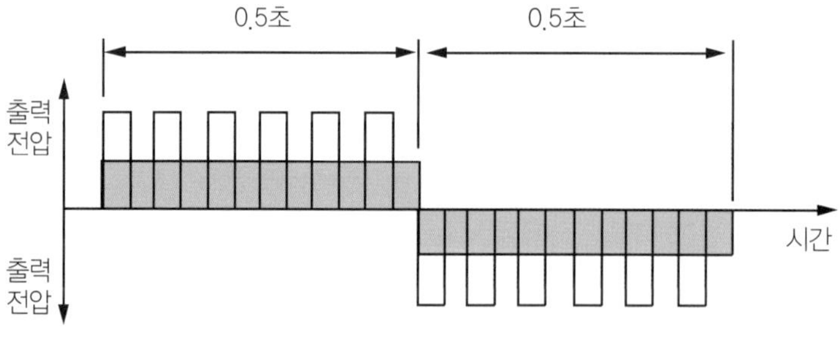

(a) 1[Hz]의 교류파형

$$f= \frac{1}{0.5} = 0.016[sec]$$

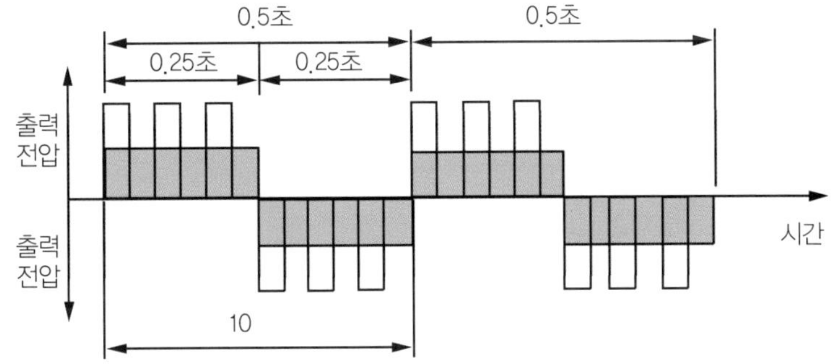

(b) 2[Hz]의 교류파형

[그림 87] 교류파형

[3] MCU의 AC모터 제어

(1) 제어방식

	open loop제어	closed loop 제어	
	V/F 일정 제어	슬립 주파수 제어	벡터제어
제어 기본 블록 선도	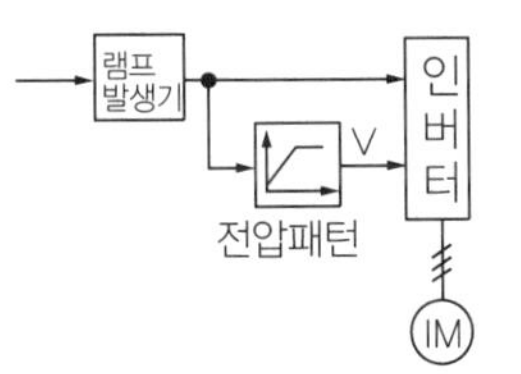	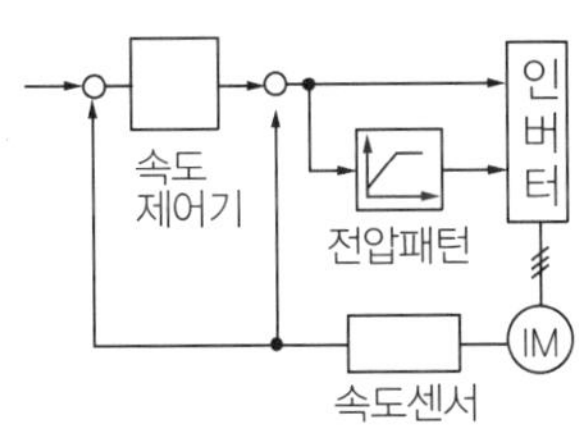	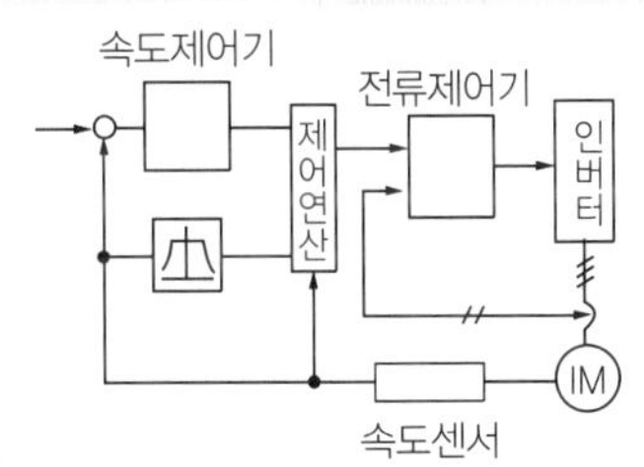
제어 특성	• 직접적 토크제어 불가 • 저속영역에서 토크저감 • 과전류 제한에 문제	• 평균(정상상태) 토크제어 • 가감속 특성이 V/F제어 보다 향상 • 슬립제한에 의한 과전류 제한	• 순시 토크제어(정지 토크제어 가능) • 토크분 및 자속분 전류의 분리 제어
범용성	조정요소가 적고, 전동기 선택에 제한이 없어 범용성이 높음	전동기의 슬립 토크 특성에 따른 설정 필요성	벡터제어 연산에서 전동기 상수를 사용하므로 전용기로서의 성격이 강함
복잡도	가장 간단	비교적 간단	복잡
용도	일정부하 운전용도로 속도 균일성이 요구되지 않을 경우	정속운전 및 일정 출력용도	일정출력 및 고속의 동적 가감속 특성이 요구되는 경우

← 스칼라(scalar)제어(전압, 주파수) → ← 벡터제어(전류, 벡터) →

(2) 벡터제어 원리

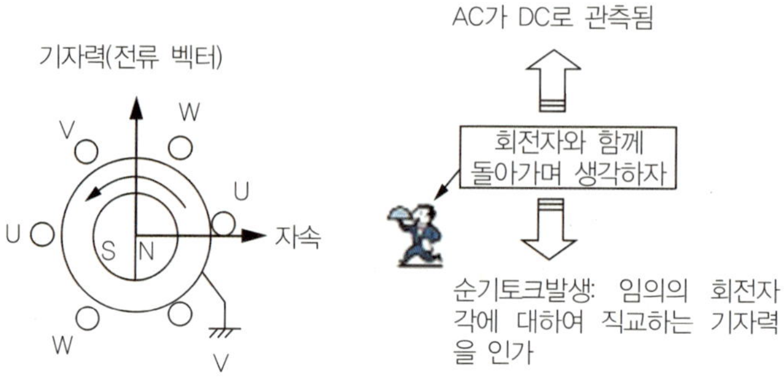

[그림 88] **AC모터 벡터제어 원리**

[4] 모터 & MCU제어

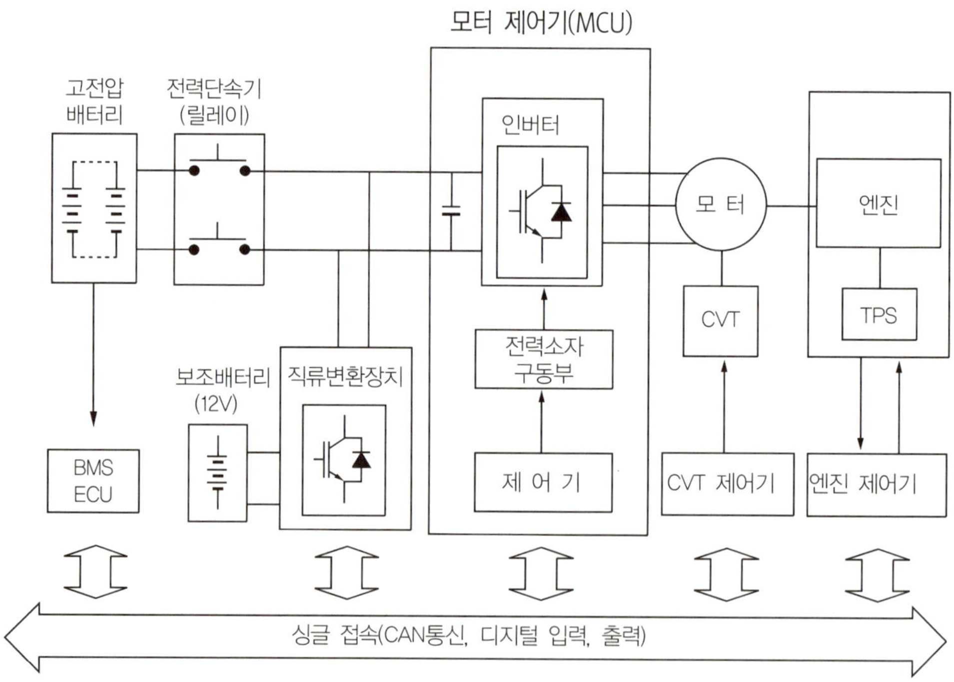

[그림 89] **모터 & MCU제어 블록 다이어그램**

[5] MCU 냉각시스템

MCU는 고전압 전류를 제어하는 부품이기 때문에 모터 제어 중 다량의 열이 발생된다. 트렁크 룸 내부에 설치된 냉각장치는 쿨링팬, 흡입 및 배출 덕트로 구성되어 있고, 차량 실내 공기를 흡입해 고전압 배터리와 MCU를 냉각시키고 배출 덕트를 통해 차량 외부로 방출시키는 시스템으로 되어 있다.

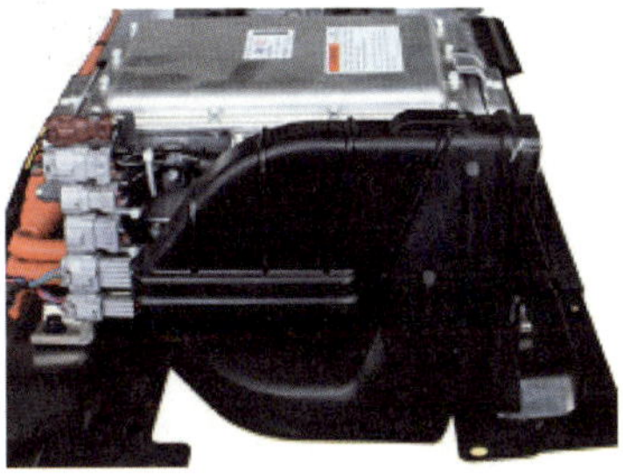

[그림 90] MCU 냉각시스템

[6] MCU취급시 유의사항

① 고전압으로 작동되는 장치이므로 시동 키 2단(ON) 또는 엔진 시동상태에서는 절대 만지지 않는다(키 OFF 후 약 5분 이상 경과해야만 안전 함).

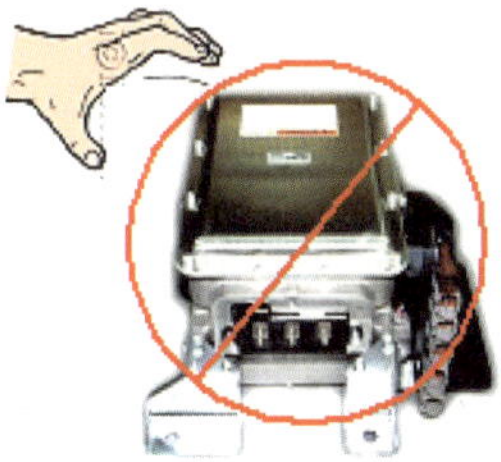

[그림 91] 144V 고전압

② MCU에 연결된 파워케이블(DC 2상, AC 3상)은 감전의 우려가 있으므로 손으로 만지거나 전기케이블을 임의로 탈착하지 않는다.

③ AC 3상 케이블의 각 상간(U, V, W) 연결이 잘못되거나 DC 케이블의 (+), (-) 극성이 반대로 연결되면 부품(MCU 또는 배터리)이 손상되거나 사용자 또는 작업자의 안전에 심각한 위협을 초래할 수 있으므로 주의해야 한다.

④ MCU는 트렁크 룸 내부에 장착되므로, 과다한 화물적재 또는 충격이 가해지지 않도록 주의한다.
⑤ 관련 부품 정비점검 및 수리작업은 반드시 직영 서비스센터로 의뢰한다.

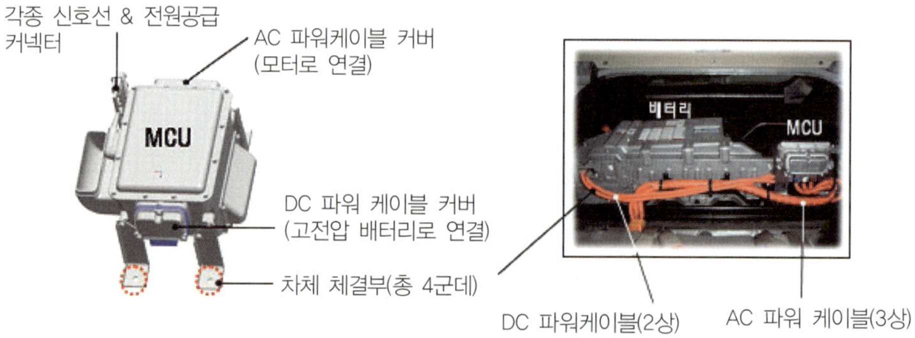

[그림 92] MCU취급시 유의사항

4.2.4. BMS(battery management system)

BMS는 고전압 배터리를 제어하는 것으로서 배터리 에너지 입·출력제어와 배터리 성능유지를 위한 전류, 전압, 온도, 사용시간 등 각종 정보를 모니터링하고, 종합적으로 연산된 배터리 에너지 상태정보를 HCU 또는 MCU로 송신하는 역할을 한다.

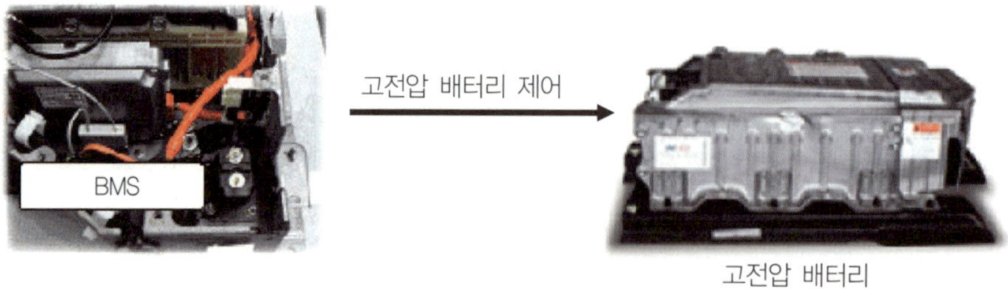

[그림 93] BMS

4.2.5. 보조 배터리 충전 컨트롤 유닛

LDC(low voltage DC/DC converter)는 12V 충전용 직류 변환장치로써, 일반 가솔린자동차의 발전기 대용으로 하이브리드 차량의 메인 배터리의 고전압을 저전압으로 낮추어 보조배터리 충전 및 기타 12V 전장품에 전력을 공급하는 장치이다. 이렇게 해서 LDC의 장착으로 하이브리드 자동차에는 일반 자동차에서 볼 수 있는 발전기는 볼 수 없게 된다.

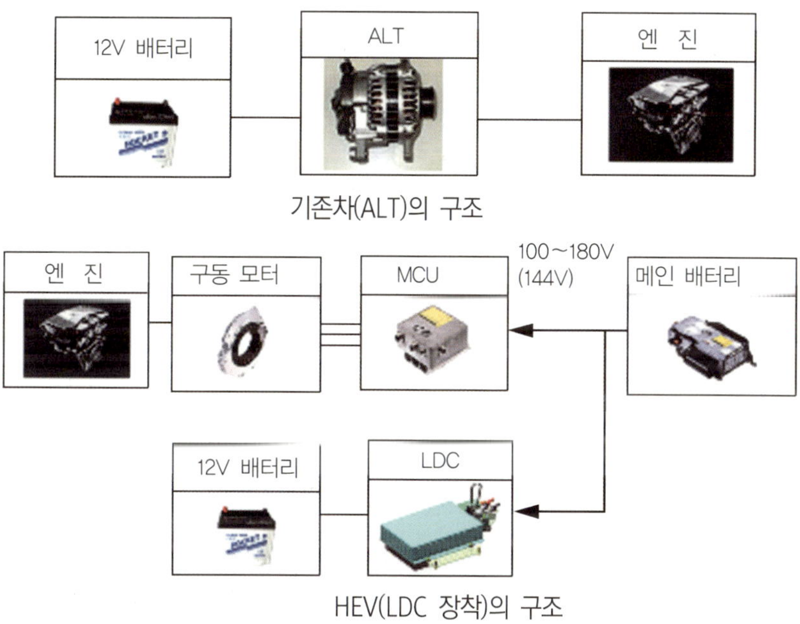

[그림 94] 보조 배터리 충전 컨트롤 유닛

4.2.6. 하이브리드 모터와 MCU의 관계

하이브리드 모터와 MCU의 관계를 알아보면 하이브리드 모터는 엔진과 무단 변속기 사이에 있으며, 고압의 교류전압으로 동작하는 고출력 영구자석형 동기 모터로써 모터 고정자에 형성된 회전 자계에 의해 발생된 회전토크를 변속기 입력축으로 전달하는 회전자 기능을 한다.

MCU는 모터 제어를 위한 컴퓨터이며, HCU의 토크 구동명령에 따라 모터로 공급되는 전류량을 제어하게 된다. 또한 MCU는 고전압 배터리의 DC전원을 AC전원으로 변환시키는 인버터의 기능과 배터리 충전을 위해 모터에서 발생된 AC전원을 DC로 변환시키는 컨버터의 기능도 동시에 수행한다.

(a) 모터 컨트롤 유닛 (b) 하이브리드 모터

[그림 95] **하이브리드 모터와 MCU의 관계**

4.2.7. 고전압 배터리와 BMS의 관계

고전압 배터리와 BMS의 관계를 알아보면 하이브리드 전기자동차에 탑재되는 고전압 배터리는 정격 전압 직류의 배터리이며, 하이브리드 모터 작동을 위한 전기 에너지를 공급하는 기능을 한다. BMS는 배터리제어를 위한 컴퓨터이며, 배터리 에너지 입·출력제어와 배터리 성능유지를 위한 전류, 전압, 온도, 사용시간 등 각종 정보를 모니터링하고, 종합적으로 연산된 배터리 에너지 상태정보를 HCU 또는 MCU로 송신하는 역할을 한다.

(a) 고전압 배터리 컨트롤 유닛 (b) 고전압 배터리

[그림 96] **고전압 배터리와 BMS의 관계**

4.2.8. 보조 배터리와 LDC의 관계

보조 배터리와 LDC의 관계를 알아보면 보조 배터리는 일반 자동차에서 사용하는 배터리를 말하며 하이브리드 자동차의 고전압 배터리는 동력 전원으로 사용하는 것에 비해 보조 배터리는 차량의 일반 전기장치를 작동하기 위한 전원으로 사용하게 된다. LDC는 일반 가솔린자동차의 발전기 대용으로 하이브리드 자동차의 메인 배터리의 고전압을 12V 저전압으로 낮추어 보조배터리 충전 및 기타 12V 전장품에 전력을 공급하는 장치이다.

(a) LDC (b) 보조 배터리

[그림 97] **보조 배터리와 LDC의 관계**

4.2.9. 하이브리드 컨트롤 유닛(HCU: hybrid control unit)

[1] HCU의 개요

하이브리드 컨트롤 유닛은 전체 하이브리드 전기자동차시스템을 제어하므로 각 하부시스템 및 제어기의 상태를 파악하며 그 상태에 따라 가능한 최적의 제어를 수행하고 각 하부 제어기의 정보사용 가능 여부와 요구(명령) 수용 가능여부를 적절히 판단한다.

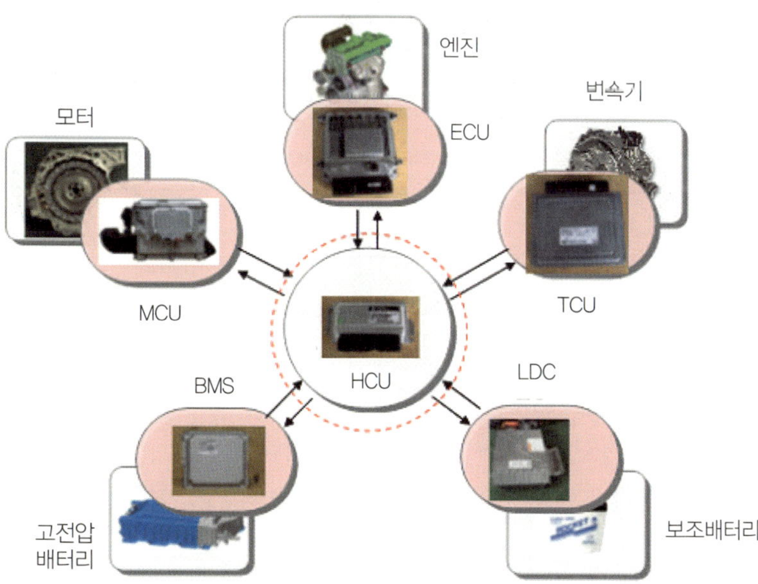

[그림 98] **하이브리드 컨트롤 시스템**

하이브리드 전기자동차에는 엔진제어 유닛인 ECU와, 모터의 출력토크를 제어하는 모터제어 유닛인 MCU, 자동변속기 제어 유닛인 TCU, 보조 배터리 충전장치인 LDC 등이 각각의 해당 역할을 수행하고 있는데 하이브리드 컨트롤 유닛인 HCU는 하이브리드 전기자동차의 고유의 기능을 수행하기 위해 이러한 각각에 유닛들을 CAN통신이란 것을 통해 하이브리드 전기자동차의 각 상황에 따라 각 제어 조건들을 판단하여 해당 유닛을 제어하는 기능을 하는 장치라고 말할 수 있다.

하이브리드 전기자동차에는 자동차의 운전상태 및 각 장치의 상태를 파악하여 차량의 최적의 조건에서 운전될 수 있도록 하는 제어하는 하이브리드 컨트롤 유닛이 적용되어 있다.

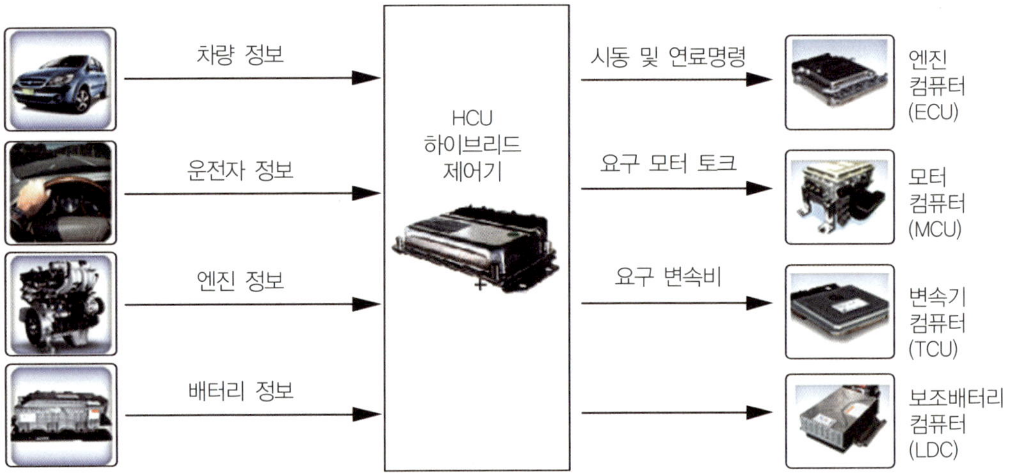

[그림 99] **하이브리드 컨트롤 유닛(HCU)**

하이브리드 컨트롤 유닛은 전체 하이브리드 전기자동차시스템을 제어하므로 각 하부 시스템 및 제어기의 상태를 파악하며 그 상태에 따라 가능한 최적의 제어를 수행하고 각 하부 제어기의 정보사용 가능여부와 요구(명령) 수용 가능여부를 적절히 판단한다.

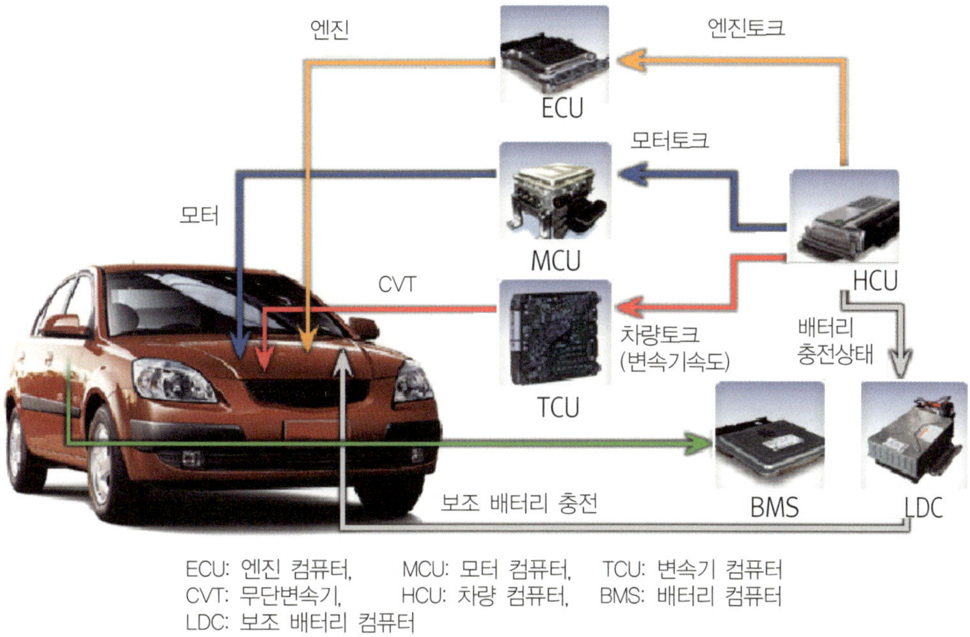

[그림 100] **하이브리드 컨트롤 유닛 제어**

[2] 제어장치의 구성

HCU는 모터를 제어하는 MCU, 엔진을 제어하는 ECU, 배터리를 제어하는 BMS, 변속기를 제어하는 TCU 등등을 상황에 따라 각기 통신을 통해 제어를 하게 되며 그 내용은 다음과 같다.

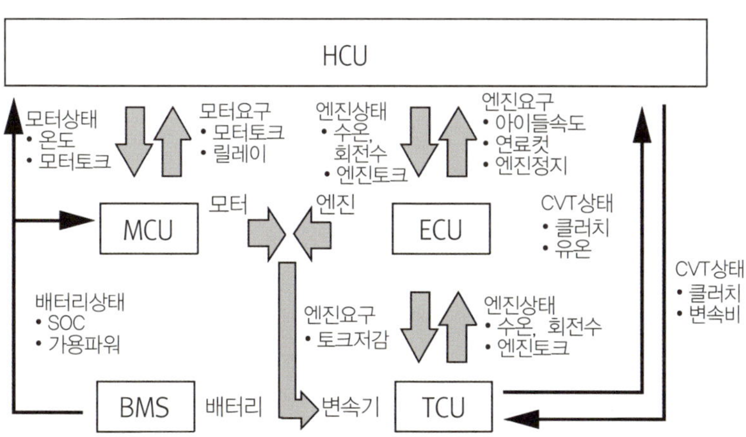

[그림 101] **제어장치의 구성**

(1) 모터 컨트롤 유닛(MCU)

MCU는 하이브리드자동차의 모터를 제어하는 장치로서 모터의 상태를 HCU에게 보내면 ECU와 TCU, BMS 등에서 들어오는 정보를 분석하고 MCU에게 모터를 적절하게 제어할 수 있도록 명령을 한다. 주로 ECU의 상태와 MCU의 상태를 HCU가 판단해서 모터를 작동시키기 때문에 ECU와는 항상 긴밀한 관계를 유지한다고 볼 수 있다.

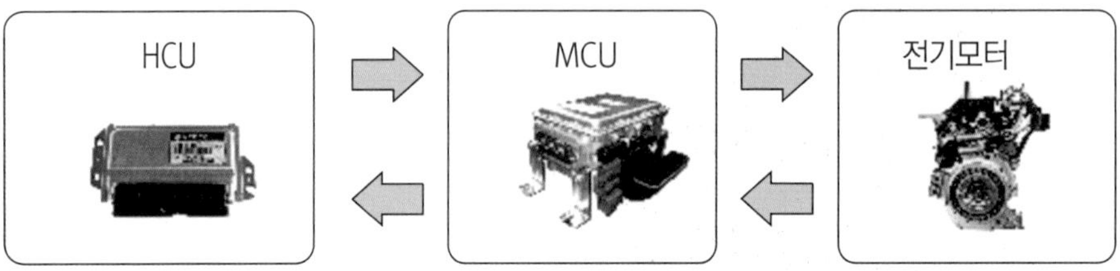

[그림 102] **모터제어**

MCU는 HCU의 토크 구동 명령에 따라 모터로 공급되는 전류량을 제어하고 고전압 배터리의 직류전원을 교류전원으로 변환시키는 인버터의 기능과 배터리 충전을 위해 모터에서 발생된 교류전원을 직류로 변환시키는 컨버터의 기능도 동시에 수행한다.

모터로 공급되는 전류량 제어	배터리 DC전원을 AC전원으로 변환(인버터)	모터 AC전원을 DC로 변환 (컨버터)

[표] 모터 컨트롤 유닛의 역할

하이브리드 자동차의 배터리와 모터의 전기흐름에 대해 보면 하이브리드 자동차의 배터리는 기본적으로 직류를 사용한다. 하지만 모터는 교류를 사용하기 때문에 둘 사이를 이어 줄 수 있는 브리지 역할을 해줄 장치가 필요하게 된다. 이 부분을 MCU가 맡아서 한다.

그리고 하이브리드 자동차가 감속주행 시에 충전을 하게 되는데 이때 발전기 역할을 하는 것이 바로 모터이기 때문에 이때 발생되는 교류를 직류로 바꿔서 배터리로 보내게 되는 것이다.

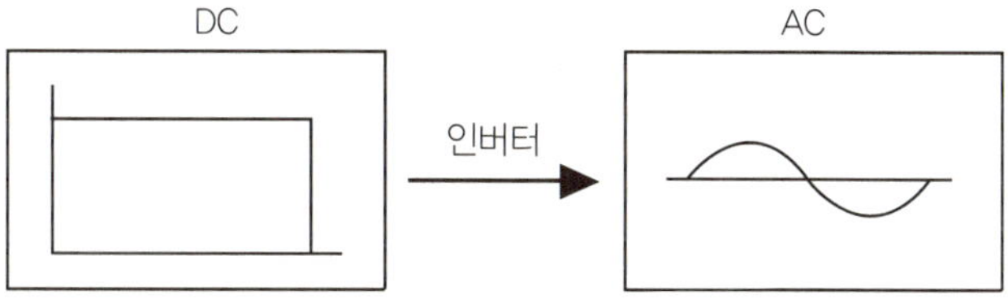

(a) 인버터의 개념

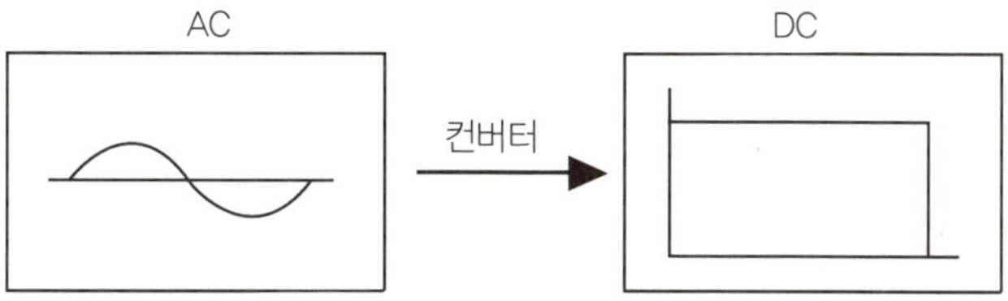

(b) 컨버터의 개념

[그림 103] **직류 교류변환**

(2) 엔진 컨트롤 유닛(ECU)

ECU는 기본적인 기능은 기존 가솔린자동차의 ECU와 같지만 하이브리드 자동차의 ECU는 HCU로 엔진의 상태에 대한 정보를 보내고 HCU에서 이에 대한 정보와 주변 제어장치들에 상태를 파악한 뒤 적절한 제어를 할 수 있도록 도와주는 역할을 한다.

ECU가 HCU에 정보를 보면 하이브리드 자동차에서의 ECU는 부압, 아이들상태 등 주로 가솔린엔진의 상태에 대한 정보를 HCU로 보내고, 이에 맞춰 HCU에서는 MCU를 이용, 아이들 스탑이나 부압보조, 토크보조 등에 일을 할 수 있도록 지시를 내린다. 가솔린자동차와 같이 단순히 엔진제어만을 위해 있다기보다는 하이브리드 모터와의 연계하여 작동을 하게 된다.

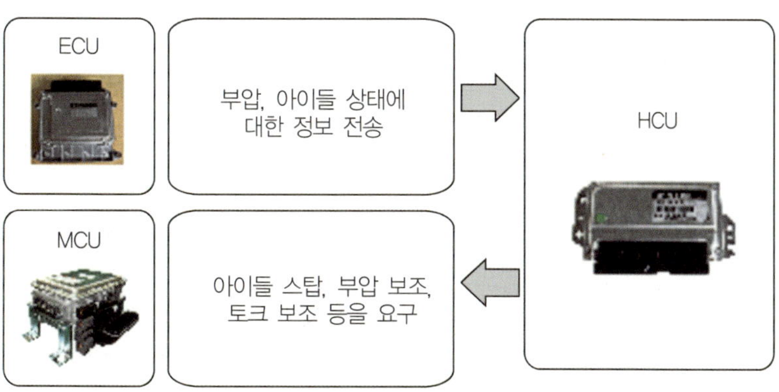

[그림 104] **엔진제어**

(3) 배터리 관리시스템(BMS)

BMS는 배터리 에너지 입·출력, 출력제어와 배터리 성능유지를 위한 전류, 전압, 온도, 사용시간 등 각종 정보를 모니터링하고 이러한 상태 정보를 HCU 또는 MCU로 송신하는 역할을 하는 것으로 BMS는 엔진에게 에너지를 주는 배터리의 관리를 맡고 있다.

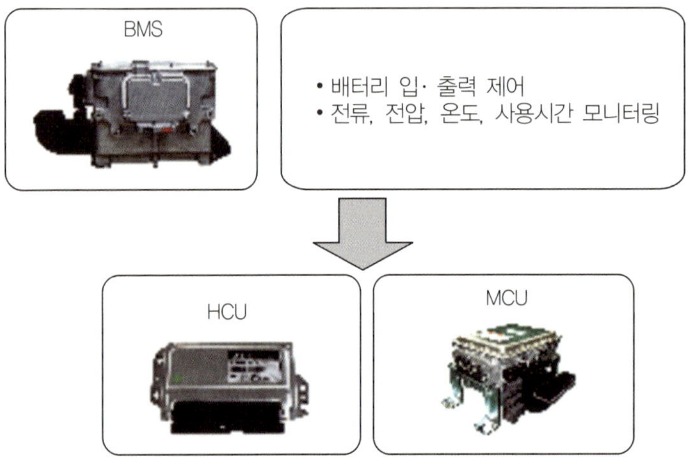

[그림 105] **배터리 관리시스템**

(4) 변속기 컨트롤 유닛(TCU)

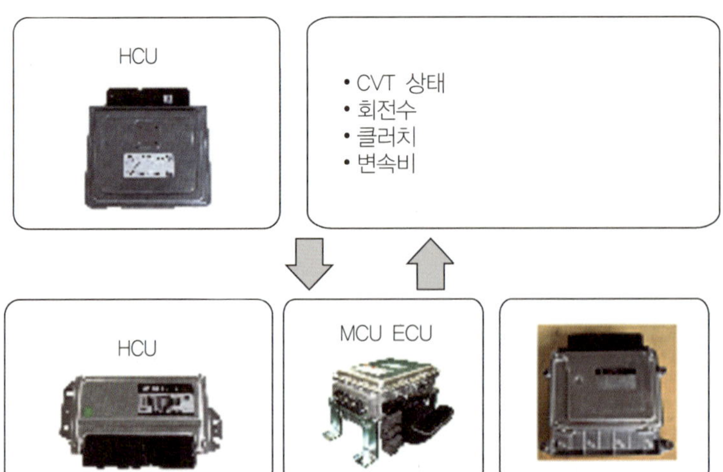

[그림 106] **변속기 제어**

TCU는 CVT 즉, 무단변속기를 제어하는 제어장치이다. CVT상태, 엔진 회전수, 클러치, 변속비 외의 여러 가지 센서에서 입력되는 신호를 ECU, MCU, HCU 등과 주고받으며 변속을 해야 하는 시기를 결정해서 CVT를 제어 한다.

[3] HCU의 작동

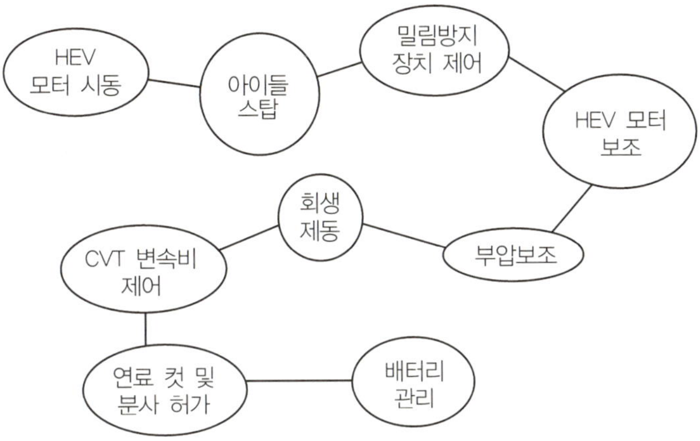

[그림 107] HCU의 작동

(1) 하이브리드 자동차 시동

하이브리드 자동차는 가솔린자동차와는 다르게 보통 하이브리드 모터를 이용해서 시동을 건다. 하지만 하이브리드 모터 시동에 장애가 생기면 MCU에서는 즉각 이에 대한 정보를 HCU로 보내게 되고 HCU는 이에 대한 적절한 조치로 가솔린엔진의 시동모터를 구동해서 시동을 걸 수 있게 ECU로 명령을 내리며 특별한 일이 없다면 보통은 하이브리드 자동차의 모터로 시동을 걸게 된다.

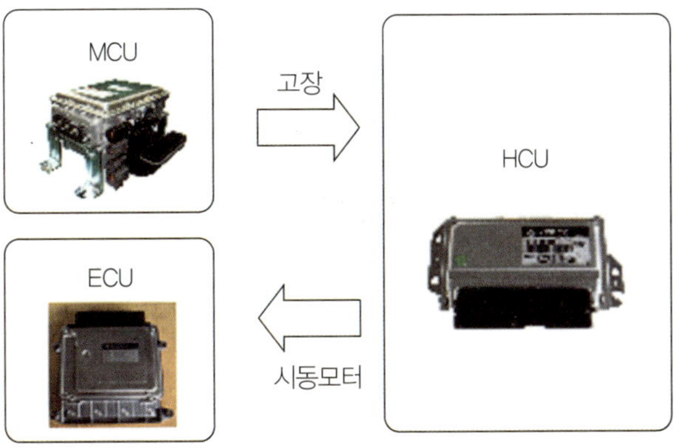

[그림 108] 하이브리드 자동차 시동

(2) 아이들 스탑

아이들 스탑 진입조건 즉, D단 주행 후 브레이크 정차 시 이에 대한 정보가 HCU로 입력이 되면 HCU는 MCU와 ECU에게 엔진과 모터의 작동 중지명령을 내리게 되고 이와 반대로 브레이크를 OFF시키거나 가속페달을 밟을 시에는 HCU에서 모터와 엔진을 움직여 상황에 맞는 적절한 주행을 할 수 있게 HCU가 명령을 내리게 되다.

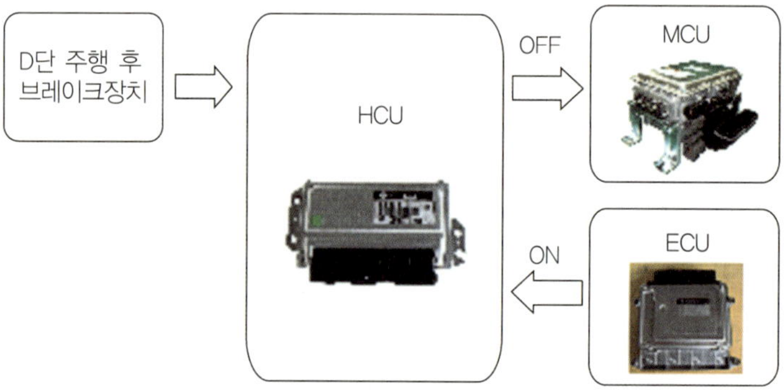

[그림 109] **아이들 스탑**

(3) 브레이크 밀림장치

경사로 밀림 방지장치는 일반 오토 가솔린자동차와는 달리 정차시 아이들 스탑 모드로 들어가는 특수성 때문에 언덕길에서 순식간에 차가 뒤로 밀리는 위험한 상황이 발생할 수 있는데 이러한 이유로 장착된 기능이 바로 CAS(creep aid system)로 하이브리드의 특성상 장착된 일종의 안정장치이다.

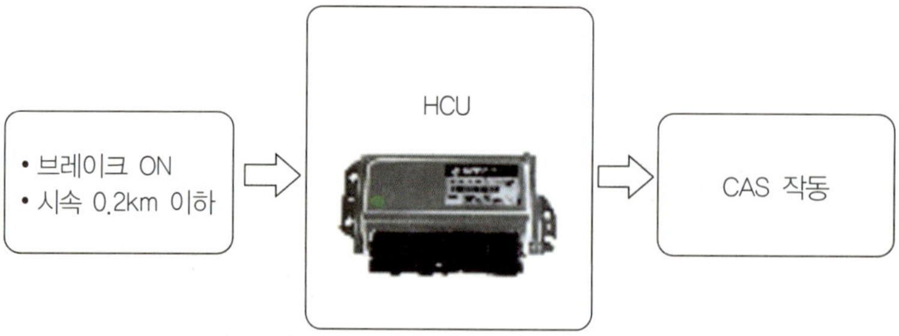

[그림 110] **브레이크 밀림장치**

브레이크 밀림방지장치는 크게 브레이크스위치, 경사각 센서, HCU, ABS모듈 이 4가지 장치가 제어를 한다. 이 장치들은 브레이크를 작동시키고 차가 멈추기 시작하면서 시속 0.2km 이하로 속도를 줄이게 되면 일단 브레이크 밀림장치 진입에 들어간다.

(a) 브레이크스위치

(b) 경사각센서

(c) HCU

(d) ABS 모듈

[그림 111] **브레이크 밀림장치의 구성**

이렇게 브레이크 밀림방지장치가 작동하는 순서를 보면 일단 언덕길에서 액셀러레이터를 밟기 위해 브레이크에서 발을 떼도 경사각센서에서 보내준 정보를 HCU에서 분석하고 ECU에게 전달해주는데 ECU는 ABS에게 신호를 줘서 차가 밀리지 않게 일정시간 밀림방지 밸브를 막아 브레이크 밀림을 방지한다.

(a)

(b)

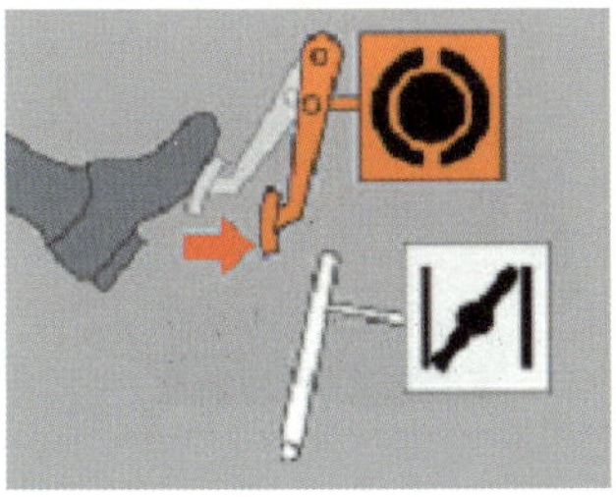

(c)

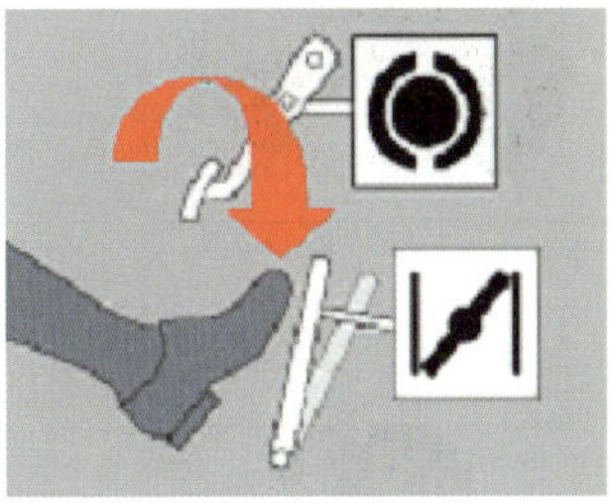

(d)

[그림 112] **브레이크 밀림장치의 작동**

(4) 하이브리드 모터 보조

하이브리드 자동차의 특성상 작은 엔진으로 인해 토크가 모자란 경우 ECU는 얼마 정도의 힘이 필요한지에 대한 정보를 HCU에게 보내게 된다.

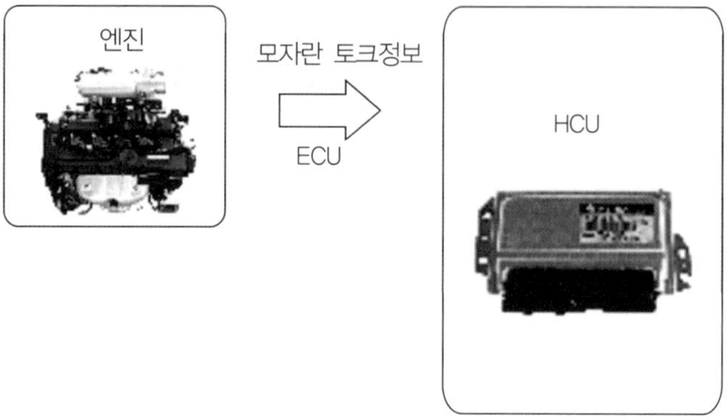

[그림 113] **모터 보조**

이때 HCU에서는 가속시 엔진이 어느 정도의 토크가 모자란 가에 대한 분석을 한 뒤 이 정보를 바탕으로 MCU에게 모자란 토크를 보조할 수 있게 모터를 구동하라는 명령을 내린다.

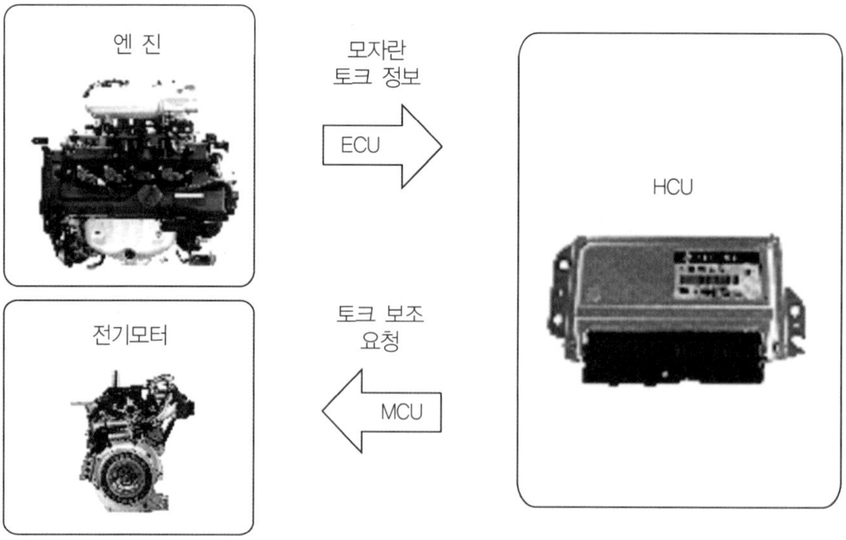

[그림 114] **모터 보조작동**

(5) 부압보조

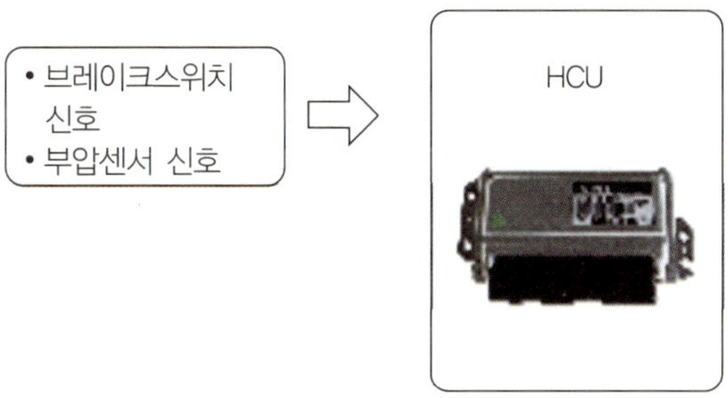

[그림 115] **부압보조**

부압보조는 HCU에서 브레이크스위치 신호와 부압센서 신호를 받아서 부압의 상태를 판단하고 정보를 분석한 뒤 MCU로 모자란 부압을 회복시킬 만큼 모터를 구동하라고 명령을 내리는 것을 말하며 엔진과 브레이크 쪽의 부압이 낮으면 일단 모터를 구동하기 전 에어컨이 작동을 하고 있다면 HCU는 ECU로 에어컨작동을 금지하는 명령을 내리고 ETC모터를 구동해서 흡입공기를 막는데 이렇게 해도 브레이크 부스터 압력이 저하되면 모터의 보조를 통해 브레이크 부압을 생성한다.

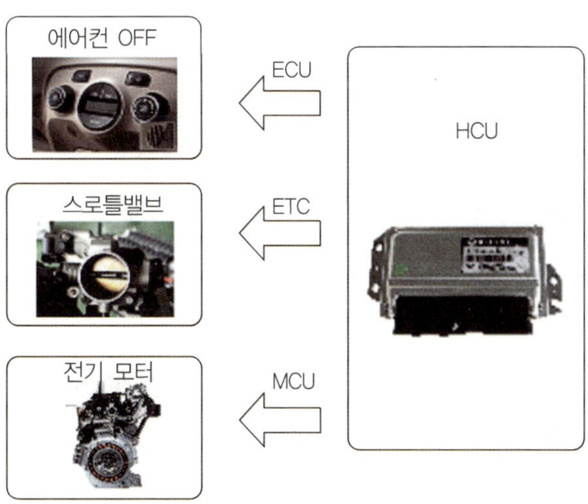

[그림 116] **부압보조 작동**

(6) 하이브리드 모터 회생제동

하이브리드 모터 발전을 통해 전기 에너지를 저장하는 하이브리드 모터 회생제동 모드는 ABS의 차속 값에 대한 정보와 브레이크스위치를 통한 차량의 브레이크 작동 유무, BMS에서의 배터리 충전량에 대한 정보를 HCU로 보내게 된다. 이러한 정보를 받은 HCU가 데이터를 분석하고 MCU로 모터 구동명령을 내려서 주행속도 감속시 모터를 발전시켜 고전압 배터리에 전기를 충전하는 것을 모터 회생제동이라고 한다.

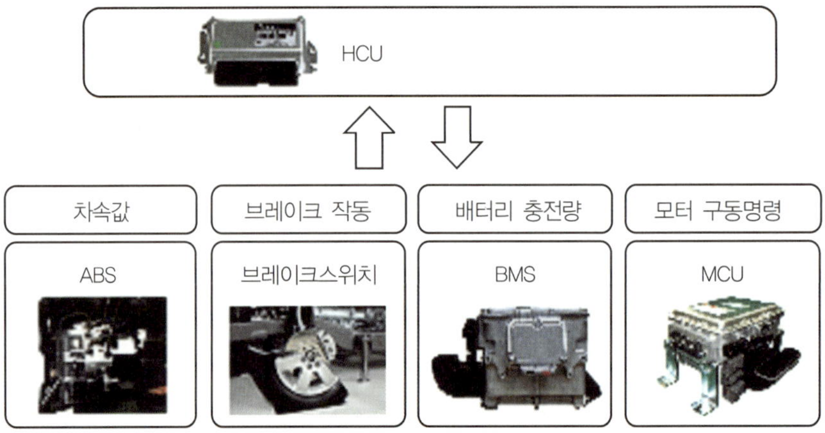

[그림 117] **하이브리드 모터 회생제동**

(7) CVT변속 제어

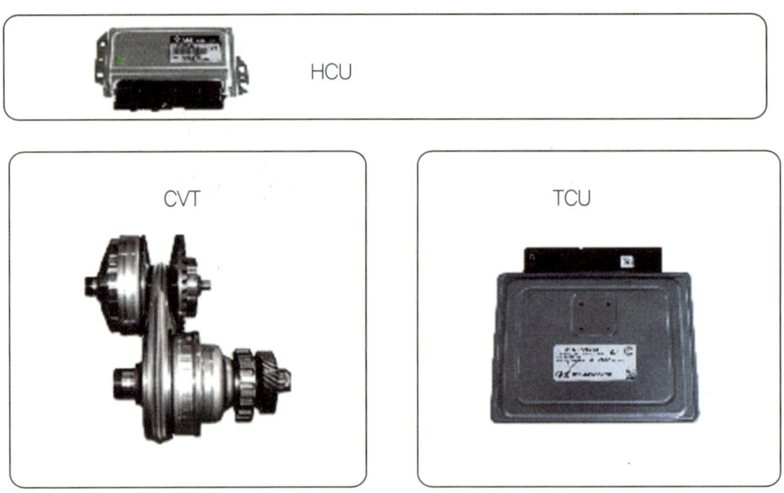

[그림 118] **CVT 변속제어**

하이브리드 자동차에 사용되는 CVT는 일반 오토 변속기와는 달리 무단변속 장치를 채용하고 있는 변속기인데, 제어를 위한 정보는 차속 값, 엔진 ECU에서의 가속페달 값, TCU의 유온, 변속비 등의 정보를 HCU와 서로 주고받아 주행 상태에 따른 최적 변속비를 제어할 수 있게 한다.

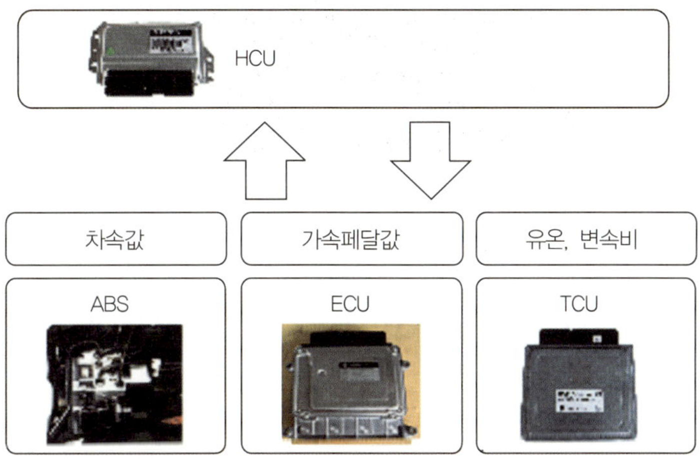

[그림 119] **CVT변속제어 작동**

(8) 엔진 연료제어

HCU는 하이브리드 자동차의 엔진 연료제어를 한다. 그 중 가솔린엔진의 시동, 주행 또는 감속시의 연료 분사량을 조절한다. 이는 보통 가솔린엔진에서는 ECU에서 이 모든 일을 하지만 하이브리드 자동차는 가솔린엔진의 상태를 체크 해가며 모터가 작동을 해야 하기 때문에 HCU에서도 ECU와 같이 엔진을 제어할 필요가 있다.

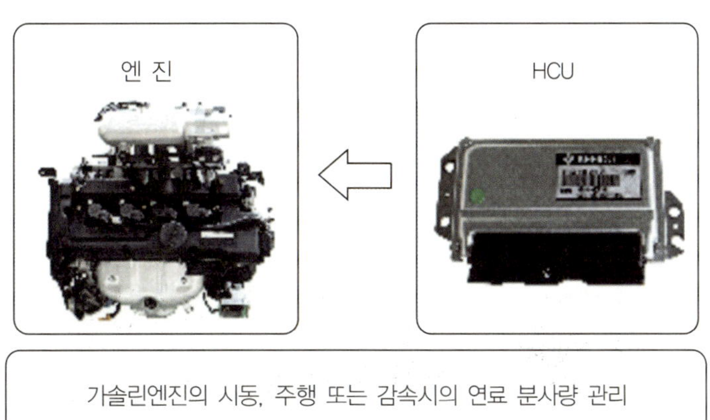

[그림 120] **엔진 연료제어**

(9) 배터리 관리

[그림 121] **배터리 관리**

하이브리드 자동차의 HCU는 SOC(배터리 충전상태) 리셋발생시 자체 보정 값을 산출해서 HCU가 제대로 조취를 취할 수 있도록 요청을 한다. SOC의 충전도가 기준치 이하로 떨어지거나 과충전 상태가 되는 등에 이유로 모터나 배터리 등에 손상이 갈수도 있다고 판단하면 HCU는 이에 대한 적절한 조치를 취하게 되는데 SOC 즉, 전지의 충전상태에 따라 각각 조치하는 방법이 틀리다. 그중 과충전, 과방전, 과전압을 사전에 방지해서 배터리를 보호하는 등의 일은 HCU가 배터리를 보호하는 대표적인 일이라 할 수 있다.

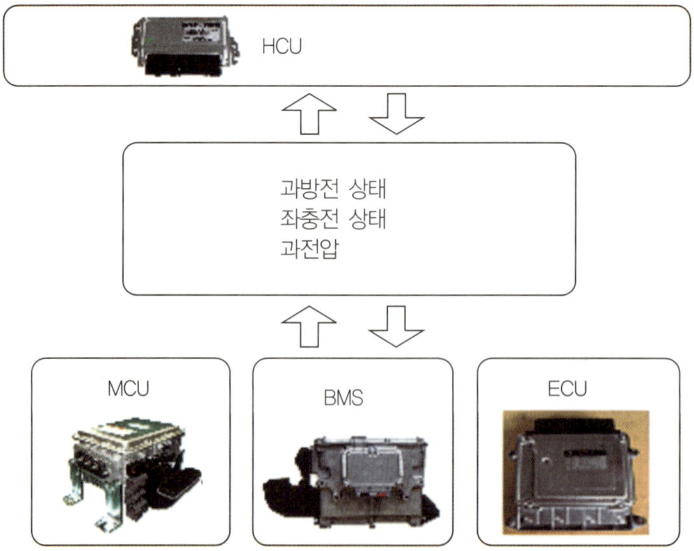

[그림 122] **HCU의 배터리 관리**

배터리는 BMS가 관리도 하지만 배터리의 상태에 따라 엔진이나 모터를 어떻게 적절히 구동시키는지에 대한 밸런스 조절은 HCU가 한다. 배터리의 SOC 충전량이 65% 이상으로 과충전이 될 것 같으면 HCU는 토크에 제한을 두는 등의 조치를 취하고 반대로 SOC의 충전량이 18% 이하로 과방전이 예상되면 HCU는 MCU에게 아이들 스탑을 금지해서 배터리를 보호하게 된다.

하지만 HCU의 제어로도 어떻게 할 수 없는 경우가 있는데 그건 바로 하이브리드 자동차를 장기방치 할 경우이다.

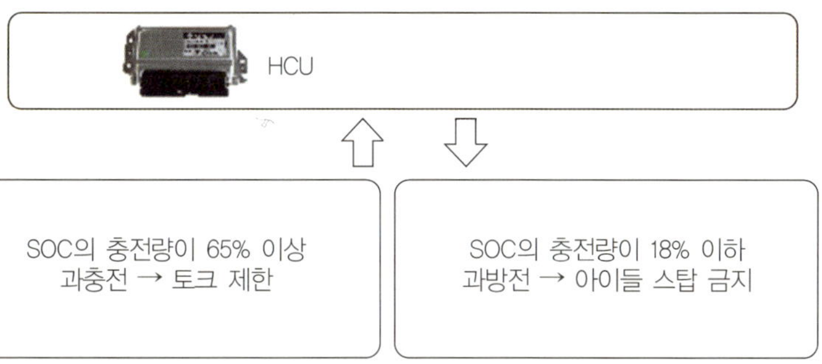

[그림 123] HCU의 배터리 충전상태 관리

1) 전기 동력차단

고전압 배터리 전기 에너지 입·출력이 금지

2) 고전압 배터리 SOC(배터리 충전상태)가 30% 이하일 경우

2개월 이상 차량 장기 방치 시 고전압 배터리의 재사용이 불가

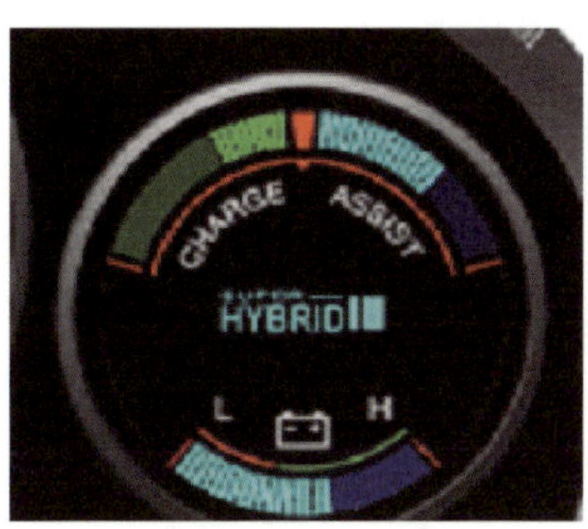

[그림 124] 배터리 충전상태 표시

3) SOC(배터리 충전상태)가 60% 이상일 경우

6개월 이상 장기 방치 시 고전압 배터리의 재사용이 불가

[4] 주행모드별 HCU의 작동

주행모드별 작동은 그림에서 보듯이 하이브리드 자동차의 주행은 시동, 발진, 가속, 정속, 감속, 정지 이렇게 6가지로 나눌 수 있다.

[그림 125] **주행모드별 HCU의 작동**

(1) 시동모드

HCU는 일단 가솔린엔진과 하이브리드 모터의 이상 유무를 확인한 다음 아무 이상이 없다고 판단되면 하이브리드 모터를 이용해서 시동을 건다. 하지만 하이브리드 모터의 이상이 감지되면 일반 가솔린자동차와 같이 엔진의 시동 모터를 이용해서 시동을 걸게 한다.

하이브리드 자동차의 시동 ≠ 엔진의 시동

[그림 126] **시동모드**

참고로 하이브리드 자동차에서는 시동이 엔진 가동을 의미하지는 않는다. 시동을 걸어도 HCU는 주행 전까지 아이들 상태로 있도록 명령을 내리기 때문에 일반 가솔린 자동차와는 시동의 의미가 조금 틀리다고 할 수 있다.

하이브리드 자동차의 종류에 따라서도 시동방식이 달라지는데 직렬방식과 병렬방식의 하드방식은 하이브리드 모터만을 사용해서 시동을 걸고 병렬방식의 소프트방식은 하이브리드 모터가 시동모터 역할을 해서 엔진을 작동시키게 된다.

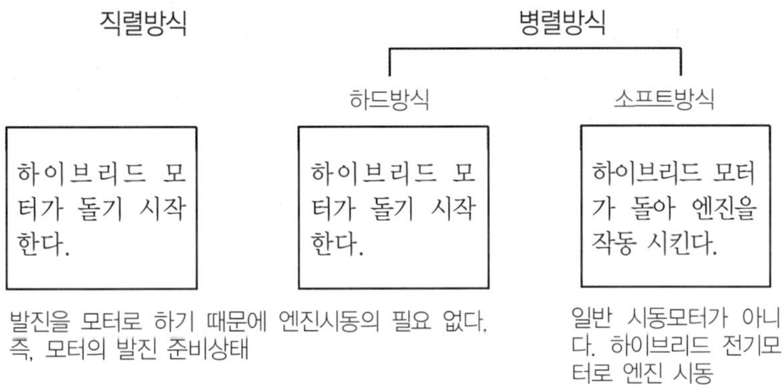

(2) 발진모드

액셀러레이터를 밟으면 자동차가 앞으로 나아가게 되는 발진 또한 하이브리드 자동차의 방식에 따라 HCU에서 모터와 엔진을 제어하는 방식이 틀리다. 하이브리드 자동차의 HCU는 직렬방식과 하드방식의 경우 모터로만 발진을 하도록 제어를 하고 병렬방식 중 소프트방식은 엔진동력과 모터동력을 동시에 이용해서 발진을 하도록 제어한다.

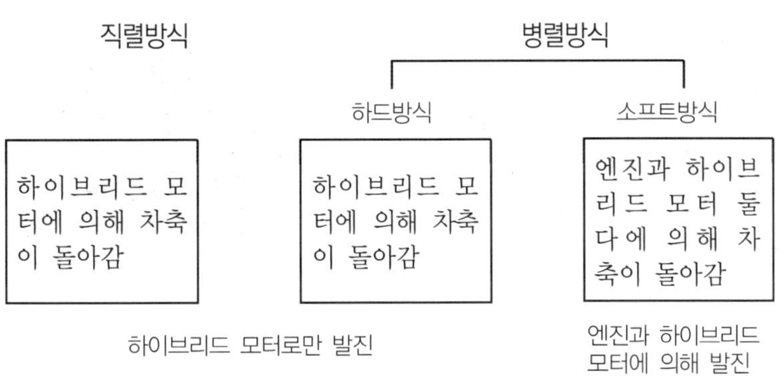

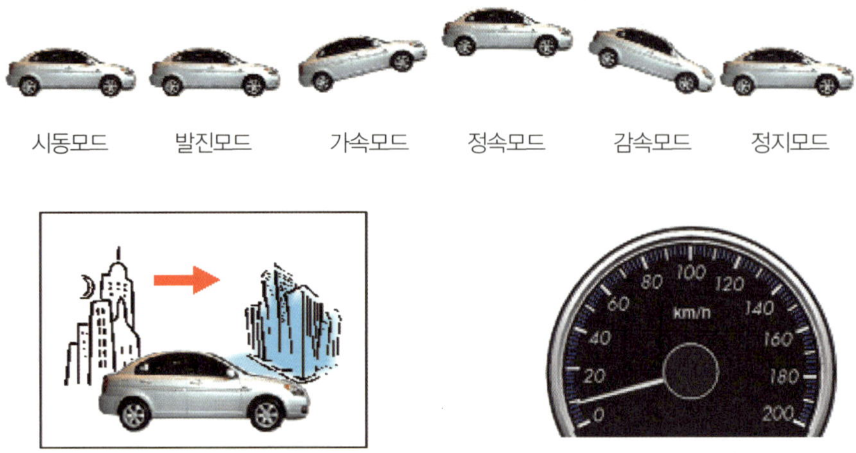

[그림 127] **발진모드**

(3) 가속모드

가속모드는 주행모드 중 힘이 가장 많이 들어가는 모드이다. 따라서 HCU는 MCU, ECU와 서로의 상태에 대한 정보를 가장 많이 주고받으며 제어를 하게 되는데 직렬방식은 계속 모터만 작동을 시키고 병렬방식의 하드방식과 소프트방식은 엔진과 모터를 모두 구동해서 가속을 하도록 HCU의 제어를 받게 된다.

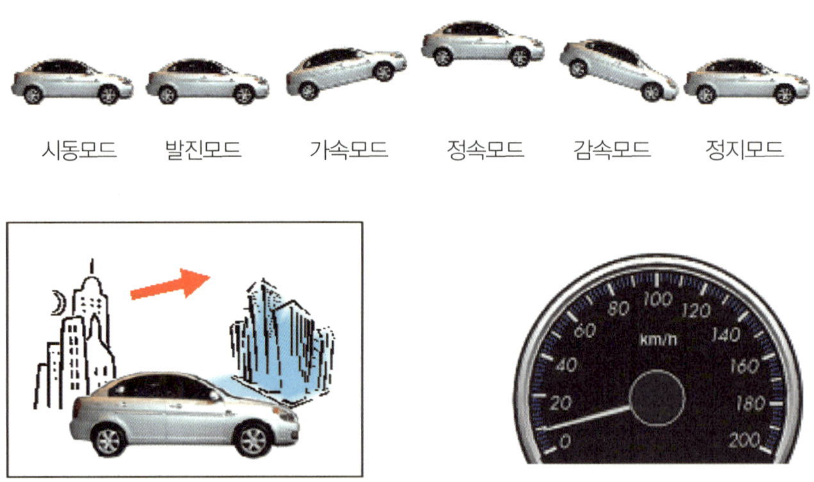

[그림 128] **가속모드**

직렬방식	병렬방식	
	하드방식	소프트방식
하이브리드 모터와 차축이 점점 더 빨리 돌게 된다.	하이브리드모터와 엔진과 차축이 점점 더 빨리 돌게 된다.	하이브리드모터와 엔진과 차축이 점점 더 빨리 돌게 된다.
하이브리드 모터로만 가속	엔진과 하이브리드 모터에 의해 가속	

(4) 정속모드

자동차가 속도를 올리며 주행을 하다 원하는 정도의 속도가 되면 일정한 속도의 정속으로 주행을 하게 되며 이때도 역시 하이브리드 자동차의 방식에 따라 직렬방식은 모터로만 정속주행을 하고 병렬방식의 하드방식과 소프트방식은 엔진동력으로만 주행을 실시하도록 HCU가 엔진과 모터를 컨트롤 한다.

참고로 직렬방식의 하이브리드 자동차는 배터리를 충전할 때 말고는 엔진을 시동하지 않는다.

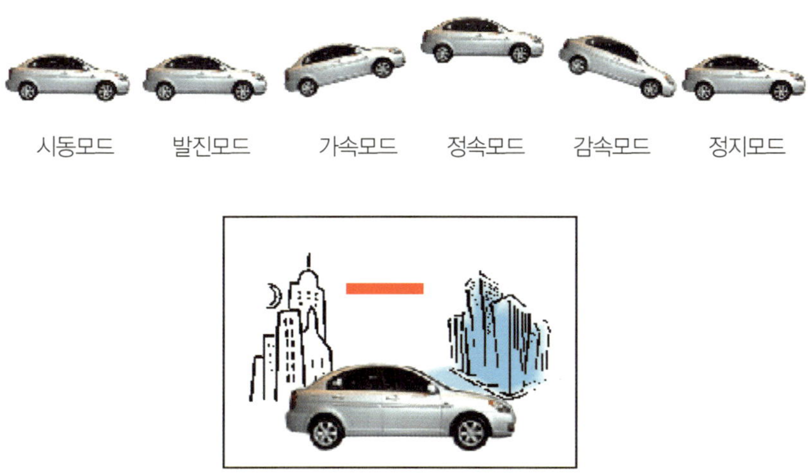

[그림 129] **증속모드**

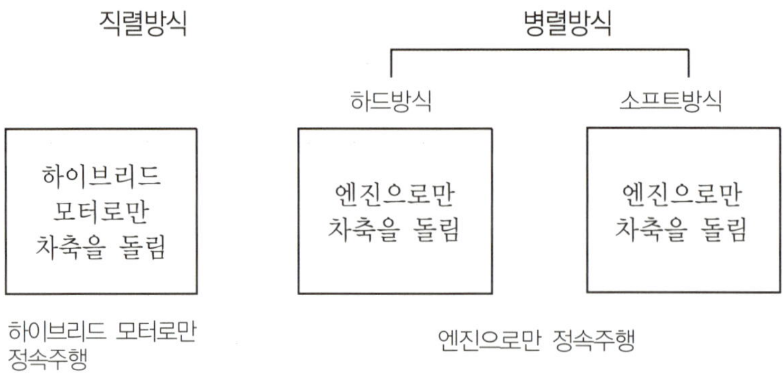

(5) 감속모드

감속모드는 하이브리드 전기자동의 가장 효율적인 모드로서 감속 시에는 차를 움직이는데 구동력이 쓰이지 않고 오히려 바퀴의 회전에 제동을 걸어야 한다. 때문에 바퀴에서 발생되는 회전 동력을 전기 에너지로 전환하여 배터리로 충전을 하게 되다.

HCU는 감속시 가솔린엔진에는 연료를 중단하고 바퀴에서 발생되는 회전 동력을 전기 에너지로 전환하도록 ECU와 MCU, BMS에게 명령을 내린다. 배터리로 충전을 실시하는 모드로서 이때 발생하는 에너지를 회생에너지라고 하며 직렬방식과 병렬방식 모두 바퀴에서 전달되는 회전에너지를 모터가 발전기로 전환하여 전기에너지를 고전압 배터리로 충전을 한다.

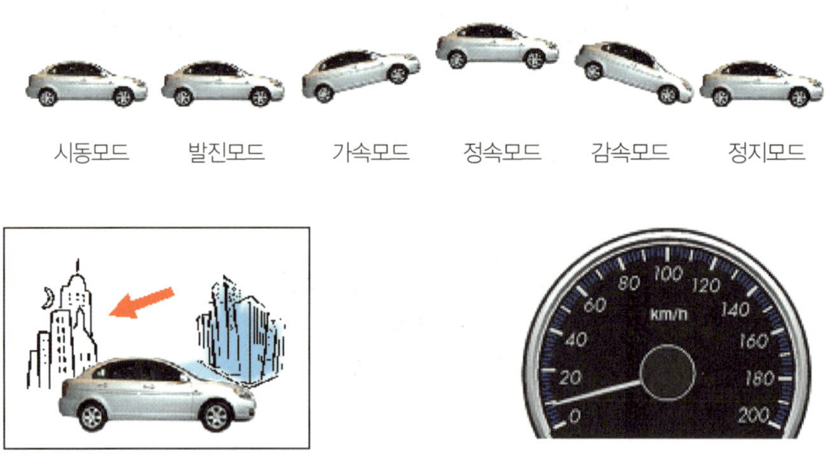

[그림 130] **감속모드**

직렬방식

병렬방식
- 하드방식
- 소프트방식

직렬방식	병렬방식 - 하드방식	병렬방식 - 소프트방식
엔진은 멈추고 모터가 반대로 돌면서 차축으로부터 전력이 모터를 통해 배터리로 전해짐	엔진은 멈추고 모터가 반대로 돌면서 차축으로부터 전력이 모터를 통해 배터리로 전해짐	엔진은 멈추고 모터가 반대로 돌면서 차축으로부터 전력이 모터를 통해 배터리로 전해짐

바퀴에서 전달되는 회전 에너지를 모터가 발전기 역할을 하여 전기에너지 생성 전기에너지를 고전압 배터리로 충전

(6) 정지모드

하이브리드 전기자동차에서 정지모드는 일반 자동차와는 달리 감속상태에서 이미 엔진이 모두 꺼진 상태이므로 아이들모드 없이 곧바로 정지된다. 가솔린자동차로 말하자면 엔진이 전부다 꺼진 상태로 보면 된다.

[그림 131] **정지모드**

직렬방식

병렬방식
- 하드방식
- 소프트방식

직렬방식	병렬방식 - 하드방식	병렬방식 - 소프트방식
엔진은 이미 정지되어 있고 모터가 돌다가 멈춘다.	엔진은 이미 정지되어 있고 모터가 돌다가 멈춘다.	엔진은 이미 정지되어 있고 모터가 돌다가 멈춘다.

아이들 모드 없이 엔진 정지 상태

4.3. 주행모드와 계기판 작동

4.3.1. 하이브리드 전기자동차의 주행모드

하이브리드 자동차의 계기판에 charge, assist부분이 있는데 이 부분이 하이브리드 자동차의 특징을 잘 나타내 주고 있는 부분이다. 계기판에 charge, assist는 자동차의 주행모드에 따라서 다르게 나타난다.

[그림 132] 하이브리드 자동차의 계기판

하이브리드 전기자동차의 주행모드는 시동, 발진, 가속, 정속, 감속, 정지의 형태로 엔진에 모터의 동력을 같이 사용함으로써 각 주행모드 별로 엔진과 모터의 작동이 차이가 나는데, 이러한 현상은 하이브리드 전기자동차의 차량 성능을 향상에 중요한 영향을 미친다고 할 수 있다.

[그림 133] 하이브리드 전기자동차의 주행모드

그리고 하이브리드 전기자동차의 계기판의 경우 운전자에게 하이브리드 전기자동차의 현재 모드별 작동을 알려주고 있는데, 계기판의 change로 눈금 표시가 되면 불필요한 동력을 모터가 발전 제어하여 배터리를 충전하게 되고, 계기판에 assist로 눈금 표시가 되면 모터가 엔진을 도와 차량성능을 향상시킨다.

4.3.2. 하이브리드 자동차의 주행모드

차량의 주행상태는 시동이 걸리는 단계, 액셀러레이터를 밟아서 차량이 출발하고 가속되는 단계, 일정한 속도로 차가 나아가는 정속단계, 브레이크를 밟아서 속도를 줄이는 감속단계, 정지단계 하이브리드 자동차도 이와 같은 주행모드를 기본적으로 갖는데, 다만 차이점은 일반 자동차가 엔진동력만으로 이러한 주행을 한다면 하이브리드 전기자동차는 엔진에 모터의 동력을 같이 사용함으로써 각 주행모드별로 엔진과 모터의 작동이 차이가 나게 된다.

자동차의 주행모드를 5가지로 볼 수 있는데, 하이브리드 자동차는 좀 더 세분화해서 총 7가지 주행모드로 나눠 수 있다. 이는 자동차의 주행모드를 5가지에 아이들·글립모드와 발진·가속 모드가 추가 된다고 보면 될 것이다.

[그림 134] **하이브리드 자동차의 주행모드**

[1] 시동모드

시동모드는 당연히 엔진을 돌려서 발진을 하기 위한 것인데 하이브리드 전기자동차에서는 시동을 건다는 것이 꼭 엔진을 가동시키는 것을 의미하지는 않는다. 구동방식 중 직렬방식과 병렬방식 중 하드방식은 엔진으로 시동을 거는 것이 아니라 모터로 하기 때문에 엔진시동은 필요가 없다. 즉, 시동모드에서 엔진은 작동하지 않는다. 따라서 두 구동방식에서 시동모드란 변속신호에 따라 바로 발진을 하기 위한 모터의 발진 준비 상태를 말한다.

하이브리드 자동차에서는 시동이 엔진 가동을 의미하지는 않는다.

[그림 135] **시동모드**

그런데, 이와 달리 병렬방식 중 소프트방식은 엔진 시동을 하게 되는데, 단지 특이한 점은 일반 자동차의 경우 시동모터로 시동을 거는 것과는 달리 하이브리 전기모터로 시동을 걸게 된다.

직렬방식

병렬방식

하드방식

소프트방식

직렬방식	병렬방식 – 하드방식	병렬방식 – 소프트방식
하이브리드 모터가 돌기 시작한다.	하이브리드 모터가 돌기 시작한다.	하이브리드 모터가 돌아 엔진을 작동 시킨다.

발진을 모터로 하기 때문에 엔진시동의 필요 없다. 즉, 모터의 발진 준비상태

일반 시동모터가 아니다. 하이브리드 전기모터로 엔진 시동

[2] 아이들과 클립모드

아이들 모드와 클립모드는 공회전하는 걸 말하는 건데, 차가 출발하기 전이나 멈춘 후 엔진만 돌고 있는 상태에서 기어를 넣었을 때 액셀러레이터를 밟지 않아도 차가 조금씩 움직이는 상태를 말한다.

먼저 아이들 모드에서는 엔진만이 돌고 있다가 클립모드로 들어가면 변속기와 차축으로 구동력이 전달되어 차가 조금씩 움직이게 된다. 그런데 이 단계는 액셀러레이터

를 밟지는 않기 때문에 발진상태는 아니다. 아이들과 클립모드는 병렬의 소프트방식에서만 있는 것으로 이는 시동모드가 끝난 후 엔진이 가동되고 있는 것은 소프트방식뿐이기 때문이다.

▶▶▶ Reference 클립모드

자동차가 도로주행시 연비가 최상의 조건에서 운행하는 상태를 말한다.

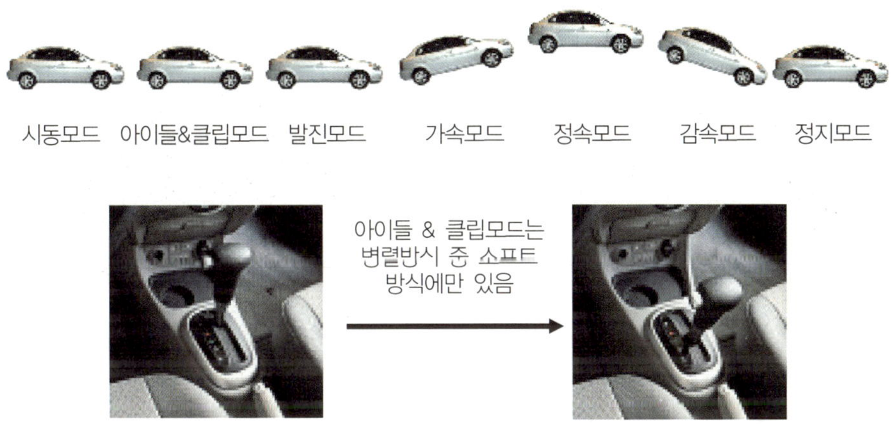

[그림 136] **아이들모드와 클립모드**

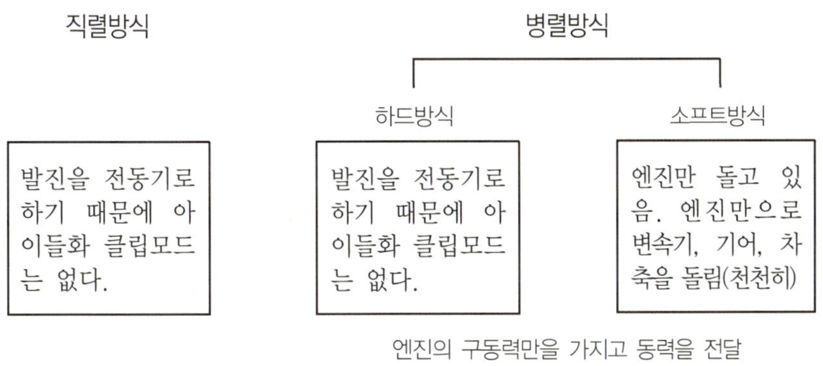

[3] 발진모드

발진모드는 한 마디로 차를 출발시키는 것이다. 액셀러레이터를 밟아서 정지 상태에 있거나 클립상태에 있는 차를 움직이게 하는 것인데 이때도 각 구동 방식별로 다른 차이가 있다.

[그림 137] **발진모드**

직렬방식과 병렬의 하드방식은 앞 단계에서 하이브리드 모터로 시동이 걸려 있었는데, 그에 따라서 발진도 하이브리드 모터로만 하게 된다. 그리고 병렬의 소프트방식은 엔진이 가동되고 있었으나, 엔진만으로는 출발할 수 있는 힘을 낼 수 없기 때문에 하이브리드 모터를 동시에 같이 가동시켜서 발진을 실시한다.

직렬방식

하이브리드 모터에 의해 차축이 돌아감

병렬방식

하드방식

하이브리드 모터에 의해 차축이 돌아감

하이브리드 모터로만 발진

소프트방식

엔진과 하이브리드 모터 둘 다에 의해 차축이 돌아감

엔진과 하이브리드 모터에 의해 발진

[4] 가속모드

가속모드는 구동력을 증가시켜 자동차의 속도가 올라가는 단계로서 엔진에 의해서도, 하이브리드 모터에 의해서도 가속이 될 수가 있다. 그리고 앞 단계까지는 직렬과 병렬의 하드방식이 같은 식으로 구동되어 왔었는데 이 단계부터는 병렬의 하드방식과 소프트방식이 같아지게 된다. 즉, 직렬방식에서는 가속을 하이브리드 모터로만 하게 되는데 반해 병렬의 하드방식은 하이브리드 모터뿐만 아니라 엔진까지 같이 구동하여 가속을 하게 된다. 그리고 병렬 소프트방식은 하드방식과 마찬가지로 하이브리드 모터와 엔진 둘 다를 이용하여 가속하게 된다.

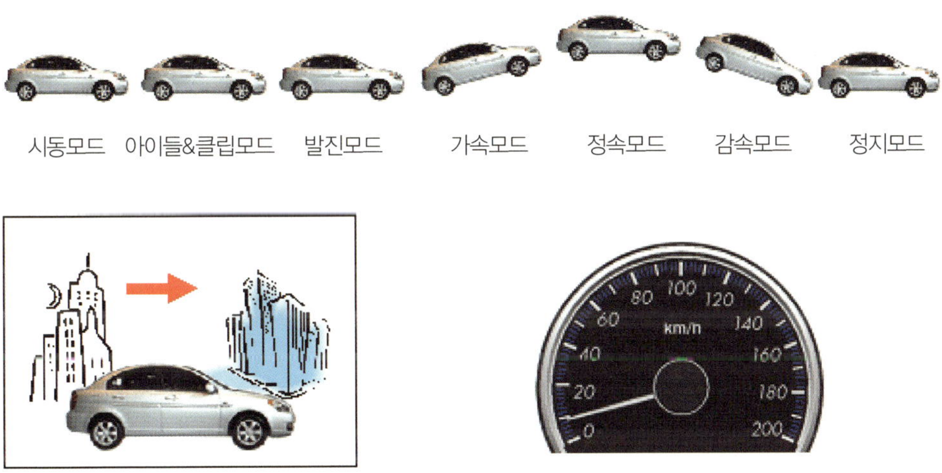

[그림 138] **가속모드**

직렬방식	병렬방식 – 하드방식	병렬방식 – 소프트방식
하이브리드 모터와 차축이 점점 더 빨리 돌게 된다.	하이브리드 모터와 엔진과 차축이 점점 더 빨리 돌게 된다.	하이브리드 모터와 엔진과 차축이 점점 더 빨리 돌게 된다.
하이브리드 모터로만 가속	엔진과 하이브리드 모터에 의해 가속	

[5] 정속모드

정속모드는 속도가 일정하게 유지되면서 차가 달리는 상태인데, 각각의 구동 방식별로 작동하는 것을 보면 다음과 같다. 직렬방식은 계속해서 모터로만 구동하여 정속모드를 유지하게 된다. 병렬방식은 이 정속모드에서부터 둘 다 엔진으로만 주행을 하게 된다. 이것은 정속주행일 경우는 모터보다는 엔진이 더 효율적이기 때문이다.

[그림 139] **정속모드**

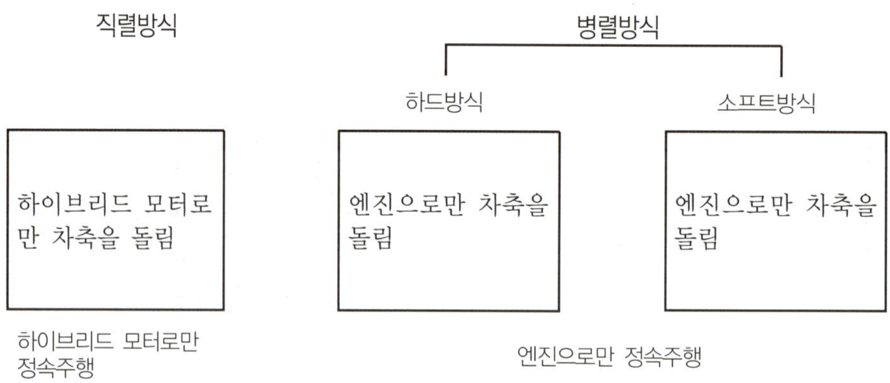

[6] 감속모드

감속모드는 하이브리드 전기자동의 가장 효율적인 모드로서 감속시에는 차를 움직이는데 구동력이 쓰이지 않고 오히려 바퀴의 회전에 제동을 걸어야 하기 때문에 바퀴에서 발생되는 회전동력을 전기에너지로 전환하여 배터리로 충전을 하게 된다. 그리고 이때 발생하는 에너지를 회생에너지라고 한다.

이 모드의 경우에는 직렬방식과 병렬방식 모두가 바퀴에서 전달되는 회전에너지를 모터가 발전기 역할을 하여 전기에너지를 생성하고, 이 전기에너지를 고전압 배터리로 충전을 하게 된다.

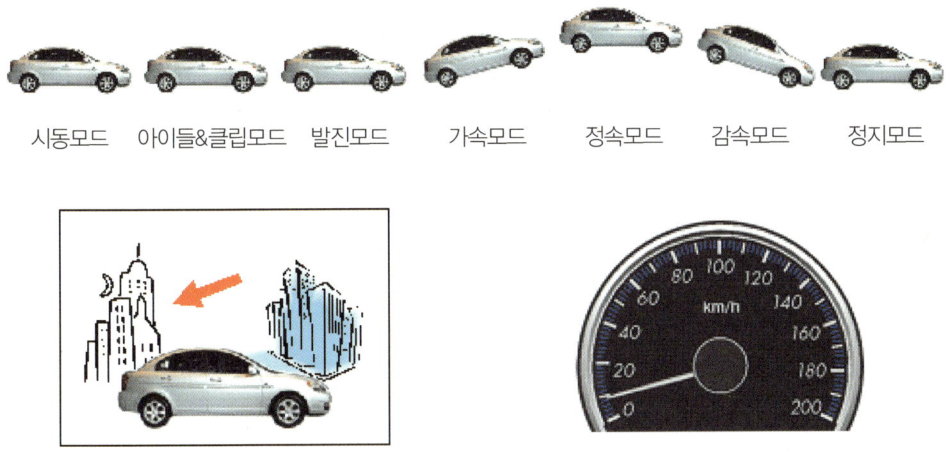

[그림 140] **감속모드**

직렬방식

엔진은 멈추고 모터가 반대로 돌면서 차축으로부터 전력이 모터를 통해 배터리로 전해짐

병렬방식

하드방식

엔진은 멈추고 모터가 반대로 돌면서 차축으로부터 전력이 모터를 통해 배터리로 전해짐

소프트방식

엔진은 멈추고 모터가 반대로 돌면서 차축으로부터 전력이 모터를 통해 배터리로 전해짐

바퀴에서 전달되는 회전 에너지를 모터가 발전기 역할을 하여 전기에너지 생성 전기에너지를 고전압 배터리로 충전

[7] 정지모드

하이브리드 전기자동차에서 정지모드는 앞 단계에서 이미 엔진을 모두 정지시킨 상태이므로 일반 자동차와 같은 아이들 모드가 없이 바로 정지 상태로 들어가게 된다. 특히 병렬의 소프트방식은 시동 시와는 다르게 바로 아이들 스탑의 실행상태에 있게 된다.

[그림 141] **정지모드**

직렬방식

병렬방식

하드방식

소프트방식

직렬방식	병렬방식 – 하드방식	병렬방식 – 소프트방식
엔진은 이미 정지되어 있고 모터가 돌다가 멈춘다.	엔진은 이미 정지되어 있고 모터가 돌다가 멈춘다.	엔진은 이미 정지되어 있고 모터가 돌다가 멈춘다.

아이들 모드 없이 엔진 정지 상태

4.3.3. 각 주행모드별로 계기판 작동

[1] 시동단계

시동단계에서 이그니션 키를 작동하게 되면 계기판이 점등이 되는데 이때는 하이브리드 모터만 돌기 시작한 상태이다.

[그림 142] **시동단계**

[2] 발진단계

발진단계에서는 변속기어를 P에서 D로 바꾸는 상태로 차량은 서서히 출발을 하게 된다. 이 때 계기판에서는 속도계가 약간 올라가면서 assist 레벨이 조금 올라가는 것을 볼 수 있다. 이것은 모터를 돌리기 위해 배터리에 저장된 전기 에너지를 사용하기 시작했다. 그러나 이때도 엔진의 RPM에는 아직 변화가 없는 것을 볼 수 있다.

- 드라이브 D모드선택
- 모터만으로 구동
- 모터는 배터리의 전기 에너지를 소모

[그림 143] **발진단계**

[3] 가속단계

가속단계는 차가 점점 더 빨라지는 것이기 때문에 속도계와 assist 레벨이 계속해서 올라가는데, 이 때 엔진의 RPM도 같이 올라가는 것을 볼 수가 있다. 이것은 가속을 시키기 위해서는 엔진을 같이 구동시키기 때문이다.

- 모터와 엔진이 같이 구동
- 모터와 엔진은 각각 전기에너지와 연료를 소모
- assist 레벨 증가

[그림 144] **가속단계**

[4] 정속단계

정속단계에서는 차가 일정한 속도로 주행하게 되는데, 이때는 모터는 구동하지 않는 상태가 되고, 엔진의 힘만으로 주행을 하게 된다. 따라서 assist 레벨은 0이 되며, 엔진의 RPM만 어느 정도 올라가 있는 상태가 된다.

- 엔진의 힘만으로 주행
- 모터는 구동하지 않으므로 assist 레벨은 0

[그림 145] **정속단계**

[5] 감속단계

감속단계는 하이브리드 전기자동차에서 매우 중요한 단계이다. 바로 감속을 할 때 속도계와 RPM도 줄어들지만, 그보다도 assist가 아닌 charge쪽으로 게이지 레벨이 올라간다. 이것은 차가 감속할 때 남는 구동력을 발전 에너지로 전환하여 배터리에 충전을 하는 것으로 하이브리드 전기자동차가 주행 중 계속해서 배터리를 충전하는 원리가 된다.

• 엔진의 남는 구동력으로 배터리 충전
• charge 레벨증가

[그림 146] **감속단계**

[6] 정지단계

정지 단계에서는 모든 계기판이 0인 상태로 나타나게 된다. 엔진은 현 단계에서 아이들 스탑 상태가 되어 있기 때문에 auto stop이라고 표시등이 나타나게 된다.

• 모든 게이지가 0
• auto stop 표시등

[그림 147] **감속단계**

[7] auto stop

하이브리드 전기자동차는 운행 중 정지하게 되면 연료소비 및 배출가스를 저감시키기 위해 자동으로 엔진이 정지하게 되는데, 바로 이 기능을 오토 스탑이라고 한다. 이 때 계기판에는 이렇게 "AUTO STOP" 표시등이 점등이 된다. 자동차가 완전히 멈춰서 시동이 꺼진 상태가 아니라 잠시 정지해 있을 때인데 엔진이 꺼지게 되고 이것은 하이브리드 자동차만의 특징으로 모터가 대신해서 구동력을 만들어 주기 때문에 가능하다.

[그림 148] auto stop

그리고 이 오토 스탑 기능은 그 기능을 ON/OFF할 수도 있다. 이것은 하이브리드 자동차라고 해도 엔진의 동력에 의해 작동되는 에어컨이나 히터 같은 것은 엔진과 직접적으로 관계가 되어 있기 때문에 엔진이 멈추면 사용할 수가 없게 되는 것 때문이다.

[그림 149] auto stop ON/OFF스위치

05 하이브리드 전기자동차의 엔진특징

하이브리드자동차에 엔진부분은 일반 가솔린자동차와는 조금 차이가 있다. 하이브리드자동차의 특성상 일반 가솔린자동차에 비해 사이즈 즉 배기량이 적은 엔진을 사용한다는 점이고 특히 연비를 증대시키는 동시에 배출가스 저감을 위해 많은 신기술을 엔진 본체에 적용되어 있으며 대표적인 신기술 내용을 보면 압축행정 시 흡기밸브의 닫힘 시기를 지연하여 펌핑 손실을 최소화하고 연소 시 발생하는 에너지는 최대로 활용하는 아킨슨 사이클(atkinson cycle)을 적용한 엔진을 사용하기도 하며 또 엔진의 연소에 효과를 극대화하기 위해 가변흡기 제어장치 적용하였고 엔진의 연소상태를 향상시켜 배출가스 저감과 엔진 연비 향상시킨 전자 EGR밸브를 적용했으며 람다 센서는 광역산소 센서를 적용하였다.
또 운전자의 의도에 따라서 엔진에 유입하는 공기량을 제어하도록 하는 전자제어식 스로틀 컨트롤밸브인 ETC(electronic throttle control valve)를 적용하였다.

그리고 하이브리드 자동차가 가솔린자동차와 다른 점은 가솔린자동차와 같이 시동모터로만 시동을 거는 것이 아니라 고장이 없을 경우 하이브리드 모터로 시동을 한다. 이는 시동모터보다 하이브리드 모터가 출력이 높으므로 시동성이 더욱 좋아 지기 때문이다.

일반 가솔린 차량들이 기름을 가장 많이 소모하는 경우 중에 하나가 바로 시동을 걸 때인데 시동모터보다 출력이 높은 하이브리드 모터를 이용해서 시동을 걸면 시동성이나 연비 또 배기가스문제를 동시에 해결할 수 있다.

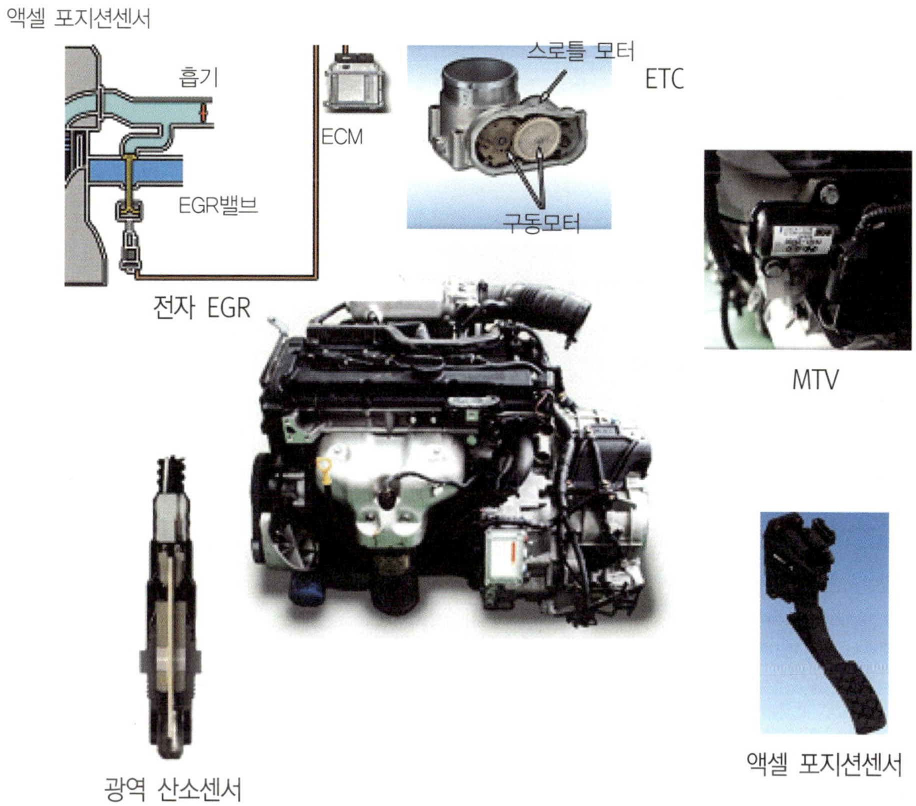

[그림 150] **하이브리드 엔진의 특성**

5.1. 하이브리드 전기자동차 가솔린엔진 적용 신기술

5.1.1. 아킨슨 사이클(atkinson cycle)적용 엔진

도요타 프리우스의 전용엔진은 13.0의 높은 압축비를 적용하였다. 그러나 아킨스 사이클(atkinson cycle)을 적용하였기 때문에 실제 유효 압축비는 높지 않다. 아킨슨 사이클은 압축행정과 팽창행정이 동일한 기존 사이클과는 달리 압축행정이 팽창행정에 비해 짧다. 압축행정 시 흡기밸브의 닫힘 시기를 지연하여 유효 압축행정을 짧게 하는 것이다.

아킨슨 사이클의 장점은 압축행정 시 발생되는 펌핑손실을 최소화하고 연소 시 발생하는 에너지는 최대로 활용하므로 연비가 향상된다는 것이다. 반면에 압축되는 연료-공기혼합기(fuel-air mixture)가 적어 엔진 출력이 떨어지는 단점이 있어 일반 차량에는 사용되지 않고 있다.

그러나 하이브리드 차량의 경우에는 전기모터로 엔진의 출력을 보조하기 때문에 이러한 단점이 문제되지 않으므로 연비향상을 위해 아킨슨 사이클 엔진을 사용하는 것이다.

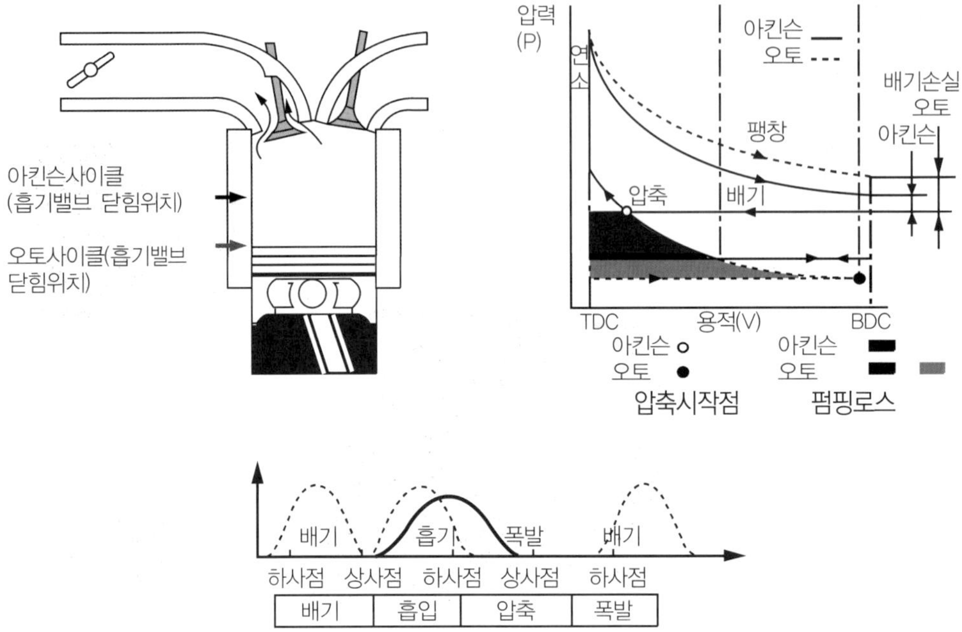

[그림 151] **아킨슨 사이클**

5.1.2. 가변 흡기제어장치 적용(VIS)

가변 흡기제어장치(VIS: variable intake system)의 구성은 매니폴드 스로틀밸브에 의해 작동되는데 밸브를 열고 닫기 위한 DC모터와 모터에 달린 개폐기 위치 검출을 위한 모터 위치 센서로 구성되어 있으며 흡기 매니폴드 2개의 포트 중 한쪽의 포트에 밸브를 장착하여 저속에서 밸브를 닫아 연소실에서의 강력한 스월을 발생하도록 하는 장치이다.

가변 흡기제어장치는 엔진의 연소 상태를 극대화하기 위해 실린더로 흡입되는 두 곳의 흡기 매니폴드 포트 중 한쪽 포트에 밸브를 장착하여 필요에 따라 밸브를 작동시켜 한쪽 포트를 막아 흡입되는 공기의 흐름을 바꿀 수 있도록 하였다. 이는 저속에서 밸브를 닫아 연소실에서 강력한 스월을 발생하도록 흡기가 연소실로 들어갈 때 실린더 축을 중심으로 회전하면서 들어가 공기와 연료의 원활한 혼합과 연소속도를 빠르게 하여 실린더 안쪽의 산소와 연료가 잘 섞여서 효율적으로 연소가 되도록 한다.

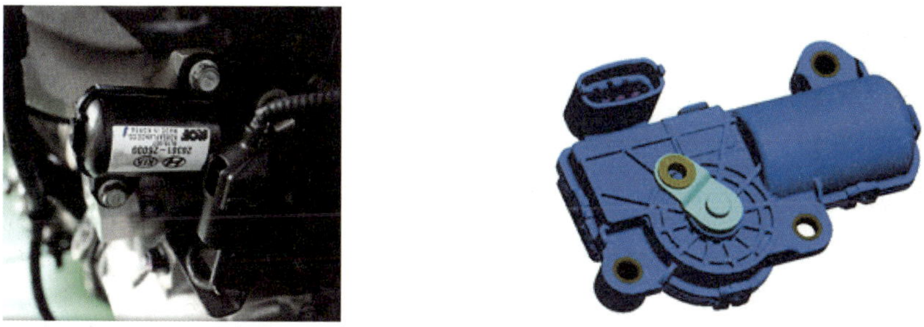
(a) (b)

[그림 152] 가변 흡기제어장치

가변흡기 제어장치의 작동은 아이들 상태 또는 3000rpm 이하의 영역에서 작동을 한다. 즉 연소실의 공기가 희박해서 실린더 안에 연료와 공기가 잘 혼합이 되지 않게 되고 연소가 불안해지면 작동하여 연소가 안전적으로 될 수 있도록 하고 반대로 3000rpm 이상일 때나 공기의 유속이 빨라지는 상황이 되면 VIS는 작동을 안 하고 밸브를 모두 개방하게 된다.

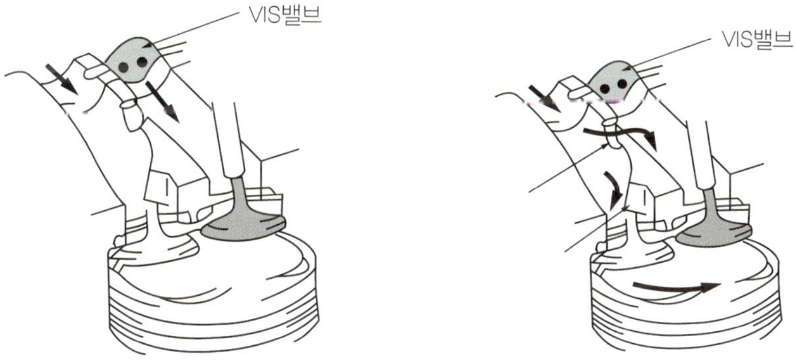

(a) (b)

[그림 153] VIS의 작동

5.1.3. 전자 EGR밸브

전자 EGR밸브는 배출가스 저감과 엔진 연비 향상을 위해 적용한 장치이다. ERG (exhaust gas recirculation)밸브는 배기가스 중 질소산화물을 줄이기 위해 연소실에서 연소된 배기가스를 그대로 내보내지 않고 연소실로 다시 돌려보내는 밸브를 말한다. 실린더 안에서 연료가 연소하는 과정에서 질소와 산소가 고온에서 만나면 질소산화물이 발생되는데 이를 막을 수 있는 방법 중에 하나는 엔진내부의 온도가 너무 높이 올라가지 않게 해서 질소산화물이 만들어 지는 양을 줄이는 것이다.

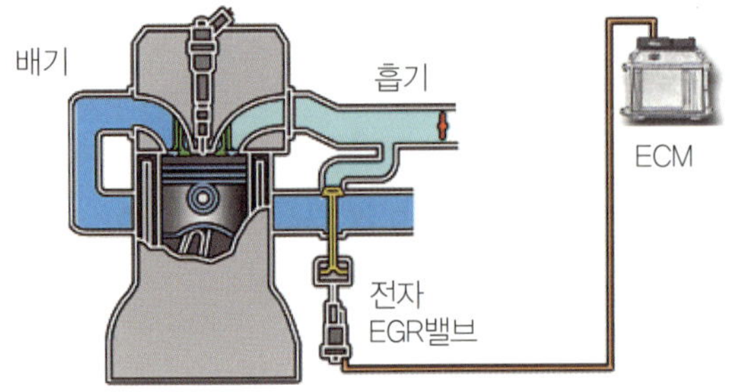

(a)

(b)

[그림 154] 전자 EGR밸브

이렇게 온도가 올라가는 것을 막기 위해 EGR밸브를 통해 다시 연소실로 들어가는 배기가스를 EGR가스라고 하는데 이 가스는 산소가 없는 가스로 연소가 활발하게 이루어 지지 않기 때문에 연소실 온도가 내려가게 된다.

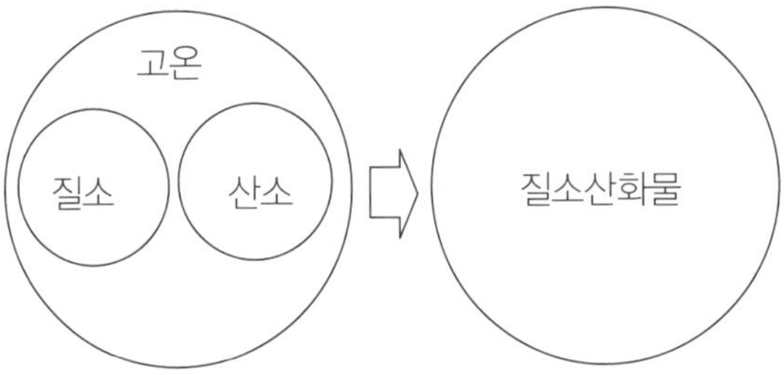

[그림 155] 질소산화물의 형성

하지만 이러한 EGR가스를 항상 공급하게 되면 엔진의 출력이 많이 떨어지게 되므로 주로 엔진에 힘이 별로 필요 없는 아이들 상태일 때 EGR밸브가 작동을 하지만 계속 연소실에 산소를 없애는 가스가 들어가면 엔진은 계속 출력이 떨어지고 ECU에서는 떨어지는 출력을 올리기 위해 스로틀밸브를 개방하고 더욱 연료를 많이 소모하게 되므로 그렇게 되면 엔진이 계속 뜨거워져서 EGR밸브는 있으나 마나고 연료는 연료대로 많이 소모하겠는데 이러한 악순환을 바로 잡아 보완 해주는 역할을 바로 VIS가 해준다.

[그림 156] **MTV밸브의 작동**

연소실 안에서 스월을 형성시켜 보다 안정적인 연소를 유도해서 EGR이 작동을 해도 엔진에 무리가 가지 않게 해준다. 또 EGR밸브는 피스톤이 위 아래로 움직일 때 여러 가지 저항이 생기는데 이러한 저항을 총체적으로 펌핑손실이라고 한다. EGR밸브가 이러한 펌핑손실 중 일부를 보완해주는 역할로 아이들 상태에서 연비에 도움을 주게 된다.

실린더 안에 피스톤은 엔진을 정지시키지 않기 위해서 일정속도로 움직여야 하는데 여러 가지 저항으로 기름이나 흡입 산소가 모자란 아이들 상태에서는 피스톤이 움직이는 게 힘이 들게 되는데 이때 EGR밸브를 열게 되면 EGR밸브로 통하는 흡기 매니폴드의 압력은 상승하게 되고 이로 인한 피스톤이 흡입되는 과정에서 발생하는 펌핑손실을 줄일 수 있게 된다.

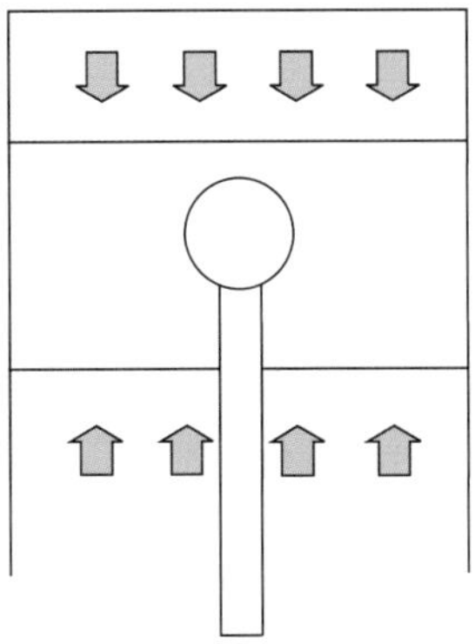

[그림 157] **펌핑손실**

하지만 EGR가스는 앞서 말했듯이 산소를 포함하고 있지 않은 가스이기 때문에 너무 많이 공급하면 연소불량으로 엔진가동에 문제가 생길 수도 있다 그래서 ECU는 센서에서 연소실에 흡입되는 공기량을 측정해서 EGR시스템을 제어하게 되어 연소실 안에서 EGR가스가 엔진의 성능을 떨어뜨리지 않을 정도로만 밸브를 열도록 명령을 내리게 된다.

5.1.4. 광역 산소센서

배기 매니폴드에 장착된 람다(λ) 센서는 광역 산소센서로 기존의 이론 공연비의 14.7 : 1의 한 부분을 검출하던 질코니아방식에서 배기가스 중의 산소 농도전체의 영역을 검출하여 연료량 보정을 한다. ECU는 현재 광역산소 센서가 검출한 람다값을 람다 1.0에 맞추기 위해 펌핑전류를 제어한다.

혼합기가 희박(람다 1.0 이상)하면 ECU는 펌핑전류를 람다 센서로 흘려주어(+펌핑전류)광역산소 센서를 활성화하여 람다 1.0의 특성을 나타내도록 한다. 이때 광역산소 센서로 흘려준 펌핑 전류량을 가지고 ECU는 배기가스에 포함된 산소농도를 검출한다.

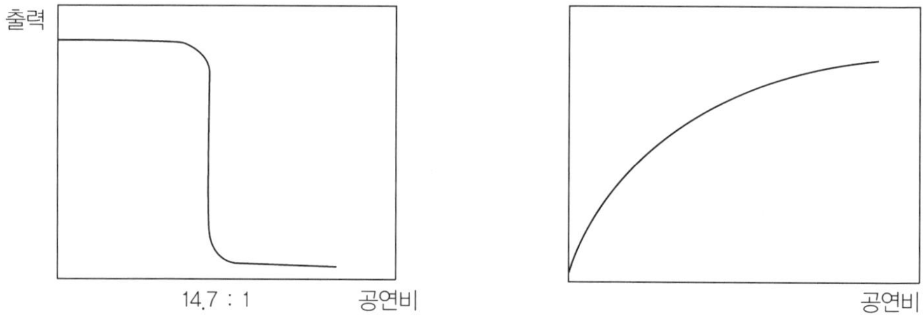

(a) 기존 산소센서 (b) 광영역 산소센서

[그림 158] **광역 산소센서**

혼합기가 농후(람다 1.0 이하)하면 ECU는 펌핑 전류를 광역산소 센서로부터 뺏어와(−펌핑전류) 광역산소 센서의 활성화를 감소시켜 람다 1.0의 특성을 나타내도록 한다. 이때 람다 센서로부터 뺏어온 펌핑 전류량을 가지고 ECU는 배기가스에 포함된 산소 농도를 검출한다. 이러한 일련의 작업들은 광역산소 센서가 정상 작동온도(450℃~600℃)에서 가장 신속하고 원활하게 수행되며, 광역산소 센서를 정상 작동온도로 빠르게 올려주고, 유지하기 위한 히터(열선)를 내장하고 있다.

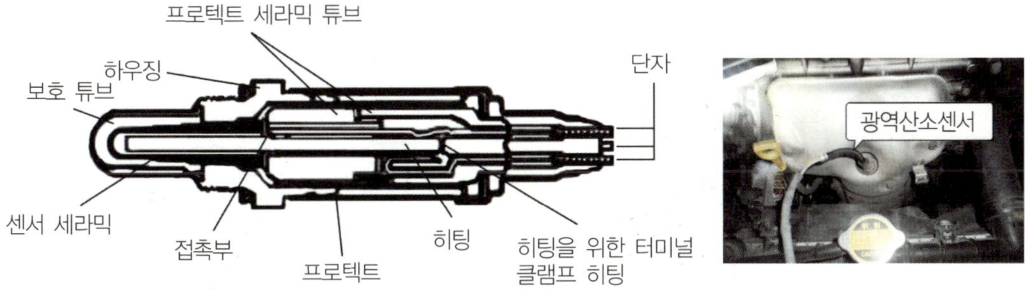

[그림 159] **광역 산소센서의 단면과 설치위치**

히터 열선은 ECU에 의해 PWM(pulse width modulation)으로 제어된다. 히터 열선이 차가워지면 저항값이 낮아져 전류값은 증가하고, 열선의 온도가 높으면 저항값이 증가하여 전류가 낮아지는 것을 이용 람다 센서의 온도를 감지, 광역산소 센서 히터 작동량을 결정한다.

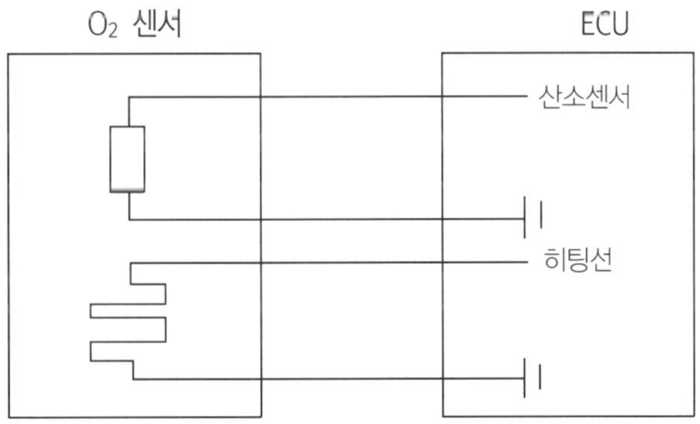

[그림 160] **산소센서 히팅**

5.1.5. ETC(electronic throttle control)

ETC(electronic throttle control valve)는 전자제어식 스로틀 컨트롤밸브로서 운전자의 의도에 따라서 엔진에 유입하는 공기량을 제어하도록 하는 장치이다. ETC는 모터와 스로틀 바디, 그리고 스로틀 포지션 센서로 구성되어 있다. 기존의 기계식 스로틀밸브는 액셀페달과 와이어 케이블을 이용하여 연결하였지만, ETC는 액셀페달 센서의 입력값을 ECU가 받아서 ETC모터를 듀티 제어하여 스로틀밸브를 원하는 만큼 개폐하는 방식이다.

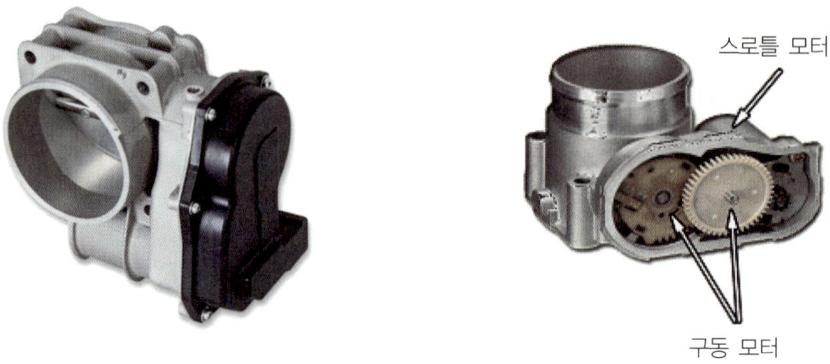

(a) (b)

[그림 161] ETC

ETC는 전자제어로 엔진 출력을 조절한다. 즉 엔진의 부하 및 운전자의 가속의지 등을 연산한 ECU의 신호로 ETC 모터를 구동 흡입공기량을 조절한다. 또한 흡입 공기량 및 엔진 RPM을 정밀 제어하여 최적의 운전성을 구현하기 위해 적용되었다. 이에 따라 엔진의 스로틀밸브 제어, 공회전속도 제어 등을 수행하며 신뢰성을 확보 하였다.

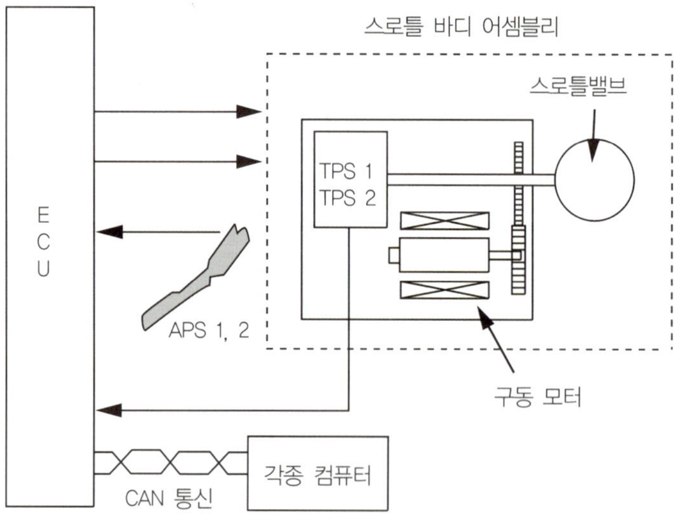

[그림 162] **전자제어 스로틀밸브 시스템의 구성요소**

추가적인 장점으로는 촉매 활성화 단축 및 촉매 보호기능이 가능하여 배기가스 저감에 유리하고 엔진 토크 및 변속기 제어의 최적화를 통한 연비 및 운전성이 개선되었으며 울컥거림(Jerking) 발생을 방지 하였다.

[1] 스로틀 모터(throttle motor)

엔진 ECU로부터 작동전류를 공급받아서 스로틀밸브 열림과 닫힘을 구동하는 모터이다. 내부구조는 델타결선으로 이루어진 코일과 코일의 자력에 의해 작동하는 로터와 스로틀밸브를 구동하기 위한 구동기어로 이루어져 있다. 또한 내부에는 TPS(throttle position sensor) 1·2가 내장되어 있다.

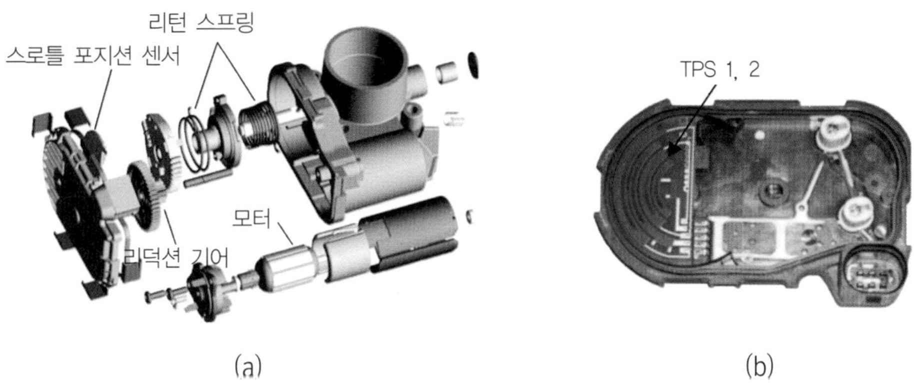

[그림 163] **스로틀 모터**

제어 항목	기존 제어방식	하이브리드 엔진의 제어방식
스로틀밸브 제어	기계적 연결구조 (액셀 케이블)	ETC에 의한 통합제어
공회전 속도제어	ISCA에 의한 제어 공회전속도 제어	

ECU는 스로틀 모터의 초기위치 학습값(연산데이터)과 TPS값의 전압 변화치를 참고해서 현상태의 스로틀 모터의 위치를 검출하고 전류를 모터에 공급하는데 듀티 제어(PWM)로 미세하게 제어한다.

스로틀 모터는 밸브가 전폐에서 완전히 열리는 전개까지 로터가 70~80도 회전하며 1패턴당 로터가 30도 회전하게 되어 총 26패턴으로 제어한다. 스로틀 모터 고장시 림프 홈 기능으로 스로틀밸브를 5도로 고정하여 시동 꺼짐을 방지하고 주행을 가능하게 한다.

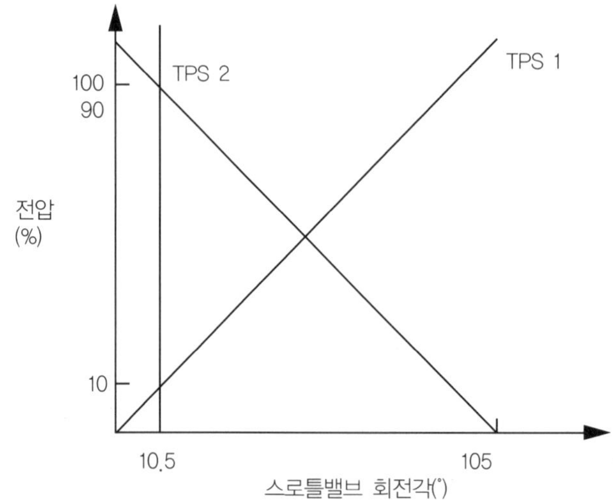

[그림 164] **TPS값**

[2] 스로틀 포지션 센서(throttle position sensor)

스로틀밸브의 움직이는 량을 감지하여 ECU에 신호를 보내는 주는 역할을 한다. 엔진 ECU는 TPS신호를 받아 목표 스로틀밸브 개도 피드백 제어하는데 중요한 기능을 하며 스로틀 모터 내부에 장착되어 있다.

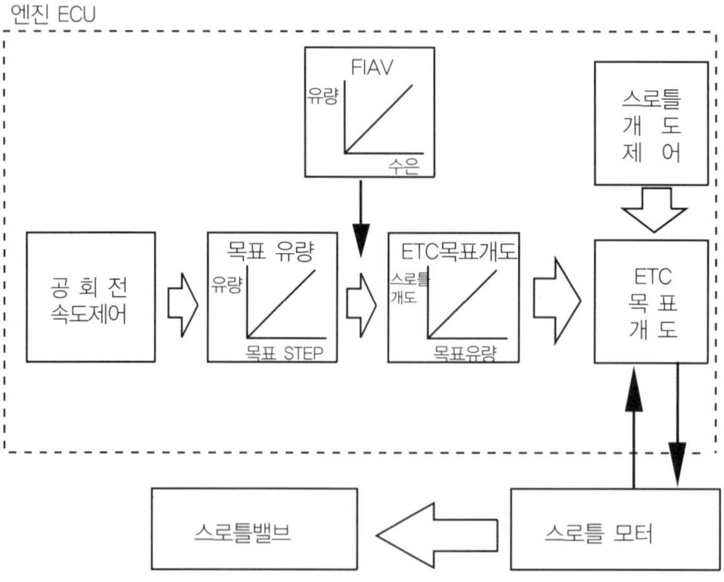

[그림 165] **스로틀밸브 개도 제어도**

[3] 액셀러레이터 포지션 센서(accelerator position sensor)

운전자의 가속의지 판단하기 위해 액셀러레이터 페달의 밟은 량을 검출하는 센서로서 APS 1·2 센서가 액셀러레이터 페달 상단에 장착되어 있다.

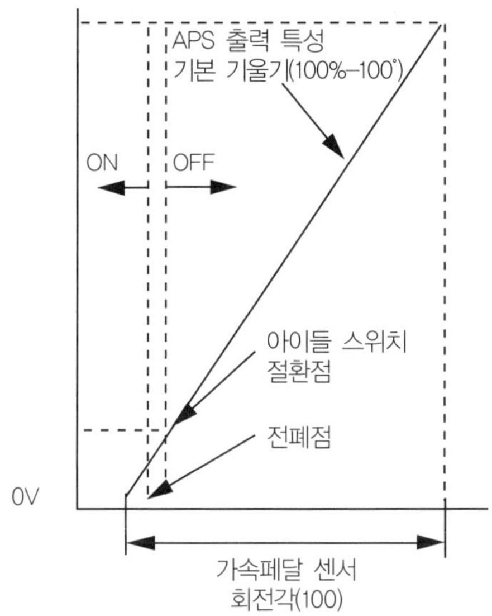

[그림 166] **액셀러레이터 포지션센서**

5.2. 하이브리드 전기자동차 가솔린엔진 시동

하이브리드 자동차의 엔진 시동방법은 2가지가 있다. 일반 자동차와 같이 시동모터를 이용하는 것과 하이브리드 모터를 이용해서 시동을 거는 방법인데 평상시에는 기본적으로는 하이브리드 모터를 사용해서 시동을 걸지만 하이브리드 모터 시동 금지조건에 들어가면 가솔린엔진과 같이 시동 모터로 모터를 구동하여 시동을 건다.

5.2.1. 하이브리드 모터를 이용한 시동

하이브리드 모터를 이용한 시동은 상황에 따라 또 2가지로 나뉘는데 하나는 변속레버의 위치가"P"나"N"단에서의 시동이고 다른 하나는 아이들 스탑 해제에 따른 하이브리드 시동이 있다. 아이들 스탑 해제를 위한 시동은 운전자가 액셀러레이터를 밟으면 모터가 다시 켜지는 것을 말하는 것으로 운전자 입장에서는 꺼진다기보다 다시 시동이 걸린다고 보면 될 것이다.

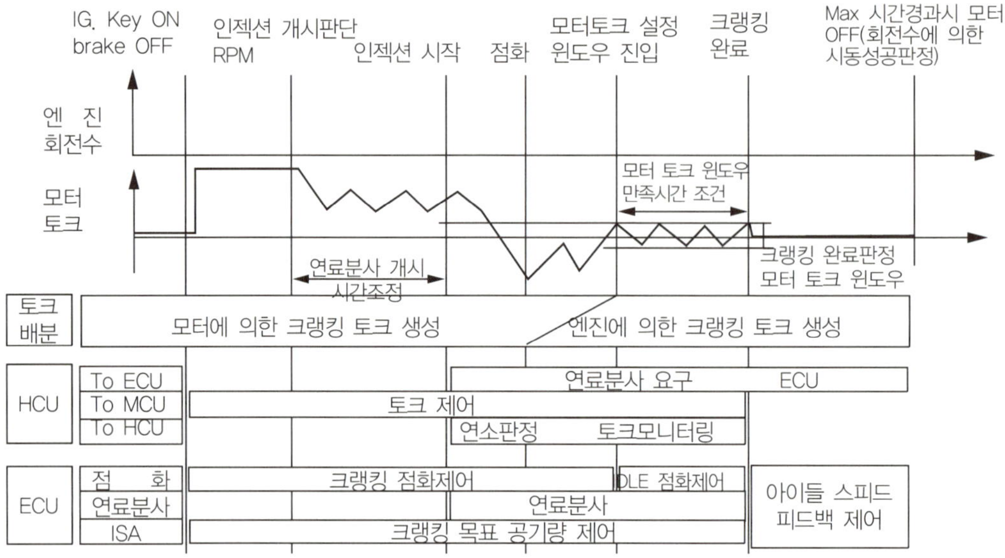

[그림 167] **하이브리드 모터를 이용한 시동**

하이브리드 자동차의 가솔린엔진의 시동이 어떻게 걸리는지 위 그래프와 같다. 일단 Key On을 하면 하이브리드자동차의 시동모터가 동작하면서 모터의 토크가 올라간다. 엔진의 크랭크가 움직이면서 토크를 얻게 되고 이렇게 힘을 얻은 엔진이 시동이 걸릴 수 있는 RPM까지 올라가면 모터는 토크를 낮추며 멈추기 시작하고 HCU는 ECU에게 엔진에 연료를 분사하라는 명령을 내리게 되는데 이때 엔진의 연소실에 점화를 시작해서 엔진은 시동이 걸리는 것이다.

참고로 말하자면 가솔린엔진은 50rpm 정도에서 연료를 분사하지만 하이브리드 자동차는 800rpm 정도에서 가솔린엔진에서 연료를 분사한다. 때문에 50 rpm에서 800rpm사이에는 연료분사가 되지 않아서 어느 정도의 연료절감 효과도 있다.

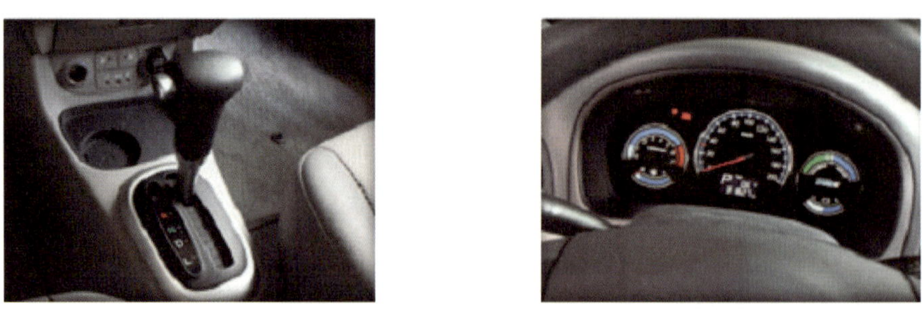

(a) (b)

[그림 168] **하이브리드 모터를 이용한 시동**

5.2.2. 하이브리드 모터 시동 금지조건

하이브리드 모터 시동 금지조건에 들어가면 가솔린엔진과 같이 시동 모터로 모터를 구동하여 시동을 걸게 되는데 하이브리드 모터 시동 금지 조건들은 직간접적으로 일단 하이브리드 시스템에 이상이 생겼다고 볼 수 있다.

① 고전압 배터리 온도의 온도가 약 -10℃ 이하인 경우

② 고전압 배터리 온도 약 45℃ 이상의 경우

③ MCU 인버터(inverter) 온도가 94℃ 이상인 경우

④ 고전압 배터리 충전 량이 18% 이하인 경우

⑤ 엔진 냉각 수온이 -10℃ 이하인 경우

[그림 169] **시동모터 시동**

⑥ ECU, MCU, BMS, HCU 고장 감지된 경우

이러한 경우에는 시동모터에 의한 시동을 하게 된다. 이런 경우는 엔진이나, 모터가 작동을 하지 못하는 상황 또는 전자계통에 이상이 생겼을 경우라고 보면 된다.

5.2.3. 시동 및 저속-중속 범위

자동차가 출발할 때나 저속에서 중속의 범위에서는 엔진은 정지하고, 하이브리드 전기 자동차는 전동기에 의하여 구동하게 된다. 따라서 동력 흐름은 축전지, 인버터, 전동기를 거쳐서 구동바퀴로 전달된다.

5.2.4. 정상주행

엔진의 동력은 동력 분배장치에 의하여 일부는 발전기를 회전시키고 일부는 전동기를 구동하여 구동바퀴를 돌려 주행하며 이 때 동력은 최대 효율을 갖도록 제어 된다.

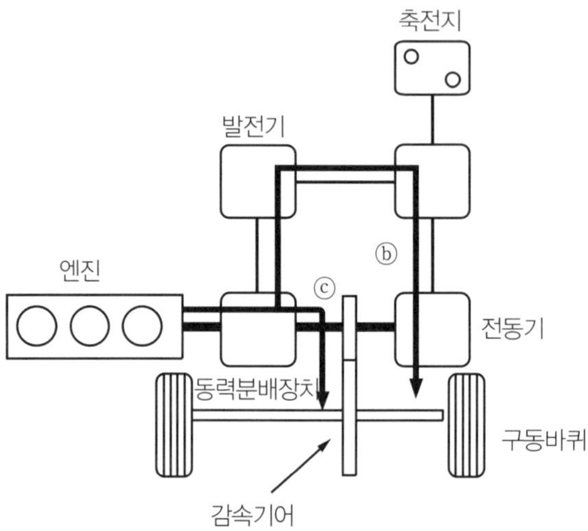

[그림 170] **정상주행 운전조건**

5.2.5. 급가속 운전

그림 171에서 엔진과 전동기가 동력을 시스템 경로(ⓑ +ⓒ)로 전달하고 운행중 가속특성을 좋게 하기 위하여 축전지로부터 동력 ⓐ가 공급되어 자동차의 급가속과 주행조건에 알맞은 동력을 전달한다.

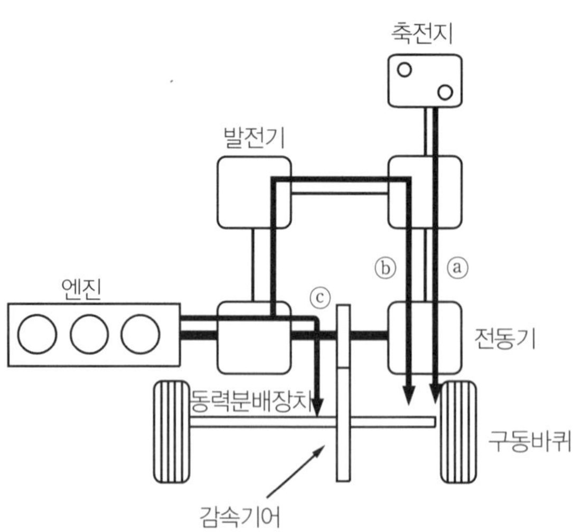

[그림 171] **급가속 운전**

5.2.6. 감속 및 제동

감속 및 제동할 때에는 그림 172와 같이 전동기는 바퀴의 구동에 의하여 고출력 발전기로서 작동하게 된다. 이때의 운동 에너지는 전기 에너지로 회수되어 고성능 전지에 충전하여 저장된다. 이러한 기능을 하이브리드 동력시스템의 회생 제동작용이라고 한다.

5.2.7. 축전지 재충전

하이브리드시스템이 성능을 충분히 발휘하기 위해서는 축전지는 충분히 충전된 상태를 유지해야 한다. 그림 173의 동력흐름 ⓔ와 같이 재충전할 경우에는 엔진은 발전기를 구동하여 충전한다.

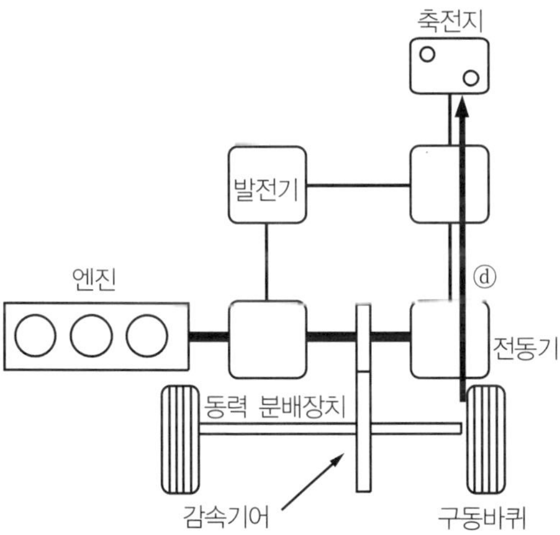

[그림 172] **감속 및 제동**

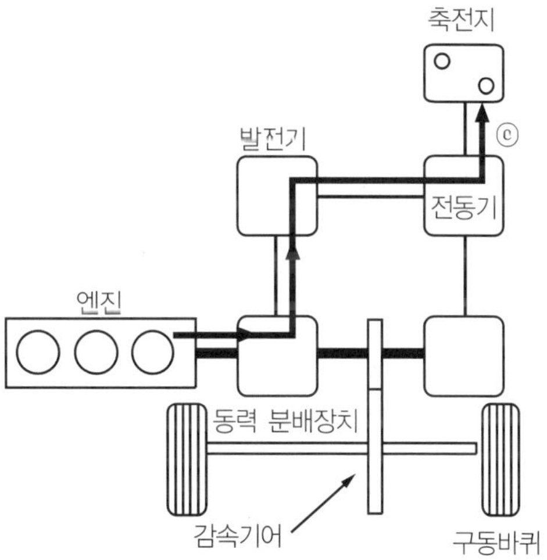

[그림 173] **축전지 재충전**

5.2.8. 자동 정지와 자동 시동

[1] 자동 정지

브레이크를 밟아 자동차가 완전히 정지하면 자동적으로 엔진을 정지시켜 불필요한 에너지 손실을 방지한다. 그러나 이때 다음과 같은 정지조건을 만족해야만 운전이 정지된다.

① 기어 레버가 주행 위치에 있을 때

② 엔진, 변속기 또는 하이브리드 축전지가 워밍업 되었을 때

③ 외기온도가 기준 온도(약 -15℃)보다 높을 때

④ 에어컨시스템이 A/C 컴프레서 작동을 요구하지 않을 때

⑤ 하이브리드 축전지의 충전상태가 양호할 때

⑥ 12V 축전지의 충전상태가 양호하고 부하가 작을 때

⑦ 후드가 완전히 닫혀 있을 때

[2] 자동 시동

브레이크에서 발을 떼거나 가속 페달을 밟으면 자동적으로 엔진의 시동이 걸린다. 이때 시동이 걸리는 운전조건은 다음과 같다.

① 기어 레버가 주행 위치에서 다른 기어로 기어 레버를 이동하는 경우

② 에어컨 시스템이 OFF상태에서 정상 에어컨 상태로 작동할 경우

③ 히터 혹은 냉방 성능을 위해 엔진을 작동시켜야 하는 경우

④ 후드가 열리는 경우

⑤ 하이브리드 축전지의 충전상태가 낮아 재충전이 필요한 경우

⑥ 자동 정지 시간이 기준 시간을 초과하는 경우

5.2.9. 회생 제동시스템

브레이크를 작동시키면 전동기는 발전기로서 작동하여 자동차의 운동 에너지를 전기 에너지로 바꾸어 축전지에 충전하게 된다. 이러한 작용을 회생 제동작용(regenerative braking)이라고 한다. 이러한 작용은 가속과 감속을 되풀이 하는 시내 주행에서 에너지 회수에 효과적이다.

06 그랜저 하이브리드자동차

6.1. 그랜저 하이브리드 자동차의 구성

하이브리드 자동차에는 우선 HEV엔진, HEV모터, HSG(hybrid starter generator), 고전압 배터리가 장착되어 있다. 이때 EV모드가 가능하기 위해서 EOP(electric oil pump), electric A/C 컴프레서가 적용되었다. 그리고 엔진과 모터가 같이 구동시 HEV모드가 가능하기 위해서는 엔진 클러치와, 주행과 관련하여 여러 시스템을 제어하는 HPCU(hybrid power control unit)가 있다. 그리고 주행상태는 하이브리드 클러스터에서 확인할 수 있으며, 공력성능을 개선시켜 연비를 향상시키는 AAF(active air flap)가 있다.

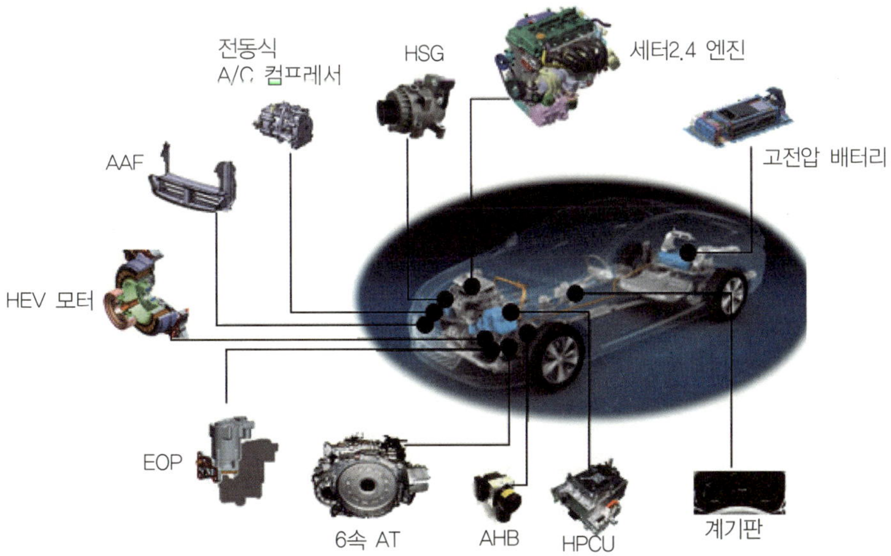

[그림 174] 그랜저 하이브리드자동차의 구조

6.1.1. HPCU(hybrid power control unit)

하이브리드 차량에는 주행과 관련된 여러 시스템이 최적의 성능을 유지할 수 있도록 하는 핵심 제어기들이 하나의 어셈블리(assembly)로 장착되어 있는데, 이를 HPCU (hybrid power control unit)라 한다.

[그림 175] **HPCU의 구조**

HPCU는 HCU(HEV control unit), MCU(motor control unit), LDC(low DC-DC converter)의 3가지 제어기로 이루어져 있다. HCU는 HEV의 메인 컴퓨터로 ECU, MCU, TCU, BMS, LDC 등을 상위에서 제어하는 컨트롤 타워(control tower)의 역할을 수행한다.

HCU의 주 역할은 엔진과 전기모터 두 동력원의 상태를 확인하고, 주행 상황에서 가장 효율적으로 두 동력원이 작동할 수 있도록 분배하는 것이다. MCU는 모터와 HSG에 고전압 전력을 공급하고, HCU의 명령에 따라 모터를 최적으로 제어한다. 또한 고전압 배터리의 SOC저하 시 고전압 배터리를 충전하는 역할을 한다. 그리고 LDC는 고전압 배터리의 270V를 12V로 변환하여 차량의 각 부하에 공급하기 위한 전력 변환시스템이다.

(a) HCU (b) MCU (c) LDC

[그림 176] **HPCU의 역할**

6.1.2. HEV엔진

HEV엔진은 아킨슨 사이클을 적용하여, 기존 엔진에 비해 높은 압축비를 적용하였다. 아킨슨 사이클은 압축행정을 짧게 하여 압축시 발생하는 펌핑손실을 줄이고, 폭발행정을 길게 하여 연소시 형성되는 에너지를 최대로 활용하는 것이다. 그 결과 배기손실을 줄여 열효율을 좋게 하였고, 노킹이 발생하지 않는다.

하지만 아킨슨 사이클은 연비향상에는 좋으나 엔진 출력과 토크가 감소하기 때문에, 이는 HEV모터의 출력으로 보완한다. 이러한 특성으로 기존 엔진에는 아킨슨 사이클이 사용되지 않고, HEV엔진에만 적용된다. 그 외에도 기계적인 부분을 변경하여 마찰손실을 저감하고, 냉각성능을 향상하였다.

[그림 177] HEV엔진

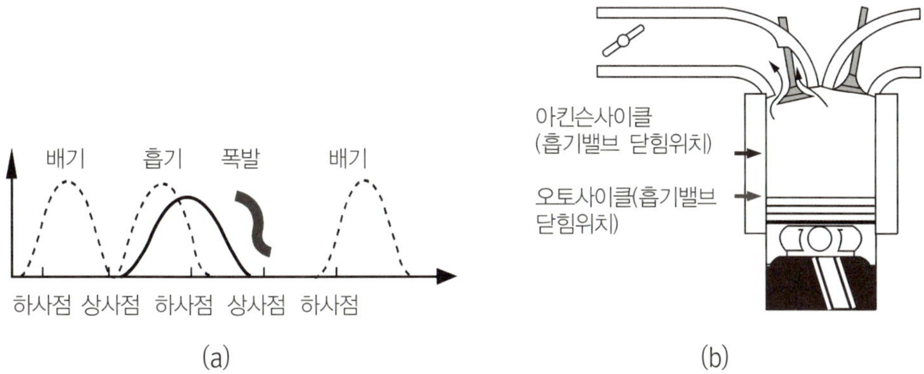

[그림 178] 아킨슨 사이클

6.1.3. HEV모터 및 HSG

하이브리드 차량은 엔진과 모터가 함께 구동하거나, 모터로만 주행이 가능하여 기존 차량보다 연비가 향상되었다. HEV모터는 자동변속기 하우징에 장착되어 엔진의 출력을 보조한다. 또한 HSG는 크랭크축 풀리와 구동벨트로 연결되어 있으며, EV모드에서 HEV모드로 전환시 엔진을 ON시킨다. 또한 엔진 OFF시, 엔진의 부하를 HSG로 걸어 엔진의 진동을 최소화한다. 그리고 고전압배터리 SOC저하 시 엔진을 강제로 ON시켜, 전기에너지를 생성시키는 역할을 수행한다.

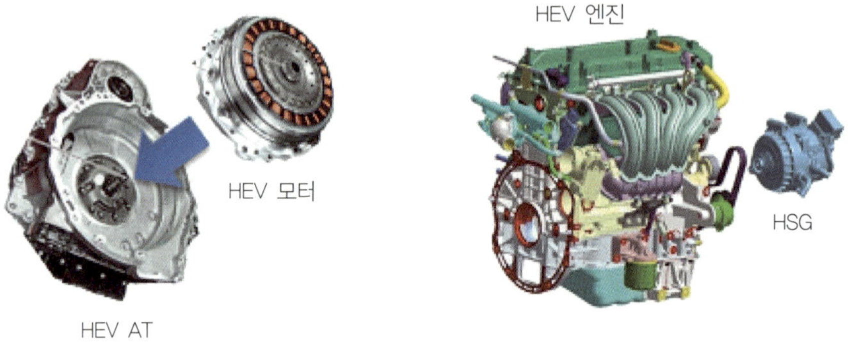

(a) HEV 모터　　(b) HSG

[그림 179] **HEV모터 및 HSG**

6.1.4. 고전압 배터리

고전압 배터리는 DC 270V로 트렁크룸에 배터리 패키지로 장착된다. 리튬이온 폴리머 배터리로 3.75V의 셀이 72개로 구성되어 있다. BMS는 각 셀의 전압, 전체 충·방전 전류량 및 온도 값을 받고, BMS에서 계산된 SOC는 HCU로 보내지며, HCU는 이 값을 참조로 고전압 배터리를 제어한다.

PRA(power relay assembly)는 IG OFF상태에서는 메인 릴레이를 차단한다. 메인 릴레이는 PRA 안에 위치한다. 고전압 배터리의 온도가 최적이 유지될 수 있도록 냉각팬이 적용되어 있다. 냉각 덕트의 입구는 차량 내부로 연결되어 있으며, 출구 덕트는 차량 외부로 연결되어 있어 차량 내부에서 유입된 공기가 배터리를 지나 차량 외부로 배출된다.

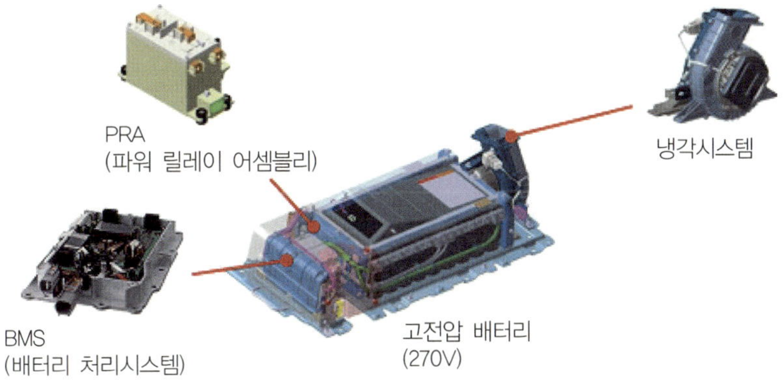

[그림 180] **고전압 배터리의 구조**

6.1.5. 엔진 클러치

엔진 클러치는 차량이 EV모드에서 HEV모드로 변환 시, 엔진의 동력을 HEV모터로 연결하는 부품이다. 그 결과 엔진과 모터가 함께 구동력을 발생하여 HEV모드 주행이 가능하다. 엔진 클러치는 주행조건에 따라 엔진과 모터의 동력을 연결 혹은 차단한다.

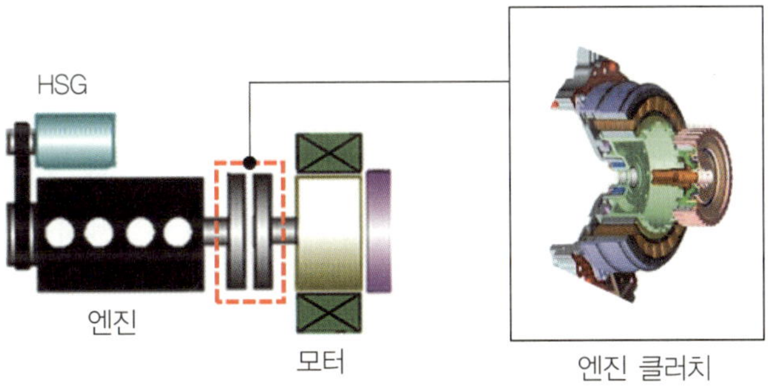

[그림 181] **엔진 클러치**

6.1.6. 하이브리드 6속 자동변속기

하이브리드 6AT는 기존 6AT의 부품을 다수 공용화하였다. 하지만 EV모드 시에는 MOP(mechanical oil pump)가 구동될 수 없기 때문에, EOP(electric oil pump)를 장착하여 EV모드 시에도 충분한 유압 형성을 가능하게 하였다. 그리고 EOP를 제어하기 위해 OPU(oil pump unit)도 새로 장착되었다.

[그림 182] **하이브리드 6속 자동변속기**

6.1.7. AHB(active hydraulic booster)

EV모드는 엔진이 OFF이기 때문에 엔진의 진공을 이용한 기존의 브레이크 진공 부스터(brake vacuum booster)를 사용할 수가 없다. 그렇기 때문에 AHB (active hydraulic booster)시스템을 새로 적용하여, AHB의 HPU(hydraulic power unit)에서 직접 유압 생성하여 제동력 확보가 가능해졌다. 동시에 감속 혹은 제동시 발생되는 운동에너지를 전기에너지로 변환시켜, 고전압 배터리를 충전하는 역할을 한다. 이를 회생제동이라고 하며, 연비향상의 효과가 있다.

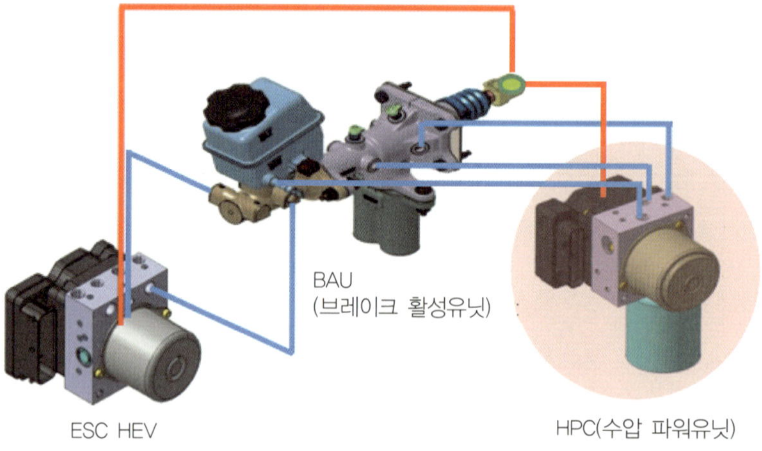

[그림 183] **활성 수력 부스터(AHB)**

6.1.8. AAF(active air flap)

AAF는 front bumper grille과 라디에이터사이에 개폐가 가능한 가변형 플랩(flap)을 장착하여 주행조건에 따라 플랩을 제어하는 시스템이다. 고속주행 시 플랩을 폐쇄함으로써 차량의 공기 저항을 감소시키고 주행안정성 향상을 도모한다. 또한 엔진 룸 내부의 온도가 상승하여 부품이 과열될 우려가 있을 경우에는 플랩을 개방하여 엔진 룸 내부 온도를 낮추는 기능을 한다.

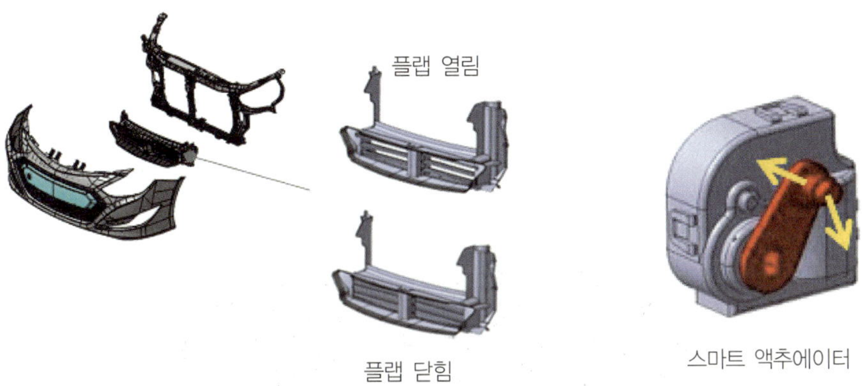

[그림 184] AAF

6.1.9. 전동식 에어컨 컴프레서

엔진이 정지하더라도 에어컨을 동작시키기 위해 전기식 컴프레서가 적용되었다. 에어컨 스위치를 누르면 FATC는 HCU로 작동 허가를 요청하고 HCU는 작동여부 및 사용가능한 electric power를 FATC로 전송한다. FATC는 사용가능한 electric power 범위 내에서 전기식 컴프레서를 제어한다.

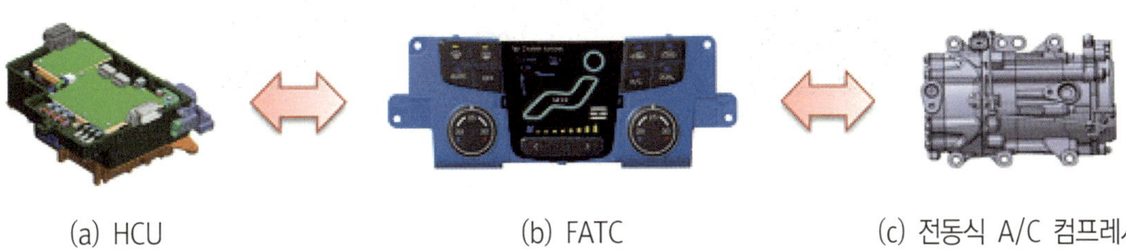

[그림 185] 전동식 에어컨 컴프레서

6.1.10. 클러스터

하이브리드 클러스터(hybrid cluster)는 차량 계기 및 정보 표시장치로, 기존 차량에 비해 ECO 안내게이지, SOC게이지, READY램프, EV모드 램프가 추가되었다. ECO 안내게이지는 차량의 주행 조건별로, 운전자의 조작상태를 파악하여 경제운전 정도를 표시하는 게이지이다.

그리고 SOC 게이지는 고전압 배터리의 충전량을 표시하고, READY램프는 차량 주행이 가능하다는 것을 의미한다. EV모드 램프는 정차 및 주행 중 EV모드 주행 시에 점등한다. 주행 시에는 에너지 흐름이 계기판에 다양하게 나타난다. 운전자는 주행에 사용되고 있는 동력원이 무엇인지 그리고 고전압 배터리가 충전상태인지 방전상태인지를 표시한다.

(a) 구조

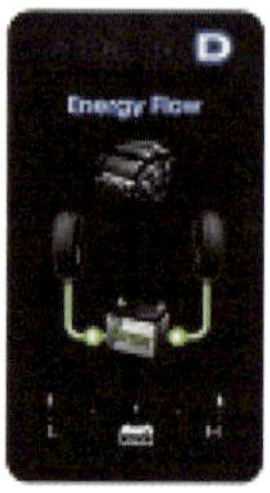

(b) EV 주행

(c) HEV 주행

(d) 엔진주행

[그림 186] **클러스터**

6.1.11. VESS(virtual engine sound system)

VESS란 차량 접근 경보장치로서 보행자를 보호하는 시스템이다. 하이브리드 차량의 경우, EV모드 주행시 엔진 사운드(sound)가 없어 보행자가 차량접근을 인지하지 못할 수 있다. 그렇기 때문에 가상의 엔진 사운드를 적용함으로서 보행자에게 차량 접근을 알리게 한다. VESS시스템은 스피커와 제어 ECU로 간단하게 구성되어 있다.

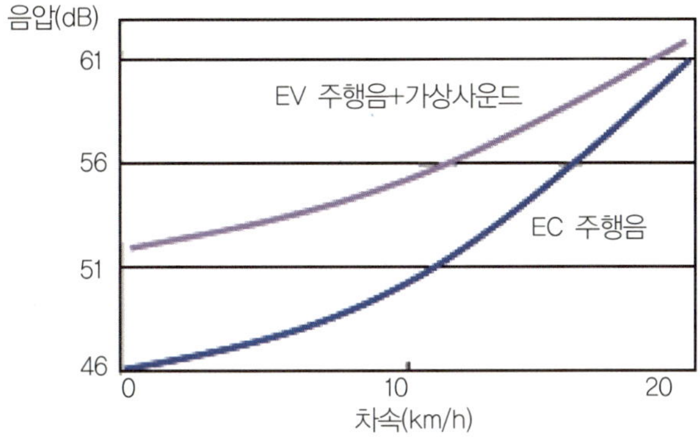

(a)

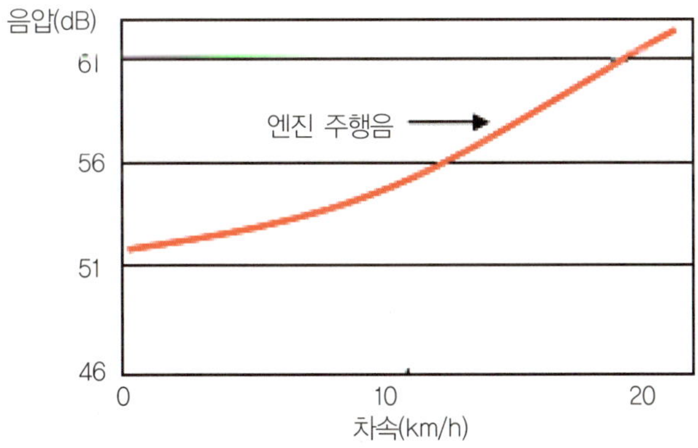

(b)

[그림 187] 동등 수준 음압 출력

VESS ECU는 C-CAN을 통해서 각종 차량정보를 수집한 후, 가상 사운드를 출력해야 하는 조건이 만족되면, 스피커가 소리를 내도록 명령한다.

[1] 작동조건

① 20km/h 이하

② 릴레이상태에서 엔진 OFF

③ **변속위치**: R, N, D

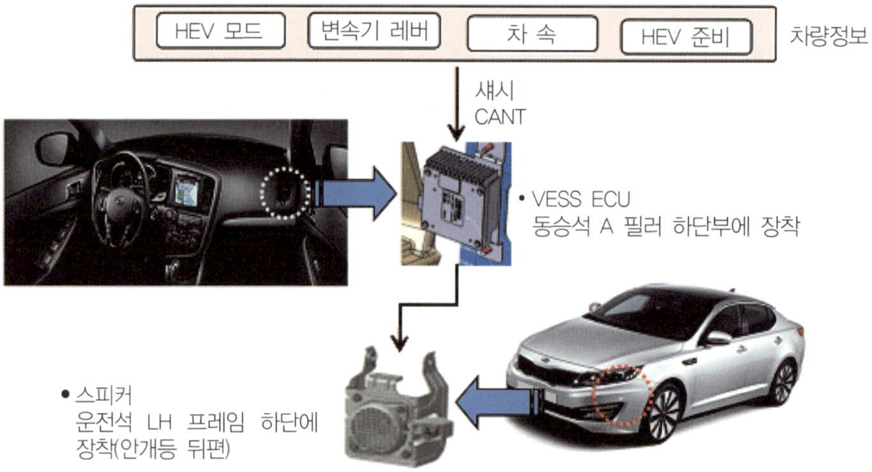

[그림 188] **스피커 설치위치**

6.1.12. 블루 드라이브(blue drive)

블루 드라이브기능이란, 실제 도로에서 주행 중 연비를 향상시키기 위한 기능이다. 보통 eco function이라 불리우며 일반 가솔린엔진 차량에도 적용되어 있는 기능이지만, 하이브리드 차량에서 더 많은 제어를 수행하고 있다.

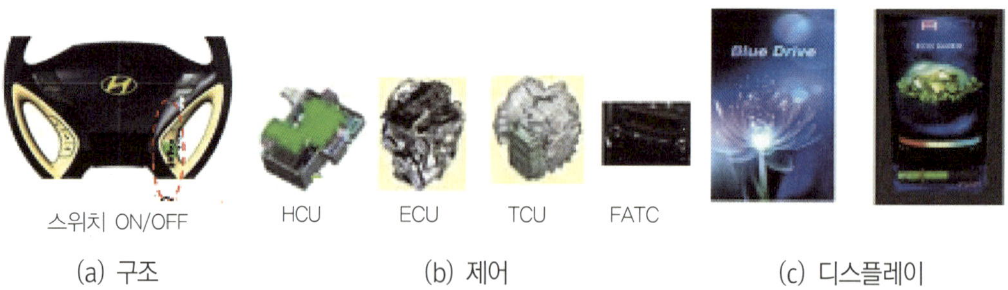

[그림 189] **블루 드라이브**

[1] 작동 로직

① ECO 스위치 작동 → 각종 제어기(HCU, 엔진 ECU, TCU, FATC)가 기능을 수행
② 현재 차량 Eco score가 cluster에 표기됨

6.1.13. HEV 냉각시스템

하이브리드 차량을 제어하는 핵심부품인 HPCU 내부에는 다량의 반도체 소자가 적용되어 있으며, 작동 시 열 발생을 피할 수 없다. 특히 고전압에 직접 연계되어 열 발생량이 기존 내연기관 차량의 전장부품 보다 더 높은 편이며 과열은 각 제어기의 효율을 떨어뜨리고 적절한 동작제어를 제한한다. 또한 반도체의 특성상 일정 온도 이상의 고온에서는 도체가 되어버릴 수 있어(전기적으로 항상 ON) 정상적인 작동이 불가능할 수 있다.

따라서 HPCU 관련 부품을 적절히 냉각시켜 주는 것이 매우 중요하며 이를 위해 기존 엔진 냉각라인과는 별도로 EWP(electronic water pump) 즉, 전기식 워터펌프를 이용하는 수냉식 냉각라인이 설치되어 있다. 엔진 냉각라인과 공용으로 사용하지 않는 이유는 기계적인 내연기관의 냉각온도 구간과 고 전력 반도체 부품의 냉각온도 구간이 서로 다르기 때문에 공용으로 활용할 수 없다. 엔진 냉각수는 100℃를 오버히트(overheat)로 간주하지만, HPCU는 75℃ 이상을 HPCU의 정상작동을 제한하는 온도로 간주한다.

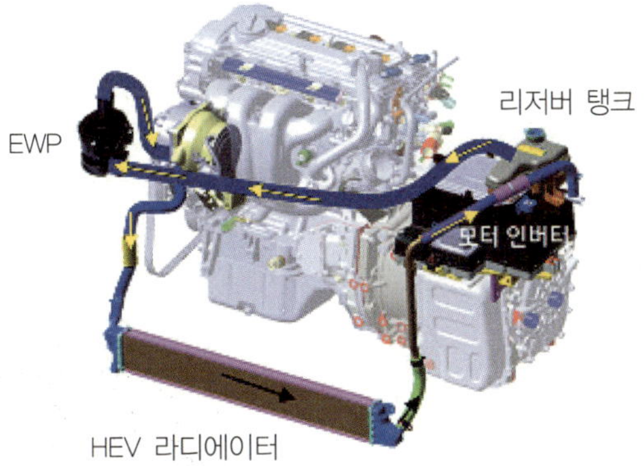

[그림 190] HEV 냉각시스템의 구조

인버터가 받는 온도의 영향을 구체적으로 살펴보면, 93℃에서 정격출력의 약 80%를 출력하는데 95℃부터 큰 폭으로 출력이 제한되기 시작하여 97℃가 되면 인버터의 출력이 정지된다.

LDC의 경우에는 온도에 더욱 민감하여 65℃까지는 정격출력의 100%를 출력하지만 75℃에서 약 60%, 80℃에서 약 25%로 출력이 제한되며 85℃에 도달하면 LDC의 출력이 정지된다.

HPCU의 냉각을 위해 전동식 워터펌프가 신규로 적용되어 MCU에 의해 직접 구동된다. 그림에서 보는 바와 같이 별도의 냉각라인에는 HSG 냉각도 포함된다. 엔진 냉각라인과 분리되어 있으므로 별도의 냉각수 탱크가 HPCU 근처에 설치되어 있다.

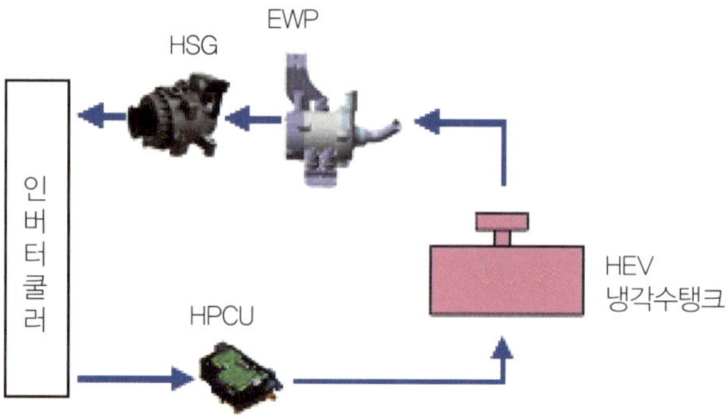

[그림 191] **HEV 냉각시스템의 흐름도**

6.2. 주의사항

① 취급 기술자는 고전압시스템에 대한 검사와 서비스 교육이 선행되어야 한다. 주의사항을 준수하지 않고 하이브리드시스템 취급 시 심각한 누전, 감전 등의 사고로 이어질 수 있다.

② 고전압 케이블의 선색은 오렌지색이며, 고전압 배터리 및 고전압 부품들은 "고전압"주의 경고가 있으므로 취급 시 주의를 기울여야 한다.

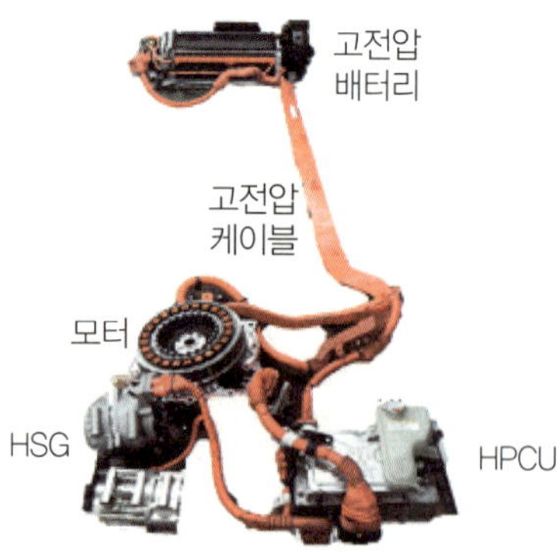

[그림 192] **고전압 케이블(오렌지색)**

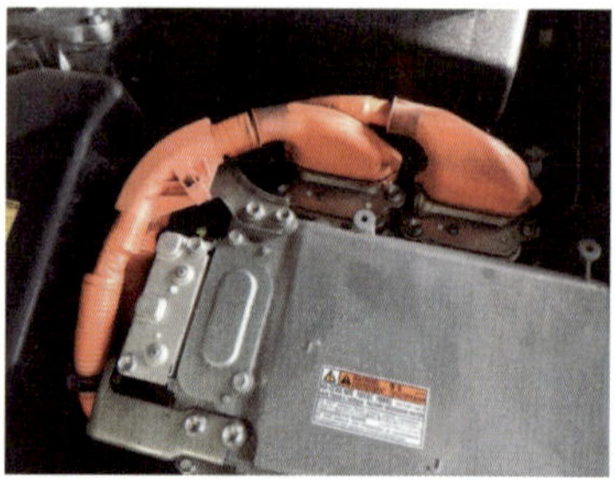

[그림 193] **고전압 경고레벨**

③ 차량정비 시 몸에 소지하고 있는 물건이 떨어져서 쇼트를 발생시켜 사고로 이어질 수 있는 금속이나 철자 등을 몸에 소지해서는 안 된다.
④ 절연장갑 착용 전 터지거나 파손여부 확인 후 착용해야 한다.
⑤ 고전압 보호장비(절연공구) 착용 없이 절대 고전압 부품, 케이블, 커넥터 등을 만져서는 안된다.
⑥ 고전압시스템 전압측정 시 쇼트에 의한 안전사고에 특별히 주의해야 한다.
⑦ **차량정비/점검 동안** "주의: 고전압 흐름작업 중 촉수금지" 경고판을 통해 다른 기술자에게 알릴 필요가 있다.
⑧ 조립/탈거 시 배터리 위에 어떠한 것도 놓아서는 안 된다.

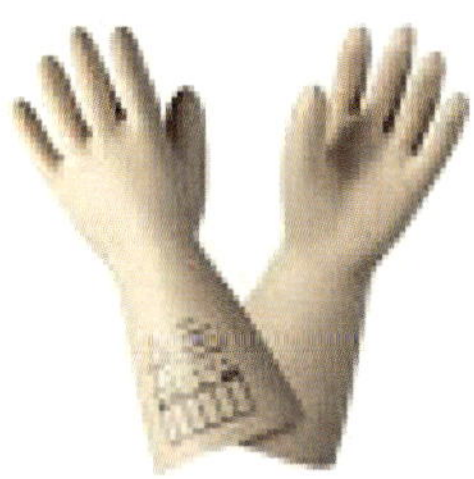

[그림 194] **절연장갑**

[그림 195] **고전압 경고판**

6.3. 안전플러그

안전플러그는 점화스위치가 OFF상태에서 트렁크 OPEN하고, 절연장갑 착용상태에서 12V 배터리 그라운드 케이블을 탈거한다. 안전플러그 제거 후, 고전압 부품을 취급하기 전에 5~10분 이상 대기 후 테스터기로 DC-link 전압을 측정하여 0V 임을 확인 후 작업한다.

※ 대기시간은 인버터내의 콘덴서에 충전되어 있는 고전압을 방전시키기 위해 필요한 시간이다.

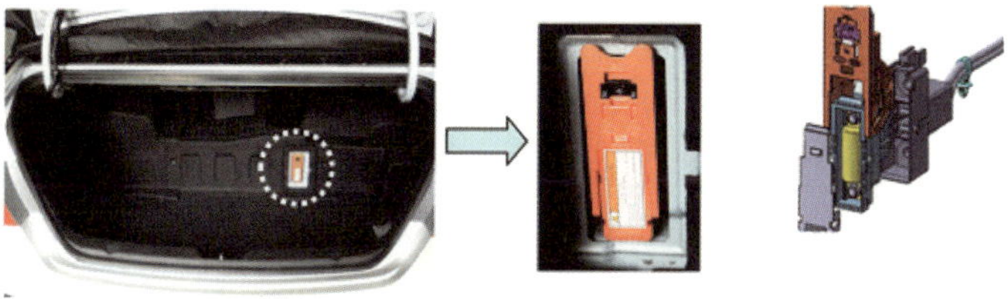

[그림 196] **안전플러그**

Chapter 04

하이브리드 변속기

01 하이브리드 변속기의 개요

하이브리드 변속기는 하이브리드 구동방식에 따라 차이가 있으며 구동방식에서 소프트방식(마일드방식)의 경우 클러치타입(FMED: flywheel mounted electric device)으로 엔진이 주행 항상 가동이 되는 상태에서 모터가 동력을 보조해주는 방식으로 모터 동력보조시 변속기에 전달되는 동력의 변화에 대한 변속기의 대응이 필요하다. 이 부분을 만족시키기 위해 주로 무단변속기를 많이 사용하고 있으며 하드방식의 경우에는 모터로만 주행하는 구간(출발시 또는 저속 저부하시)이 있어 이에 따른 변속을 할 수 있는 장치가 필요한데 이 또한 구동방식에 따라 차이가 있다.

하드방식 중 클러치 타입(TMED: transmission mounted electric device)은 기존 자동변속기에 하이브리드 작동에 필요한 부분의 장치를 추가하는 방식으로 작동하며 유정기어 방식의 경우는 유성기어에 하이브리드 모터 2개와 엔진을 상호적인 체결을 통해 변속을 하는 구조로 되어 있다.

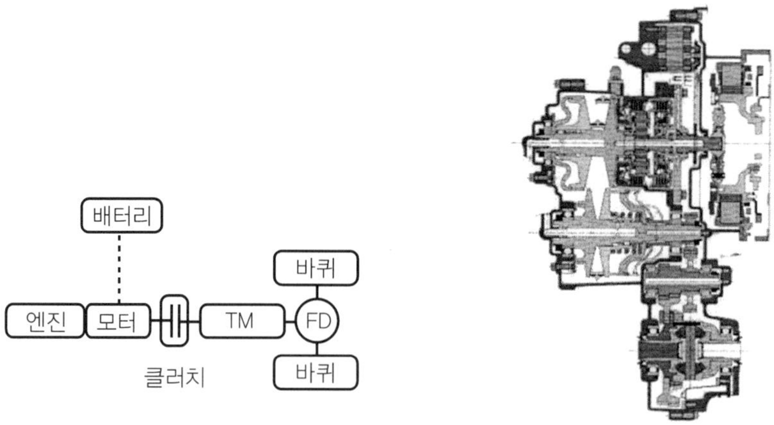

(a) 소프트 방식

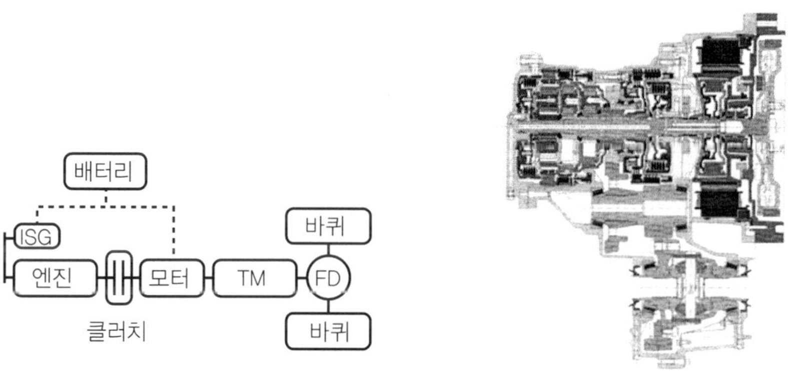

(b) 하드 방식-FMED

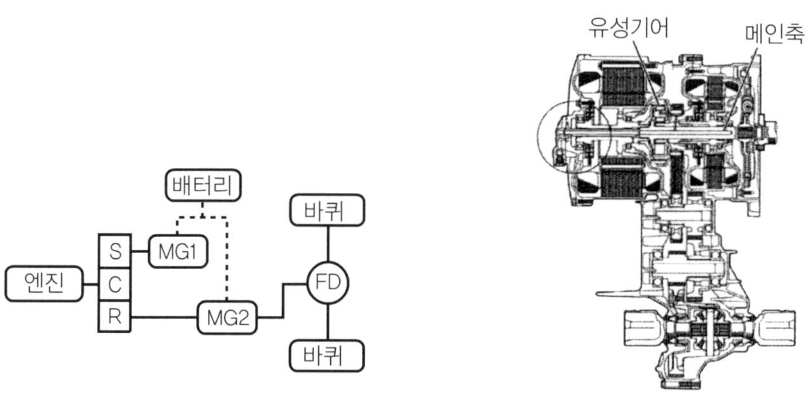

(c) 하드방식-유성기어

[그림 1] **하이브리드 변속기의 종류**

02 변속기 방식의 종류

2.1. 소프트방식 변속기

2.1.1. 무단변속기(CVT: continuously variable transmission)

무단변속기는 CVT라고도 하며 연속적으로 변속을 수행하는 변속기이다. 자동변속기와 비교해보면 자동변속기는 고정 변속단이 설정되어 있고 각 변속단의 기어비를 주행상황에 맞추어 자동적으로 이루어지는 반면 무단변속기는 변속단이 없이 주행상황에 맞추어 연속적으로 변속이 이루어짐으로서 자동 변속기형에서 피할 수 없었던 변속 충격이 없고 연비나 동력 성능 및 가속 성능 등이 우수하다.

CVT는 벨트나 벨트의 피치 반경(유효반경)을 변화시키기 위해 풀리의 반쪽을 슬라이드시키는 가변식의 풀리방식을 사용하고 있으며 발진이나 정지시에 필요한 클러치는 전자 파우더 클러치(electromagnetic powder clutch)나 유압 제어의 습식 다판 클러치(wet multiple disc clutch), 토크컨버터 등이 이용되었지만 하이브리드 차량에서는 토크컨버터 방식은 연비 문제로 인해 잘 채택하지 않는다. 그리고 전진·후진의 변환장치는 유성기어식을 사용한다.

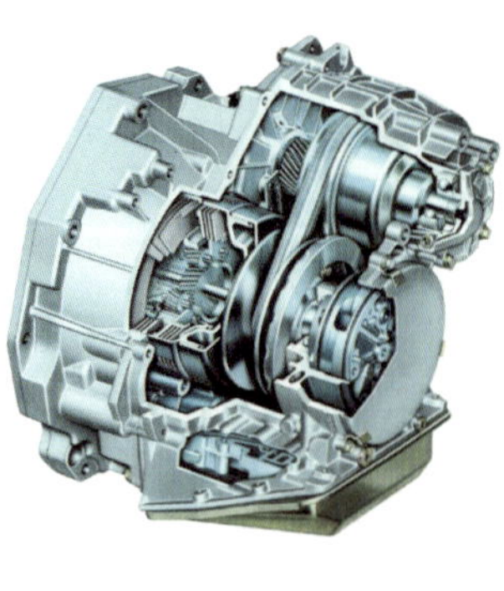

[그림 2] CVT의 단면도

CVT구동방식의 종류는 벨트 구동방식(belt drive type)과 트로이덜방식(toroidal type)이 있으며 벨트 구동방식은 수지 벨트방식과 스틸 벨트방식이 있다.

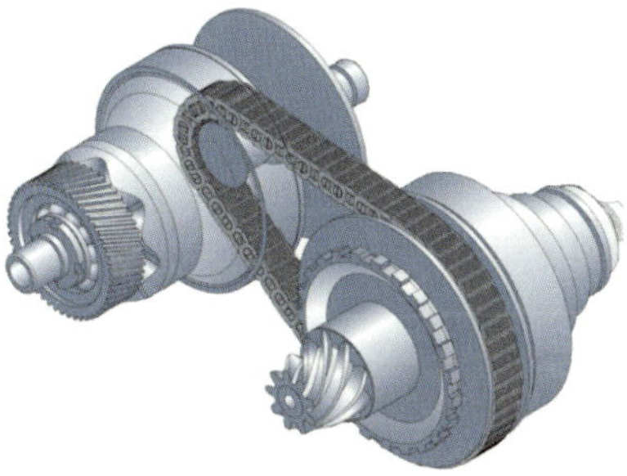

[그림 3] **벨트 구동방식**

(a) 저속시 작동　　　　(b) 고속시 작동

[그림 4] **트로이덜방식**

CVT차량의 차속에 따른 엔진회전수의 변화를 보면 자동변속기는 업-쉬프트 시 변속 초기마다 엔진 회전수가 하강하며 엔진회전수는 변속 전 회전수(떨어지기 직전의 회전수)로 회복되기 까지는 연료의 추가적인 동력손실로 나타나며 이 구간에서 연료소비가 증대되는 것이며 이는 수동변속기 또한 동일현상이 발생된다.

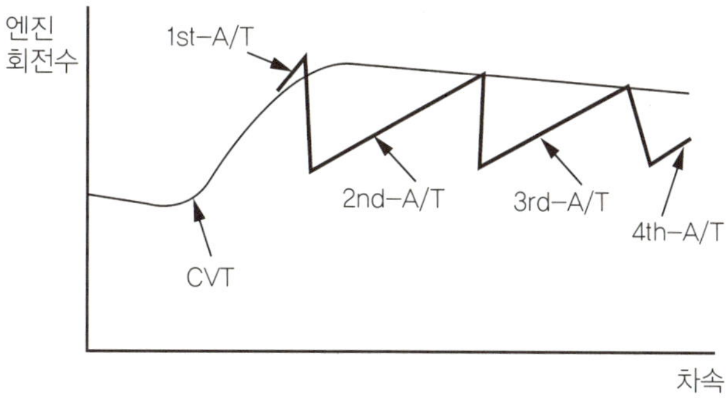

[그림 5] **차속에 따른 엔진회전수의 변화**

무단변속기에서 이러한 단점을 보완하여 전자제어장치인 컨트롤모듈 PCM을 통하여 여러 개의 센서 신호를 입력받아 순간의 엔진 토크를 제어하므로 가속 성능이 우수하도록 할 수 있다.

2.1.2. 전자제어 무단변속기의 구성

무단변속기는 동력전달부, 중립 및 전·후진 변환부, 변속부, 유압제어부로 구성된다. 변속부인 풀리는 구동 풀리(1차 풀리). 종동 풀리(2차 풀리)로 구성되어 있고 벨트에 의하여 동력이 전달된다. 구동 풀리의 변속비에 의하여 벨트와 풀리의 접촉반경이 변화되어 변속되고 종동 풀리에서 벨트슬립을 방지하는 구조로 되어 있다.

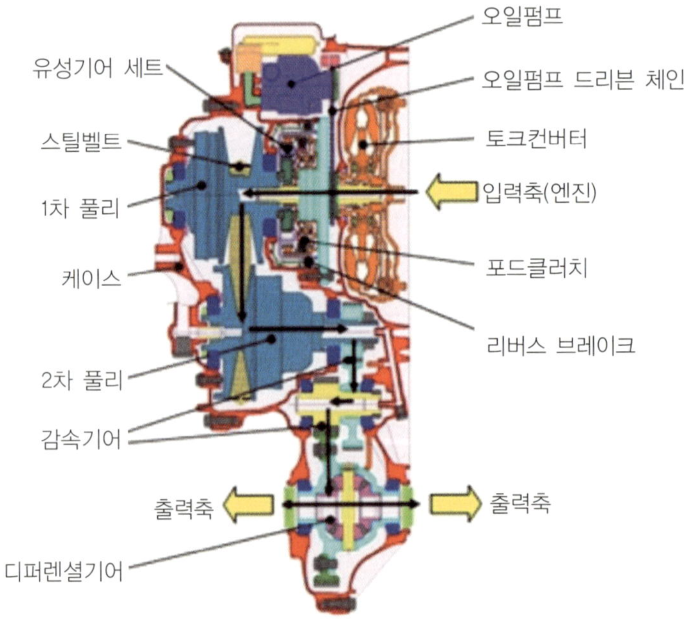

[그림 6] **전자제어 무단변속기의 구성**

[1] 동력전달부

동력전달부는 다판 클러치방식과 전자 파우더 방식이 있으며 다판 클러치 방식은 기존 자동변속기의 클러치 또는 브레이크 작동방식과 동일하며 전자파우더 방식의 전자클러치가 엔진 드라이브 플레이트에 고정되어 있으며 컨트롤 유닛에서 전류를 보내면 코일에 전류가 흘러 파우더가 자화되어 변속기 입력축으로 동력이 연결된다.

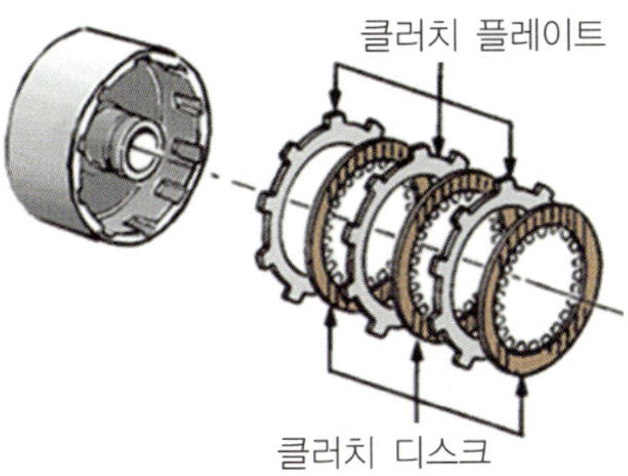

[그림 7] **다판 클러치방식**

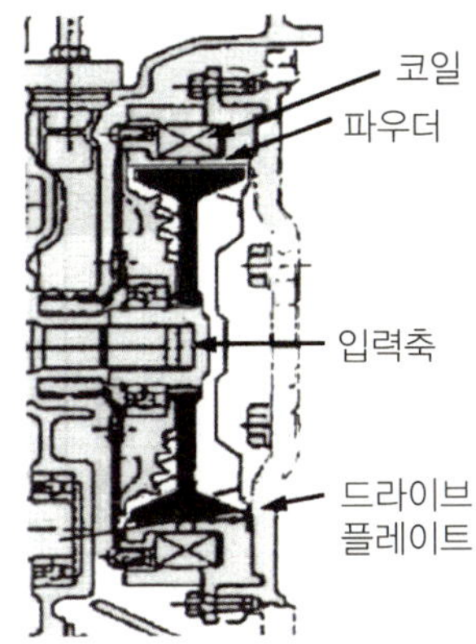

[그림 8] **전자파우더 방식**

[2] 전·후진 변환부

전·후진 변환부는 클러치. 브레이크. 유성기어 세트로 구성이 되며 전진에서 후진으로의 동력 전환 시 출력의 회전방향을 바꾸기 위한 장치이다. 전진변속을 하게 되면 전진클러치가 작용하여 입력축과 일체로 되어 전진 클러치 리테이너가 유성기어의 캐리어를 회전시키게 되어 1차 풀리로 동력을 1 : 1인 상태로 전달된다.

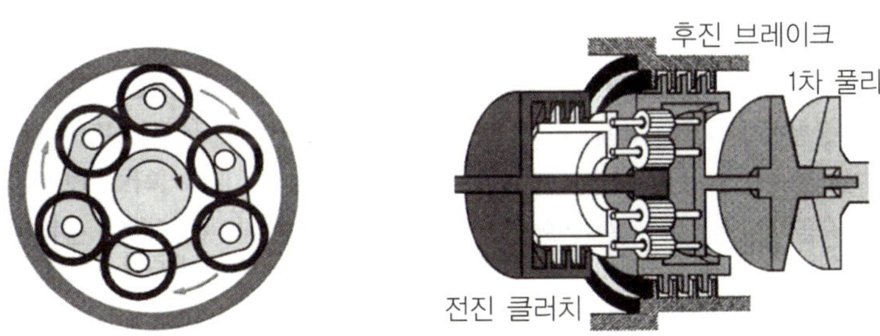

(a) 전진시

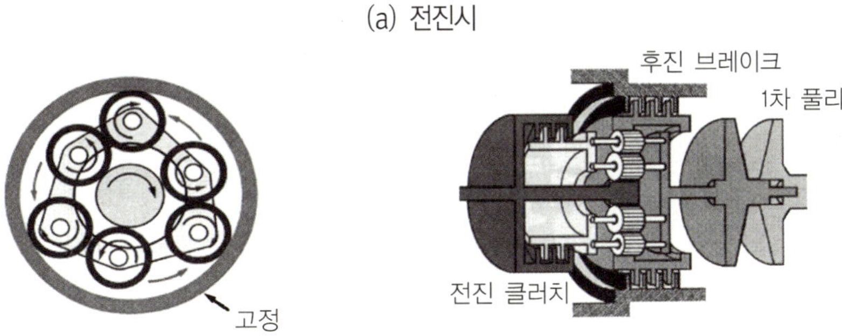

(b) 후진시

[그림 9] **전·후진 변환부**

후진에서는 후진 브레이크가 작동하면 유성기어의 링기어가 고정된다. 이 상태에서 입력축과 연결된 선기어가 회전하면 피니언기어에 의해 캐리어가 역회전 감속되어진다.

[3] 변속부

(1) 유압제어에 의한 변속 방식

유압제어에 의한 변속방식은 변속부는 1차 풀리, 2차 풀리, 벨트로 구성되어진다.

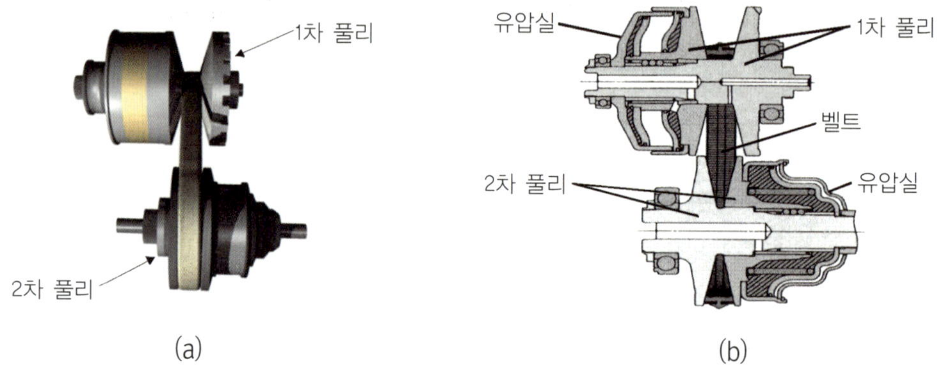

[그림 10] **유압제어방식의 변속부 구성**

1차 풀리와 2차 풀리의 폭을 유압실에 의해 변화시키면 접촉반경이 바뀌면서 변속비가 바뀌도록 구성되어 있다. 1차 풀리와 2차 풀리는 벨트로 연결하여 동력을 전달하며 풀리는 벨트와 풀리가 접촉하는 지름을 변화시켜 무단으로 변속할 수 있다.

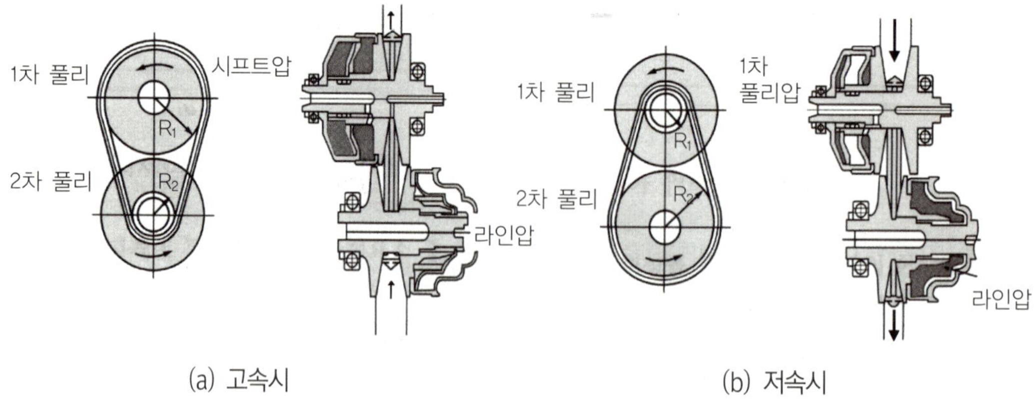

[그림 11] **변속부의 무단 변속**

(2) 금속벨트(steel belt)

스틸벨트는 마찰력을 받는 엘리먼트와 스틸 밴드로 구성되어 있으며, 엘리먼트를 지지하는 링벨트는 얇은 특수 강판을 10매 정도 겹친 구조로 엘리먼트와는 전혀 고정되어 있지 않다. 즉 엘리먼트는 2개의 링벨트사이를 자유롭게 미끄러질 수 있는 구조로 두께는 약 2mm, 링 벨트는 두께는 약 0.2mm정도이다.

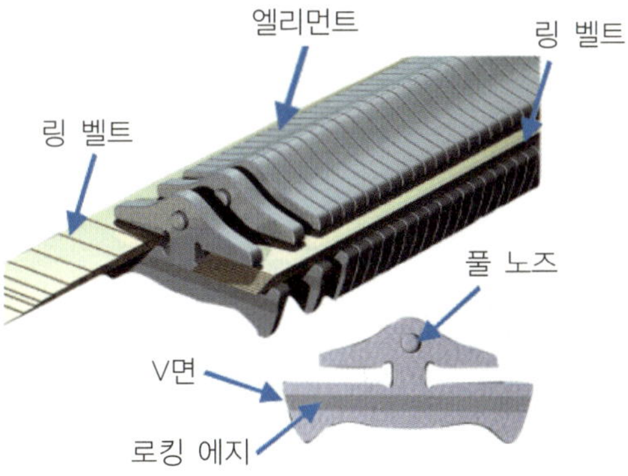

[그림 12] **스틸벨트의 구조**

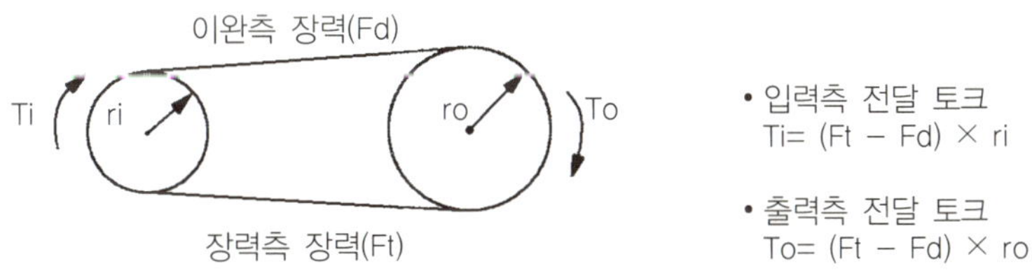

(a) 인장식 벨트

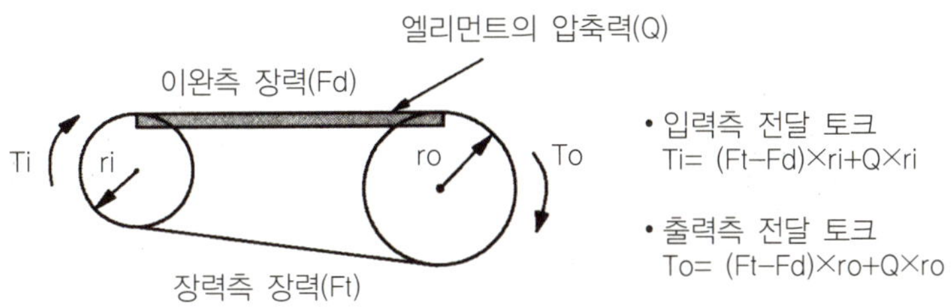

(b) 압축식 벨트

[그림 13] **금속벨트의 종류**

풀리에 토크가 작용하면 벨트는 장력측과 이완측이 발생하는데 고무벨트의 인장식 벨트의 경우는 벨트의 장력 차이에 의해서 토크를 전달하지만 스틸벨트는 압축식 벨트로 호칭되지만 실제로는 벨트의 장력 차이와 엘리먼트의 압축력 합계로 토크를 전달하게 된다. 풀리와 벨트가 접촉하는 면은 경사면으로 되어 있으며, 이 각도를 시브각(sheave angle) 또는 경사각이라 한다. 경사각을 크게 하면 풀리의 접촉면에 벨트가 미는 힘이 커지므로 전달 토크가 크다.

그러나 링 벨트의 장력도 크게 되므로 경사각이 너무 크면 풀리의 피치 반경(유효반경)을 변화시키기 위한 슬라이드 양이 커지므로 충분한 변속비의 범위를 이용할 수 없게 되어 현재와 같은 11°의 경사각이 이용되고 있다.

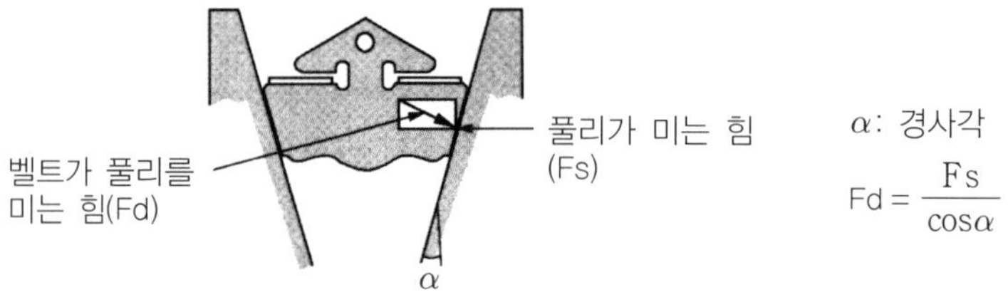

[그림 14] **경사각의 영향**

(3) 트로이덜 방식(toroidal type)

이 방식은 탄성 유막을 이용하여 금속의 전동체를 사용하는 것이다. 그림에 나타낸 것이 가장 기본적인 구조이며, 작동원리는 입력축과 출력축 원판에 하중 P를 작용시키고 롤러(roller)가 A점을 중심으로 회전함에 따라 유효 접촉 반지름인 Ri와 Ro가 변화하여 이것의 반지름 비율로 인하여 변속이 된다.

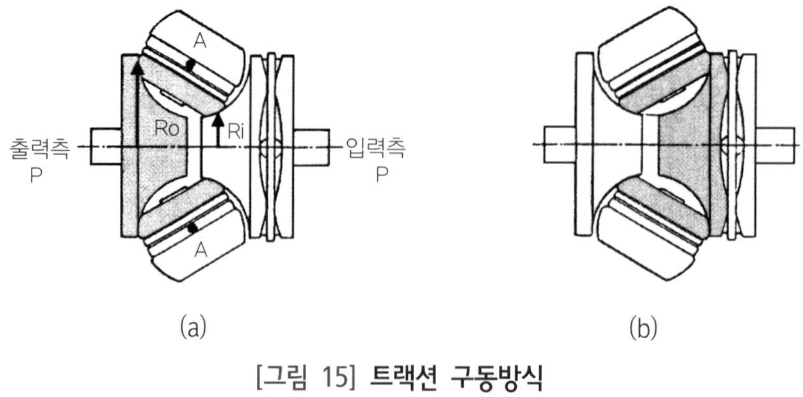

[그림 15] **트랙션 구동방식**

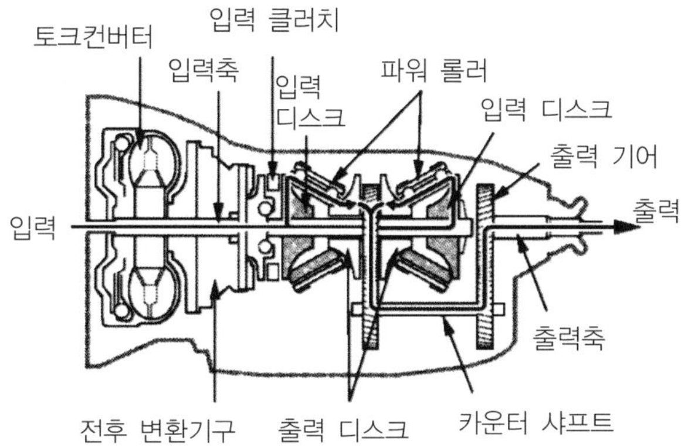

[그림 16] **트로이덜방식의 내부 구조**

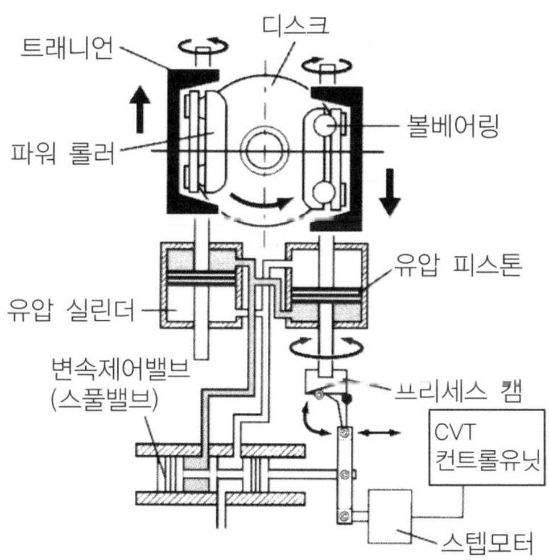

[그림 17] **파워 롤러의 제어**

2.2. 하드방식 변속기

2.2.1. FMED 변속기의 개요

하드방식(FMED)의 하이브리드용 차량에는 기존차량에 사용하고 있는 전륜 6속 자동변속기의 부품을 대폭 공용화하고, 토크컨버터 자리에 엔진 클러치와 토션 댐퍼를 설치하여 하이브리드 특성에 맞도록 개선한 변속기를 사용하고 있다. 또한 엔진 클러치의 최적 유압제어를 위해 엔진 클러치 유압센서를 적용시켰다. 그 밖에 전동식 오일펌프가 신규 적용되었고, 밸브보디, 케이스, TCM 등 일부 하드웨어가 변경 되었다. 내부의 유성기어와 이들을 제어하는 클러치, 브레이크는 기존 전륜 6속과 동일하다.

자동변속기는 클러치와 변속기의 조작을 사람대신 기계가 대신 하도록 자동화한 것으로 스로틀 개도와 차속에 따라 유성 기구장치, 유압제어 기구를 이용하여 자동으로 기어비를 변화시켜서 바퀴를 구동할 수 있도록 하는 장치이다.

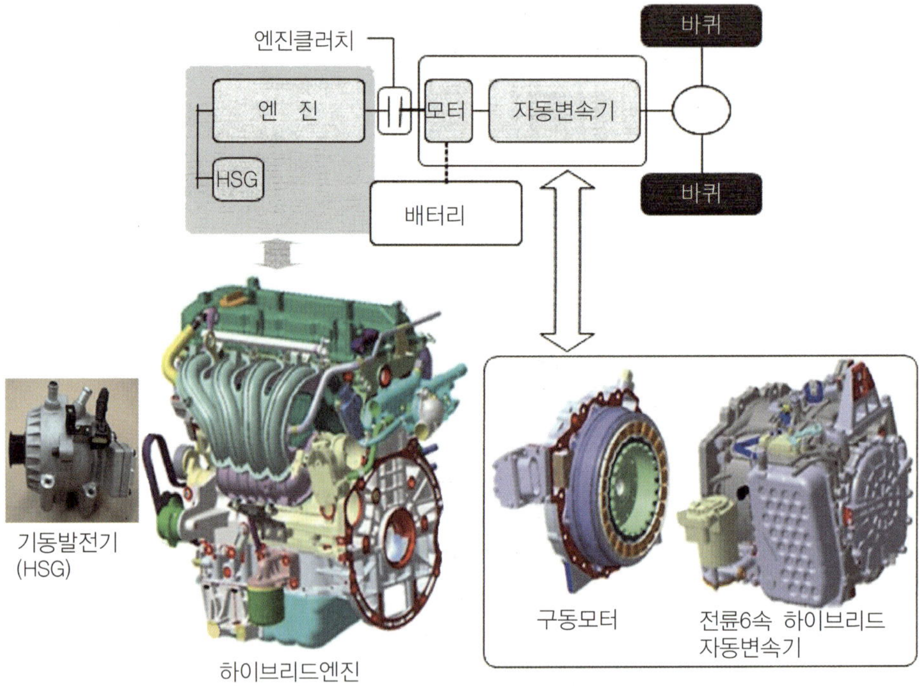

[그림 18] **하드방식-FMED변속기**

2.3. 자동변속기

기본구조는 엔진클러치, 유성기구 장치, 유압 제어기구, 작동기구로 구성되어 있다.

2.3.1. 엔진클러치

엔진 클러치는 하이브리드 주행모드로 전환시 엔진과 모터의 부드러운 동력전달 수행을 하며 차량이 EV모드로 주행하다가 엔진 동력으로 전환할 때 정지 상태의 엔진을 작동중인 HEV모터와 충격 없이 연결하는 제어를 하여야 한다.

엔진 클러치는 엔진과 HEV모터사이에서 엔진의 동력을 HEV모터로 연결하는 핵심부품이며 변속기 어셈블리 내부에 있다. EV모드 주행 중 동력원을 HEV모터에서 엔진으로 전환할 때 HCU는 시동모터인 HSG를 구동하여 시동을 하고 엔진 회전속도를 변속기 입력축 속도까지 신속히 높여 준다.

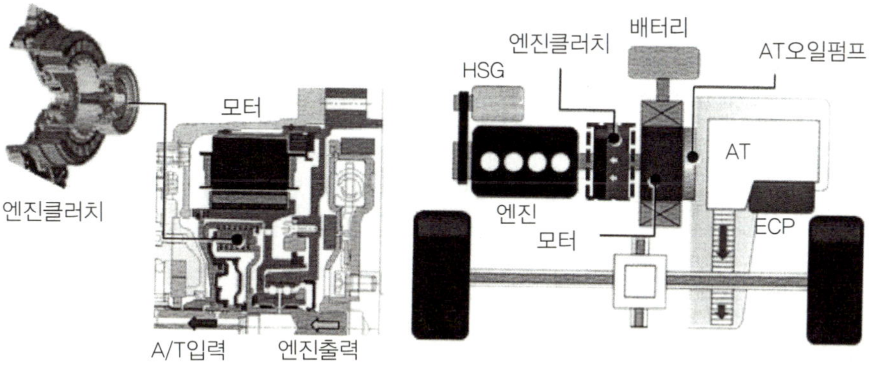

[그림 19] **엔진 클러치 제어**

이때 엔진과 변속기의 속도차는 거의 없는 상태가 되면 HCU는 엔진클러치 연결에 필요한 목표 유압을 TCU로 명령한다. 목표 유압은 차량 토크와 변속기 오일온도를 고려하여 설정되며, TCU는 변속기 밸브보디 내 엔진클러치 솔레노이드를 제어한다.

2.3.2. 유성 기어장치

유성 기어장치는 토크컨버터를 통하여 엔진에서 출력되는 동력을 각 단에 맞는 변속비로 변속하여 구동축에 전달하는 역할을 한다. 또 유성기어는 자동변속기의 변속단별 기어비를 만들고 후진을 할 수 있도록 해주는 장치이다.

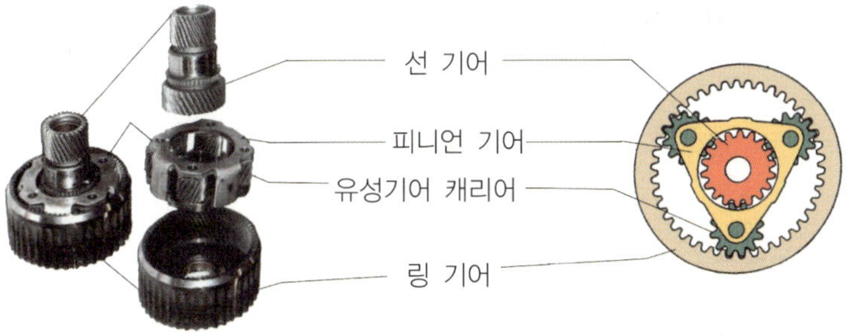

[그림 20] **유성기어 장치**

2.3.3. 유압제어 기구

유압제어 기구는 유압을 발생하는 오일펌프와 발생 유압을 제어 유압으로 조절하여 유로를 전환하여 각 작동요소(클러치와 브레이크)로 유압을 공급하는 밸브보디로 구성되어 있다. 여기에 하이브리드 차량에서는 차량 출발시 모터로만 출발이 가능함으로 엔진이 가동되지 않으므로 자동변속기에도 유압을 발생할 수 없어 별도의 전기식 유압펌프가 필요하다.

[1] 기계식 오일펌프

오일펌프는 토크변환기의 뒷부분 즉, 자동변속기 케이스 전단부나 변속기의 최후단부에 설치되어 있다. 이러한 오일펌프는 자동변속기의 오일 팬에 저장되어 있는 오일을 흡입하여, 변속기 내의 각 작동요소에서 필요한 유량과 유압을 생성하고 공급하는 역할을 하게 된다.

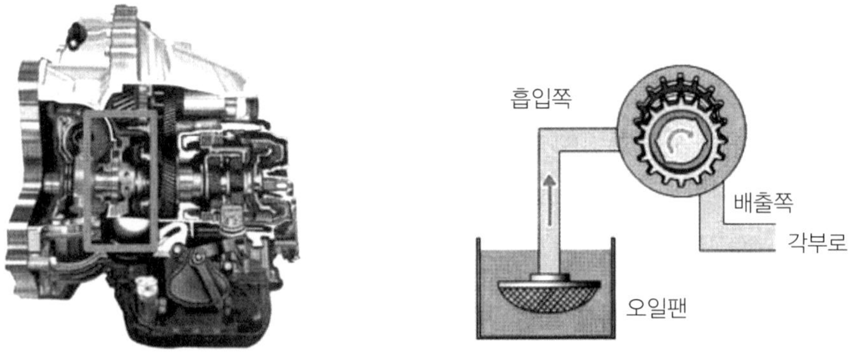

(a) (b)

[그림 21] **오일펌프**

[2] 전동식 오일펌프(EOP)

전동식 오일펌프는 엔진이 가동되지 않는 조전에서 자동변속기와 엔진클러치로 작동압을 공급하는 역할을 한다.

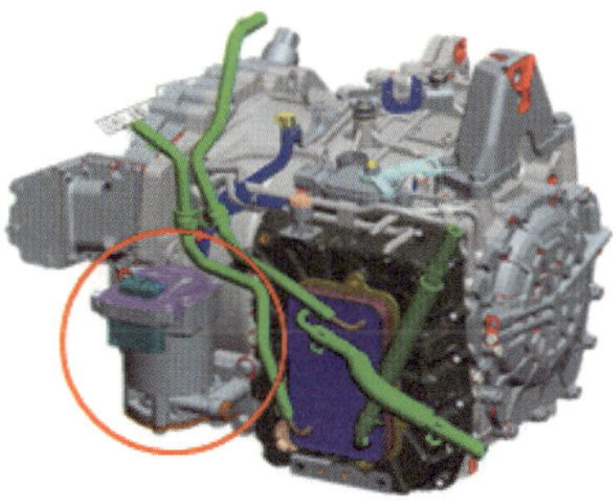

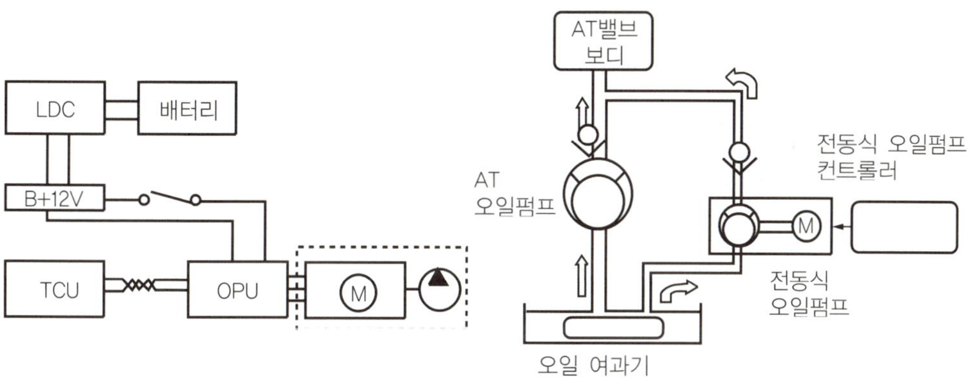

(a) EOP 컨트롤시스템 (b) EOP 오일압력 흐름도

[그림 22] **전동식 오일펌프**

[3] 밸브보디

밸브보디는 오일펌프에서 형성된 작동유압을 이용하여 토크변환기의 유압공급 및 해제하고, 솔레노이드밸브와 압력 제어밸브가 설치되어 변속기가 필요한 단에 맞도록 클러치와 브레이크에 유압공급 및 해제하는 역할을 하며 하이브리드 기능을 위해 엔진클러치 제어용 유압회로가 추가 되었다.

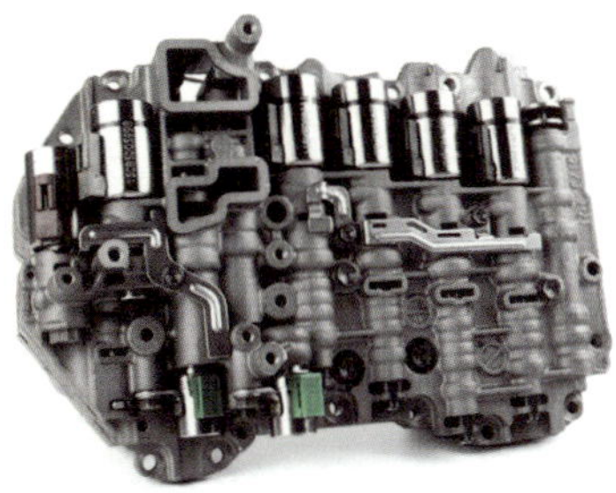

[그림 23] **밸브보디**

2.3.4. 작동기구

작동기구에는 기존 자동변속기와 동일하게 클러치와 브레이크로 구성되어 있으며 차량의 주행조건에 적합한 변속비를 얻도록 제어하는 장치이다. 따라서 이들 작동요소에 의해 유성기어장치의 어느 곳으로 입력(클러치)이 되고 어느 곳을 고정(브레이크)시키는가에 따라 운전조건에 알맞은 변속비를 얻을 수 있다.

[그림 24] **클러치와 브레이크의 구성**

[1] 클러치

클러치는 입력축의 구동력을 유성기어의 작동요소에 동력을 전달한다. 즉 각 단의 변속비를 얻기 위해 유성기어 장치의 요소가 각 단에 따라 구동요소가 변경되므로, 필요 단에 맞도록 구동요소를 변경하였을 때 구동되는 일을 한다.

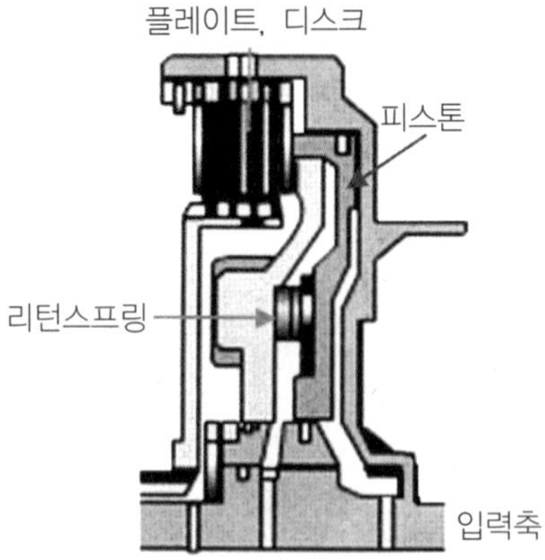

[그림 25] **클러치의 구조**

클러치는 작동유압이 피스톤에 작용하면 엔진의 회전력을 유성기어장치에 전달한다. 라인압력이 피스톤에 작용하면 피스톤은 디스크 스프링 선단을 눌러 다판 클러치를 압착시킴으로써 필요한 요소에 동력을 전달하게 된다. 라인압력이 작용하지 않으면 피스톤은 디스크 스프링 장력에 의해 다판 클러치를 풀리게 하여 동력을 차단하게 된다.

[2] 브레이크

유성기어를 이용한 변속은 유성기어의 작동요소를 고정 또는 회전해 변속비를 얻어내는 것을 알 수 있었다. 브레이크는 유성기어의 작동요소를 고정하는 기능을 한다. 즉, 각 단의 변속비를 얻기 위해 유성기어 장치의 요소가 각 단에 따라 고정요소가 변경되므로, 필요 단에 맞도록 고정요소를 변경하였을 때 고정해주는 일을 한다. 일반적으로 다판 클러치 형식과 밴드형식이 있다.

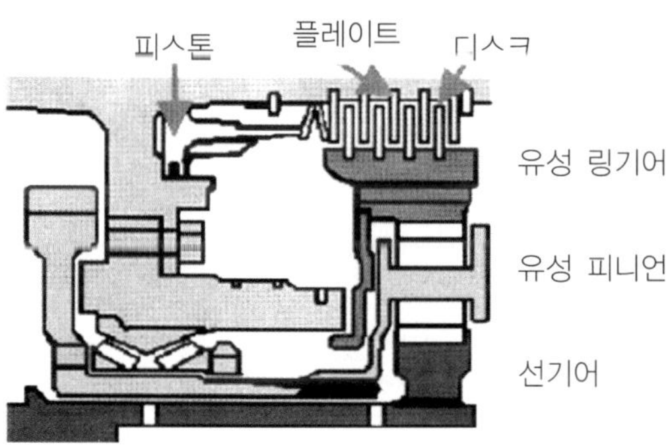

① 오일공급
↓
② 피스톤 작동
↓
③ 플레이트와 디스크를 압착하여 고정
↓
④ 브레이크 작동 및 유성기어의 링기어 고정

[그림 26] **다판 클러치 방식**

다판 클러치 방식은 여러 개의 플레이트와 디스크의 조합으로 이루어지며, 플레이트와 디스크를 피스톤을 이용하여 압착함으로써 브레이크를 작동시킨다. 유압 제어장치에서 압력이 피스톤에 가해지면 클러치 하우징과 연결된 플레이트가 공전하고자하는 유성장치와 연결된 클러치 디스크를 압착시켜 작동 요소를 고정시킨다.

밴드를 이용한 방식은 원형 띠 형태의 형상을 가지고 있으며, 피스톤을 이용하여 원형의 크기를 작게 하여 드럼을 압착함으로써 브레이크를 작동시킨다. 압력이 피스톤에 가해지면 피스톤 로드를 통하여 밴드를 조여 작동요소를 고정시킨다.

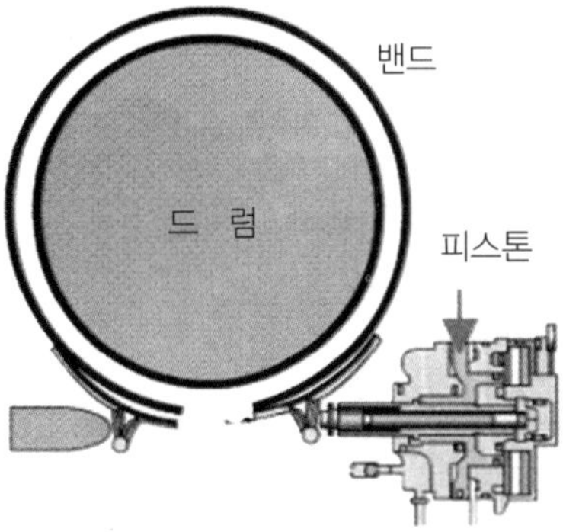

① 오일공급
↓
② 피스톤 작동
↓
③ 밴드의 직경이 작아져 드럼을 잡아 고정
↓
④ 드럼과 연결된 유성 기어의 선기어 고정

[그림 27] **밴드방식**

2.4. 유성기어방식 변속기

유성기어 방식 변속기는 트랜스액슬 댐퍼, 모터, 제너레이터, 체인, 유성기어부, 감속 기구부, 차동기구 등으로 구성된다. 이 방식은 동력 분할기구(power split device)와 구동용 모터와 발전용 제너레이터를 내장하며 유성기어에 의해 무단 변속기구로 매끄러운 주행과 정숙성을 실현하였다.

[표] **동력 전달부 사양**

기어 명칭	구성 기어	잇 수
플래니터리 기어 (동력 분할 기구)	링 기어	78
	피니언 기어	23
	선 기어	30
감속비		4.113
체인	링크 수	72
	드라이브 스프라켓	36
	드리븐 스프라켓	35
카운터 기어	드라이브 기어	30
	드리븐 기어	44
파이널 기어	드라이브 기어	26
	드리븐 기어	75

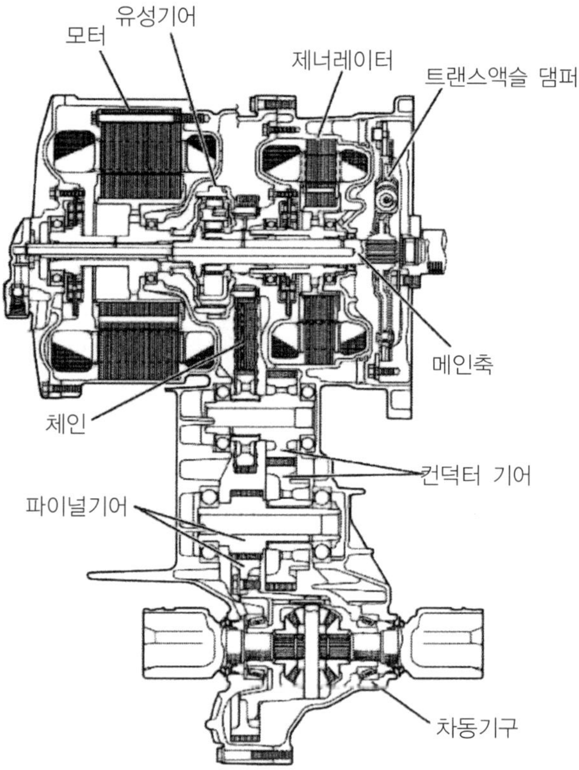

[그림 28] **트랜스액슬의 단면**

2.4.1. 트랜스액슬 댐퍼

트랜스액슬 댐퍼는 엔진 구동력 전달기구로 저 비틀림 특성인 코일스프링식 댐퍼를 적용하였고 건식·단판 마찰재를 사용한 토크변동을 흡수하는 기능이다.

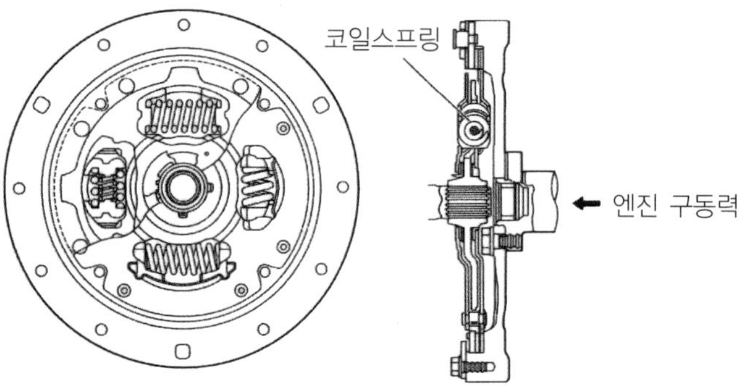

[그림 29] **트랜스액슬 댐퍼**

2.4.2. 오일펌프

오일펌프는 기어 구동부의 윤활용으로 사용하며 엔진과 오일펌프 드라이브 로터가 오일펌프 드라이브샤프트에 의해 연결되어 엔진구동 시에만 기어의 윤활을 행함으로써 오일펌프의 구동손실을 저감하여 구동계 전달효율의 향상된다.

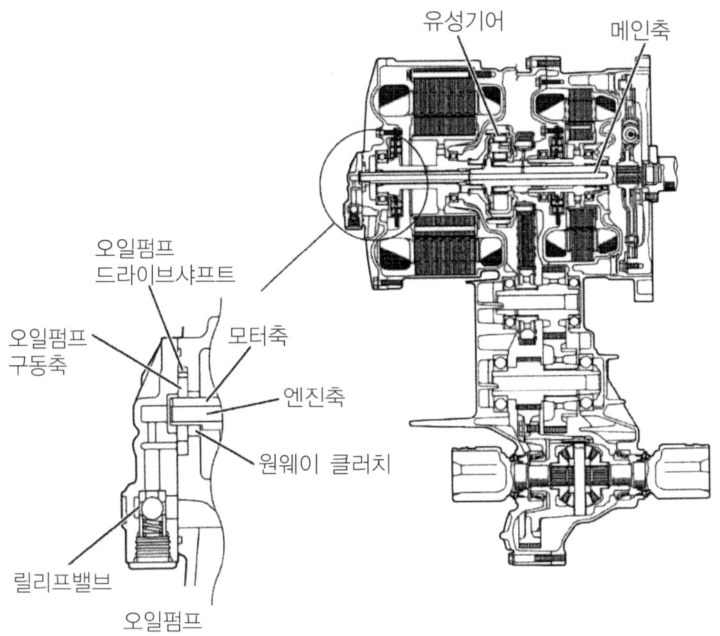

[그림 30] **오일펌프**

2.4.3. 기어 트레인

기어 트레인은 동력 분할기구로써 유성기어부(동력 분할기구; power split device), 모터, 제너레이터, 체인, 감속기구(카운터 기어 및 파이널 기어)부 등으로 구성되어 있다. 주축에 유성 기어, 모터, 제너레이터 및 체인 드라이브 스프로켓을 배치하고, 제2축에 체인 드리븐 스프로켓, 카운트 드라이브 기어, 제3축에 카운터 드리븐 & 파이널 드라이브 피니언 기어, 제4축으로 파이널 링 기어 & 차동 기구부를 배치되어 있으며 동력 분할기구는 링기어·피니언기어·선기어·캐리어를 사용하고 있다.

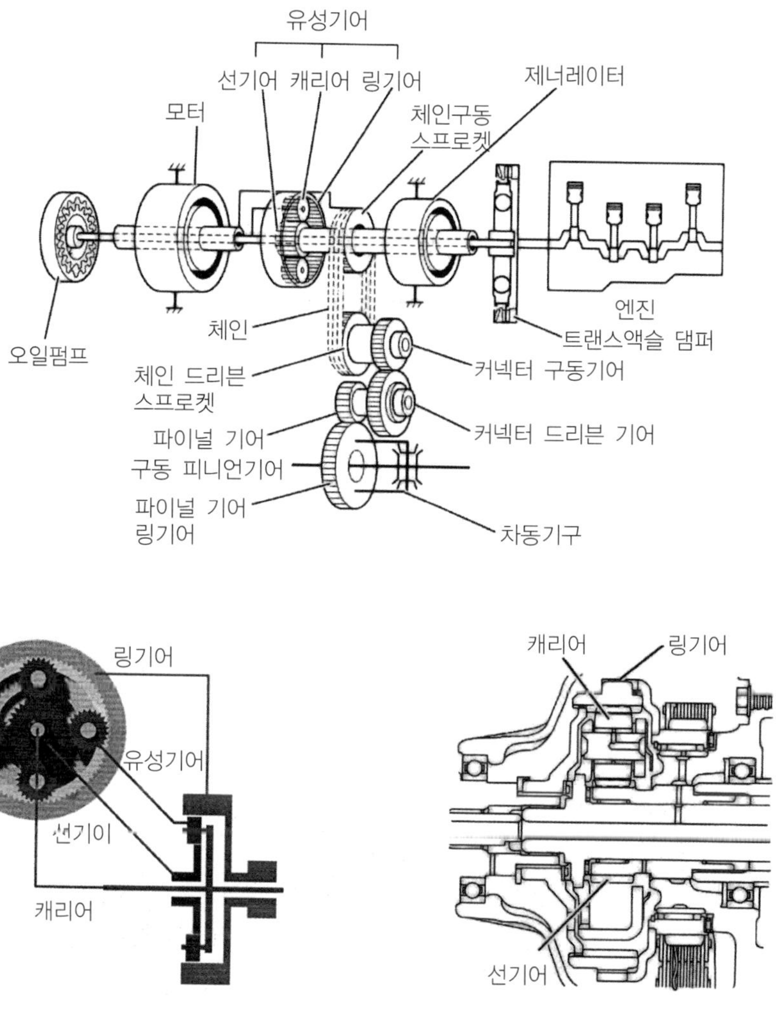

[그림 31] **기어 트레인**

캐리어의 회전축과 엔진이 연결되어 있고, 외주의 링 기어 회전축은 모터와 직결하고 있으며 출력축과 기계적으로 연결되어 있다. 선 기어의 회전축은 제너레이터에 연결되어 있다.

2.4.4. 동력 분할기구의 작동

동력 분할기구를 구성하는 3요소인 회전방향, 회전수 및 힘의 균형을 시각적으로 표현하는 방법으로 선도를 사용한다. 3개의 종축 간격은 기어비, 종축의 높이는 회전수를 나타낸다.

선도 상에서 3개의 기어 회전수가 반드시 직선으로 연결되는 관계에 있다.

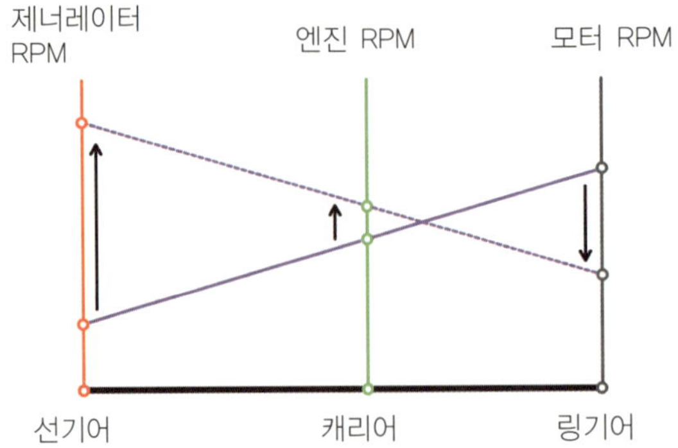

[그림 32] 동력 분할기구의 작동

[1] 차량 정지시(하이브리드시스템 가동 기능상태)

(1) SOC양호

하이브리드 차량의 배터리 SOC가 양호한 상태에서는 엔진은 정지하고 있고 모터와 제너레이터도 정지하고 있다.

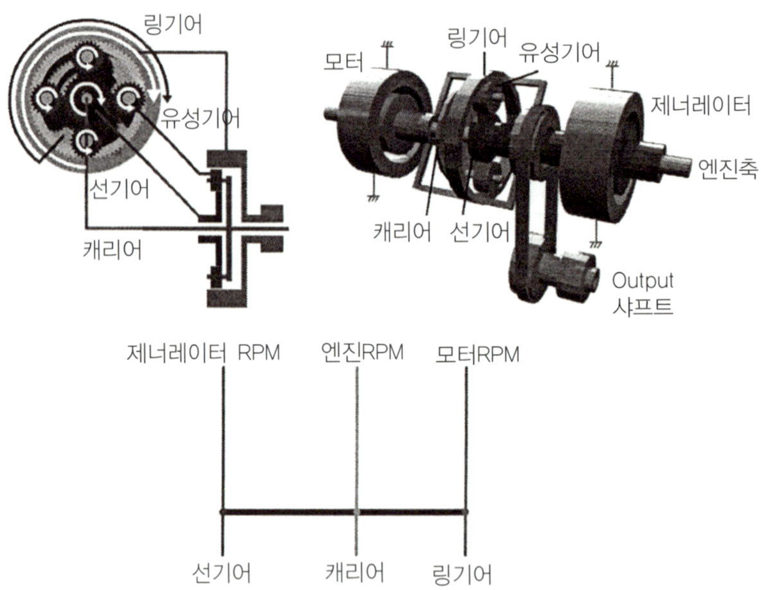

[그림 33] SOC양호

(2) SOC 저하

하이브리드 차량의 배터리 SOC가 저하되었을 경우, 구동륜이 정지하고 있기 때문에 링 기어는 정지하고 있다. 이 경우에 제너레이터에 전기가 공급되어 모터로 동작을 하게 되고 그 출력은 선 기어를 거쳐 엔진 축에 연결되어 있는 플래니터리 캐리어를회전시킴으로써 엔진을 구동하게 되고 연료분사가 실행되면서 시동이 걸린다.

엔진이 동작함과 동시에 제너레이터는 원래 기능인 발전을 개시하고 하이브리드 차량의 배터리에 충전을 실행한다.

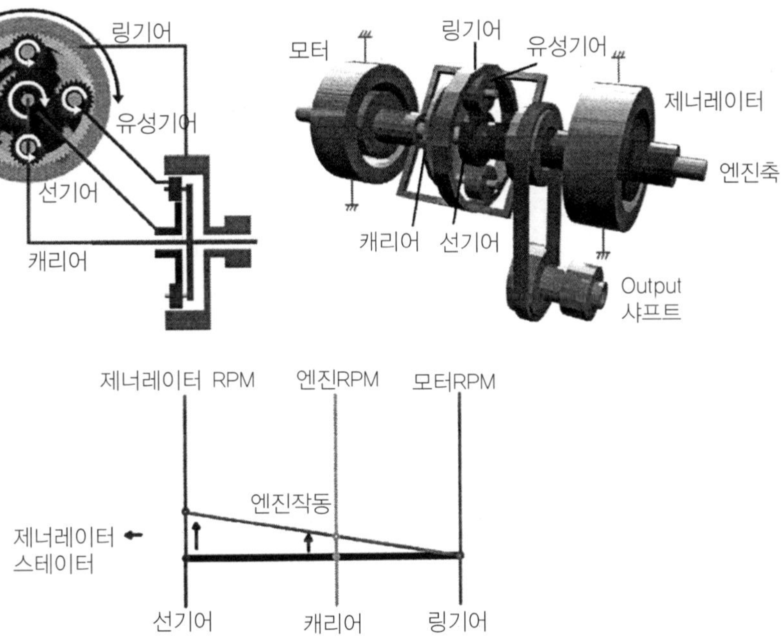

[그림 34] SOC 저하

[2] 발진·경부하주행시

발진과 경부하 주행시는 구동륜의 속도(모터의 속도), 모터 및 엔진의 속도차이만 있을 뿐 동작 상태는 동일하다.

(1) SOC 양호

하이브리드 차량의 배터리 SOC가 양호한 상태에서는 하이브리드 차량의 배터리 전력을 이용하여 모터의 출력에 의한 발진 및 주행을 실행한다. 모터는 체인 드라이브 스프라켓과 연결되어 있는 링기어와 직결되어 있기 때문에 모터의 출력이 구동륜에 전달된다. 이 경우 엔진은 정지하고, 제너레이터는 역회전 하지만 발전은 실행하지 않는 공전 상태이다.

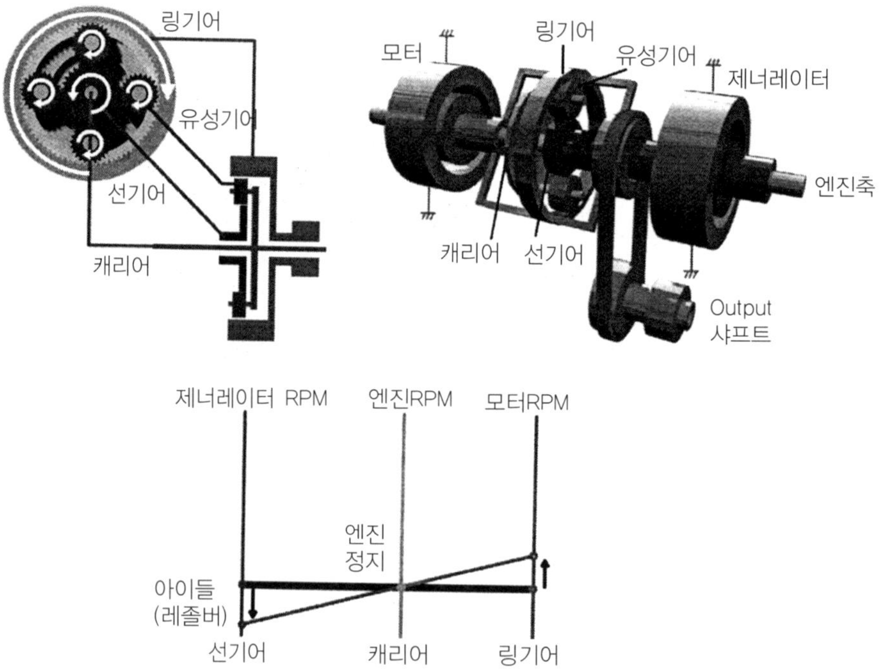

[그림 35] SOC 양호

(2) SOC 저하

SOC가 저하되었을 때에는 제너레이터가 스타터역할을 하여 엔진 시동을 건 후 제너레이터로 발전하고 발전 전력을 통해 모터를 구동한다. 발전 전력의 일부는 하이브리드 차량의 배터리 충전에 사용된다.

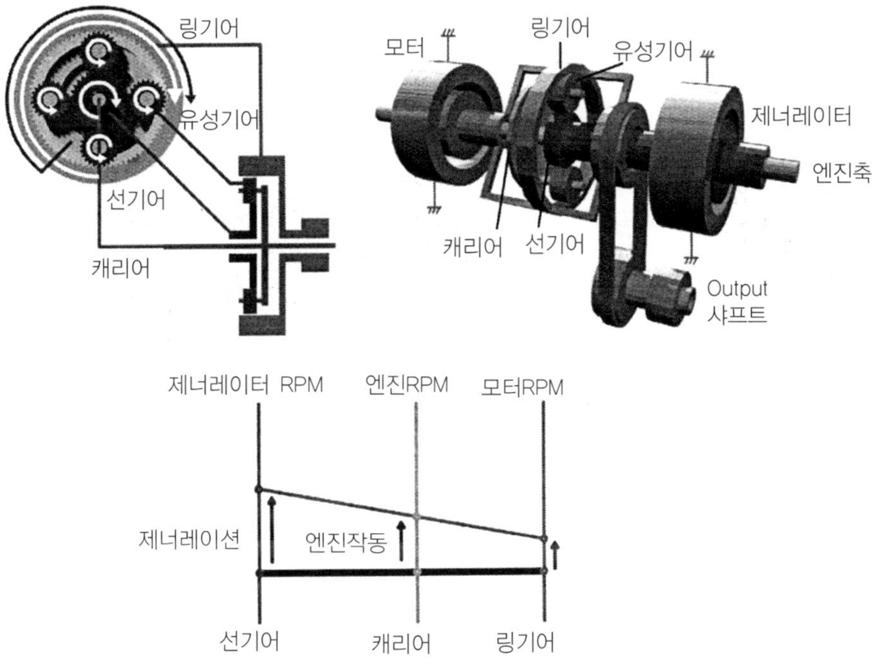

[그림 36] SOC 저하

[3] 정상 주행시

(1) SOC 정상

엔진 효율이 좋은 운전영역임으로 주로 엔진의 출력으로 주행한다. 엔진의 출력은 플래니터리 캐리어를 거쳐 선 기어와 링기어에 전달된다. 링기어에 전달된 출력은 구동륜에 직접 전달되고 선 기어에 전달된 동력은 발전기를 구동시켜 모터를 구동함으로써 구동륜의 출력을 보조하게 한다.

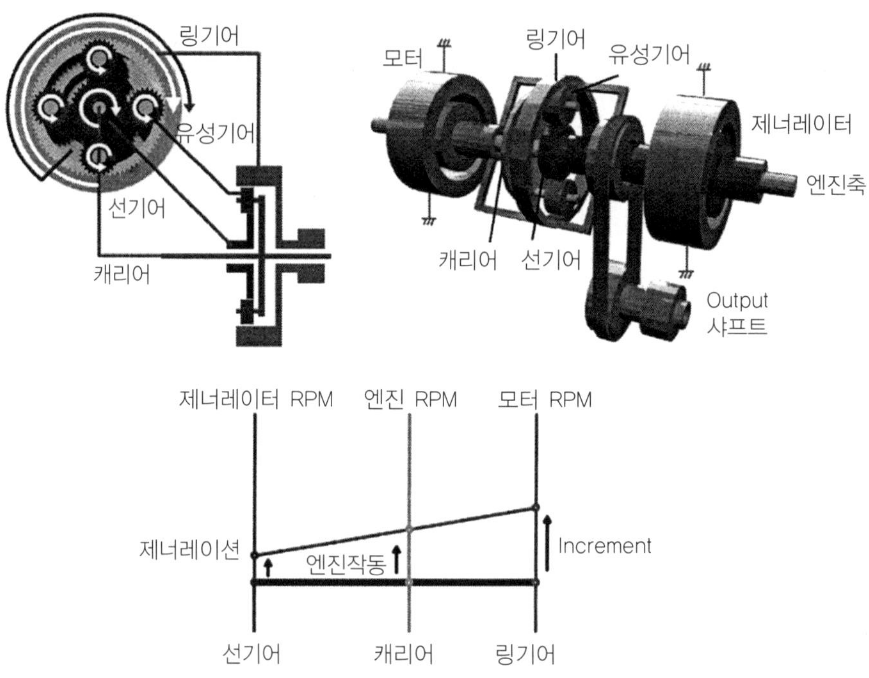

[그림 37] SOC 정상

(2) SOC 부족

하이브리드 차량의 배터리 SOC가 저하되면 엔진 출력을 증가시켜 제너레이터를 통한 모터 구동과 동시에 HV배터리 충전을 실행한다.

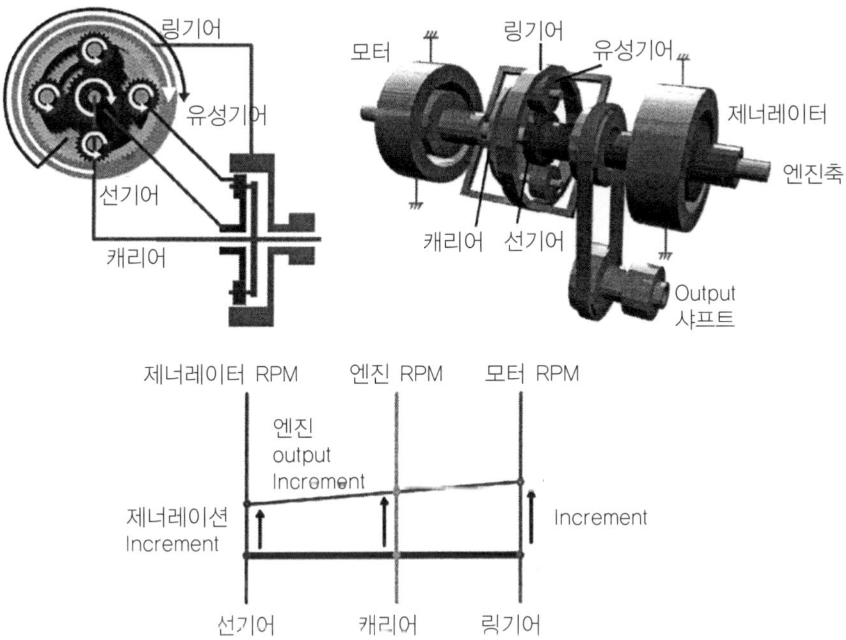

[그림 38] SOC 부족

[4] 가속시

정상 주행상태에서 가속을 실행하게 되면 엔진의 출력을 증가시켜 구동륜의 출력을 증가시키고 제너레이터의 회전수도 상승시켜 발전량을 증가시킨다. 발전량 증가에 따라 모터의 출력도 상승하게 됨으로 엔진에 의한 출력을 보조하게 된다.

급격한 가속이나 출력을 더욱 증대해야할 경우에는 엔진 출력의 증가뿐만 아니라 제너레이터의 발전량에 하이브리드 차량의 배터리 전력을 보조하여 모터의 출력을 증가 시킨다.

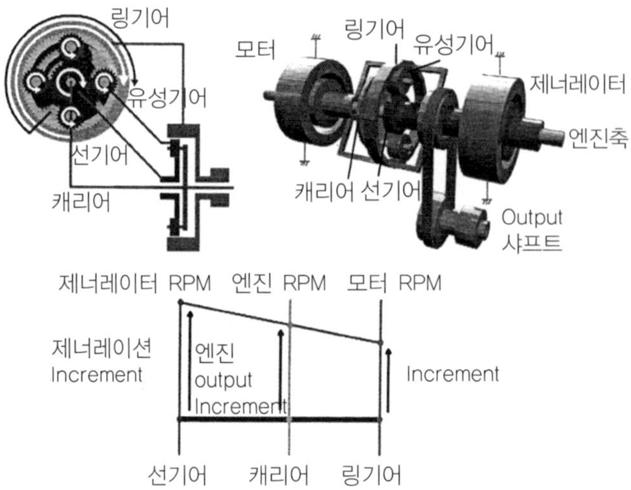

[그림 39] **가속시**

[5] 후진시

발진시와 동일하며 모터의 구동력만으로 후진 주행한다. SOC가 저하된 경우에는 엔진을 구동시켜 제너레이터를 통해 모터구동과 하이브리드 차량의 배터리에 충전을 실행 한다.

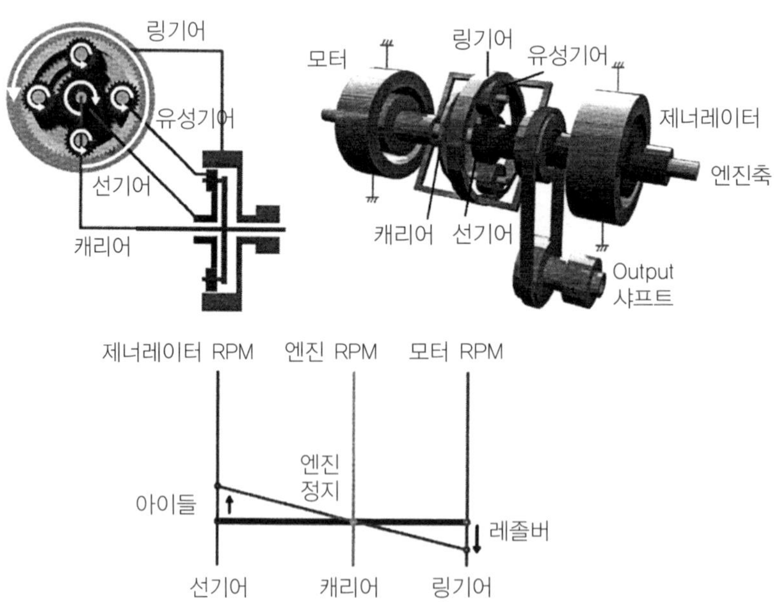

[그림 40] **모터의 구동력만으로 후진 주행**

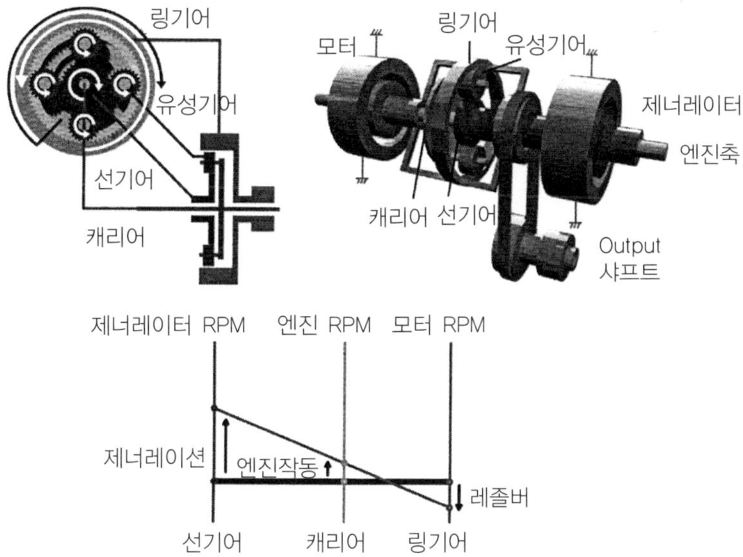

[그림 41] **SOC가 저하된 경우**

[6] 감속 및 제동시

감속 및 제동시 SOC가 규정치 이하일 경우 역으로 구동륜에 의해서 모터를 회전시킴으로써 운동에너지를 전기 에너지로 변환하고 하이브리드 차량의 배터리에 충전한다.

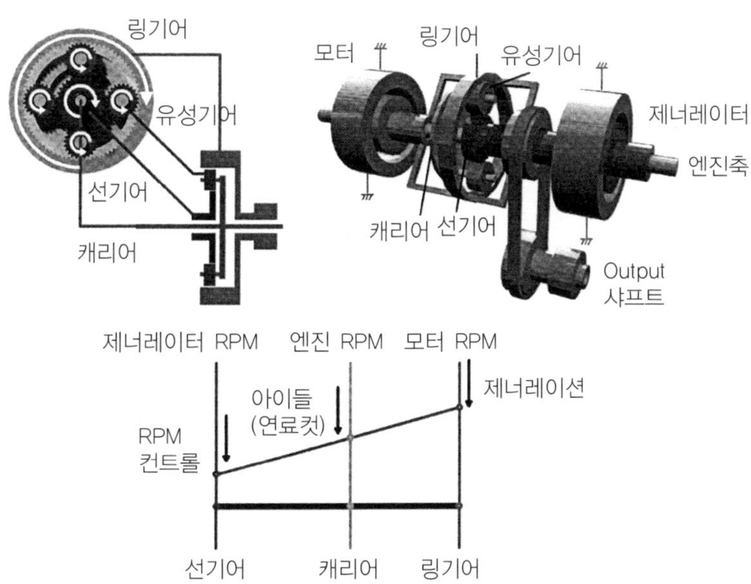

[그림 42] **감속 및 제동시**

Chapter

05

수소연료 전기자동차

01 수소연료 전지자동차의 개요

수소연료 전지자동차(FCEV: fuel cell electronic vehicle)는 수소(H_2)와 산소(O)가 반응해 물(H_2O)을 생성하고, 생성하는 과정에서 발생되는 전기적인 에너지를 저장해 전원으로 사용하는 자동차를 말한다. 즉, 수소를 직접 태우지 않고 수소와 공기 중 산소를 반응시켜 발생되는 전기로 모터를 돌려 구동력을 얻는 친환경 자동차. 연료비가 가솔린의 1/3 정도이며, 이산화탄소 배출을 줄일 수 있는 장점이 있어 궁극적인 미래차라고 할 수 있다.

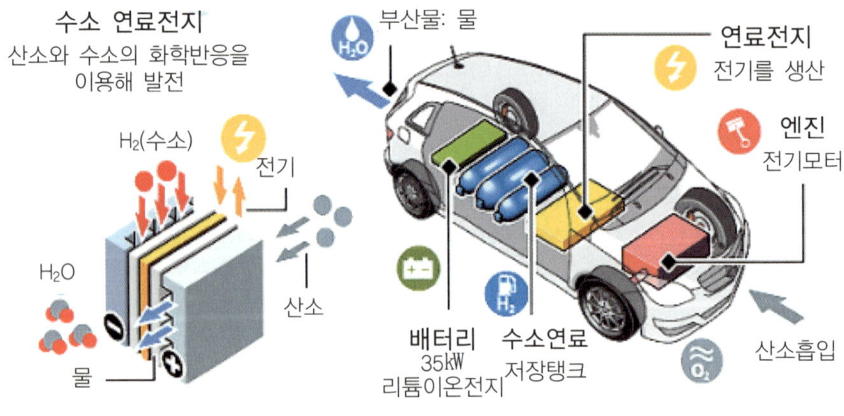

[그림 1] 수소연료 전지자동차의 구조

현대자동차가 2014년도에 세계 최초로 양산화에 성공하였지만, 아직 고가의 차량가격과 인프라 구축이 걸림돌이 되고 있다. 수소는 이 세상에서 가장 풍부한 화학원소이며 우주를 이루는 원소의 90%가 수소이고 물의 2/3가 수소원자로 구성되어 있다. 수소는 연소하면서 다시 물을 만들어내기 때문에 고갈될 염려가 없고, 환경을 오염시키지 않으며 석유나 가스처럼 지구의 일부에 치우쳐 있지 않아 자원분쟁을 줄일 수 있다. 그리고 내연기관 엔진의 효율 30% 수준 대비 연료전지 40~60%로 효율이 높다.

[그림 2] 수소연료 전지자동차의 흐름

전지는 크게 1차 전지와 2차 전지로 구분할 수 있다. 1차 전지는 충전이 불가능한 건전지가 대표적이며, 2차 전지는 리튬이온전지, 니켈수소전지 등이 있다. 연료전지는 연료를 주입하면 연속사용이 가능하기 때문에 3차 전지라고도 한다.

(a) 1차 전지 (b) 2차 전지 (c) 3차 전지 또는 연료전지

[그림 3] 전지의 종류

수소와 산소를 결합시켜 전기를 생산하는 발전형 전지라고 구분되므로 전지라는 단어를 사용한다.

▶▶▶ Reference 수소연료 전지자동차(FCEV)

수소연료 전지자동차(FCEV)는 수소를 연료로 사용해 영구적인 전기를 생산할 수 있는 전지형태의 자동차란 뜻이다.

수소연료전지의 원리에 앞서 먼저 물의 전기분해에 대해 살펴보도록 하자. 순수한 물인 증류수는 전기가 통하지 않기 때문에 전해질을 이용하여 물을 전기분해 하면 (-)극에는 수소가 발생하고 (+)극에는 산소가 발생된다. 즉, 물에서 산소와 수소를 발생시키기 위해서는 전기가 필요하여 수소가 연소되면 물이 생기게 된다. 즉, 수소는 공기중에서 에너지를 공급받으면 폭발적으로 반응하며 그 부산물로 물인 H_2O를 생성한다.

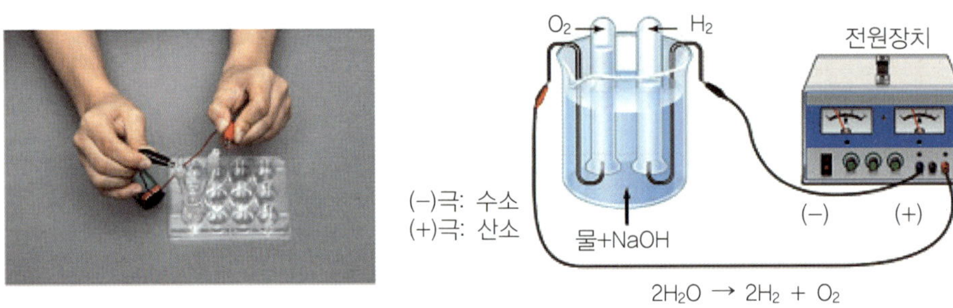

(a) 물 전기분해 (b)

[그림 4] 물의 전기분해

수소연료 전지자동차는 직접 수소를 연소하지 않고, 수소와 산소가 가지고 있는 화학 에너지를 전기화학반응에 의하여 직접 전기 에너지로 변환시키게 된다.

수소연료전지는 연료(수소)에너지를 전기에너지로 변화시킬 때 수소와 공기를 전극 표면에서 산화반응시켜 그 반응에 따라 얻어지는 화학에너지를 직접 전기에너지로 변화한다.

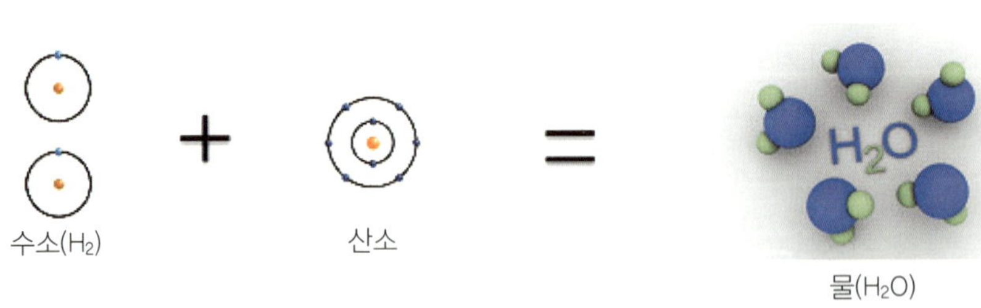

[그림 5] 화학반응

1.1. 연료전지의 화학반응

연료전지(fuel cell)는 수소와 산소의 화학반응으로 생기는 화학에너지를 직접 전기에너지로 변환시키는 기술을 이용한 전지이다. 즉 연료와 산화제를 전기화학적으로 반응시켜 전기에너지를 발생시키는 장치이다. 이 반응은 전해질 내에서 이루어지며 일반적으로 전해질이 남아있는 한 지속적으로 발전이 가능하다.

$$H_2 + \frac{1}{2}O_2 = H_2O \ +\text{전기}$$

- **연료극**(anode (+)극): $H_2 = 2H^+ + 2e^-$
- **공기극**(cathode (-)극): $1/2\ O_2 + 2H^+ + 2e^- = H_2O$
- **전체반응**: $H_2 + 1/2O_2 = H_2O\ Eo = 1.23V$

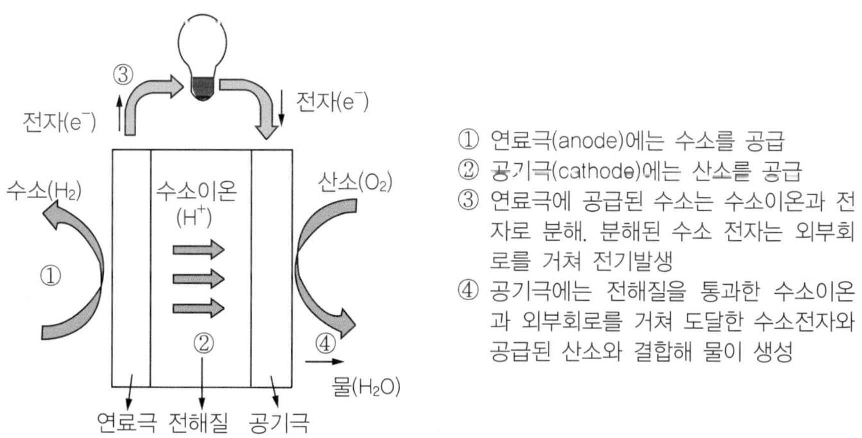

[그림 6] 전기화학반응

연료전지의 구조는 전해질을 사이에 두고 두 전극이 샌드위치의 형태로 위치하며 두 전극을 통하여 수소이온과 산소이온이 지나가면서 전류를 발생시키고 부산물로서 열과 물을 생성한다.

① 연료극인 양(+)극에 수소를 공급하고 공기극인 음(-)극은 공기(산소)를 공급한다.
② 수소는 양(+)극에서 촉매에 의해 수소(H^+)이온과 전자(e^-)로 분리된다.
③ 수소이온은 전해질 층을 통해 이동하고 전자(e^-)는 외부 전기회로를 거쳐 음(-)극

으로 이동. 음(-)극으로 이동한 수소이온(H^+)과 전자(e^-)는 산소와 결합하여 물(H_2O)을 생성한다.

④ 결합 과정에서 전자가 지닌 전기 에너지가 외부회로를 통과하면서 전기를 발생시키고 화학반응에 의해 열이 발생한다.

환경차는 기존 하이브리드와 전기자동차에 새롭게 적용되는 수소연료전지 자동차로 구분될 수 있다. 각 시스템별 주요 특징은 아래 그림과 같다.

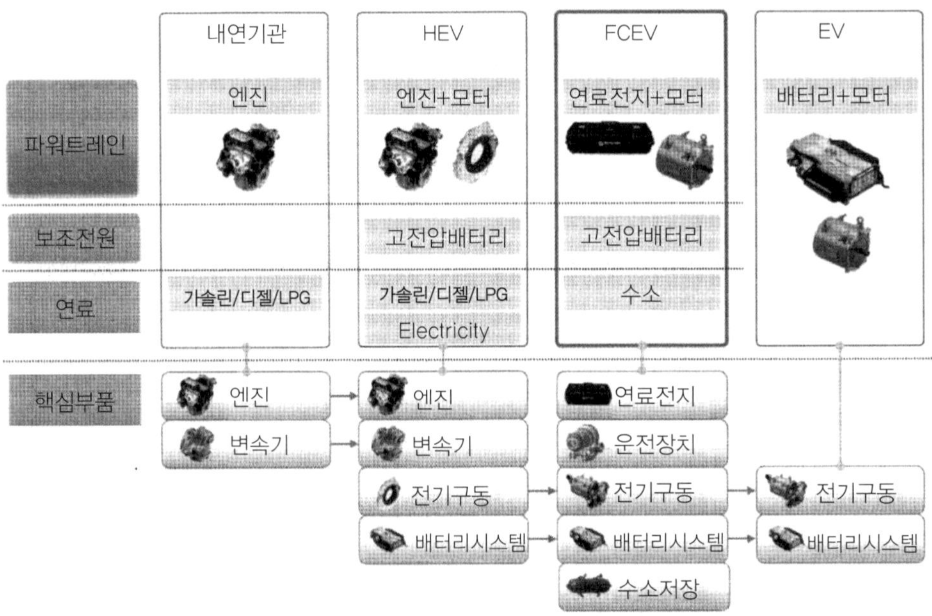

[그림 7] 각 시스템별 구조 및 특징

[1] 수소

제1A족 및 제7B족에 속하는 원소와 유사한 점이 있어 이들 양쪽에 포함시키거나 또는 그 특이성을 중요시하여 어느 족에도 포함시키지 않고 독립적으로 취급하기도 한다.

동위원소로는 질량수 2 및 3인 것(중수소라고 한다)이 있지만 다른 원소의 경우와는 달리 보통 수소원자(질량수 1인 것, 중수소에 대응시킬 때는 경수소라고 한다)의 2배, 3배로 되기 때문에 질량의 차가 뚜렷하고, 따라서 성질의 차이가 크다. 이 사실로부터 보통 수소를 프로튬(protium), 중수소를 듀테륨(deuterium), 트리튬(tritium)으로 하여 구별한다.

수소의 성질은 무색·무미·무취의 기체로 지구상에 존재하는 물질 중에서 가장 가볍다. 항상 수소분자 H_2로 이루어진다. 임계온도(臨界溫度) −239.9℃, 임계압력 12.8atm, 물에는 18℃에서 1부피에 0.0185 부피 녹는다. 상온에서는 오르토수소와 파라수소의 3 : 1 혼합물이다.

또한 상온에서는 반응성이 적지만, 온도가 높으면 많은 원소와 직접 반응한다. 산소와의 2 : 1 혼합물은 500℃ 이상에서 격렬하게 반응하여 폭발하며, 산소수소 폭명기(爆鳴氣)라고 한다.

그 밖에 황과는 황화수소, 질소와는 암모니아, 염소와는 염화수소를 생성하며 많은 금속과도 직접 반응하여 수화물을 만든다. 금속 염화물이나 산화물을 가열하면 환원되어 금속을 생성한다. 일반적으로 화합물 중에서의 원자가는 양 1가 또는 음 1가의 값을 가진다.

1.2. 연료전지의 특징과 기대효과

연료전지 특성은, 연료가 전기화학적으로 반응하여 전기를 생산하는 과정에서 열도 발생하므로 총 효율을 80% 이상으로 높이는 고효율 발전이 가능하며, 기존의 화력발전에 비해 효율이 높으므로 발전용 연료의 절감이 가능하고 열병합 발전도 가능하다. 또한 NOx와 CO_2의 배출량이 석탄 화력발전의 1/38과 1/3 정도이며, 소음도 매우 적어 공해 배출요인이 거의 없는 환경 친화적 에너지 발전시스템으로 각광 받고 있다.

1.2.1. 연료전지의 특징

① **고효율**: 카르노사이클의 제한을 받지 않음(효율 〉 40%)

② **무공해**: NOx와 SOx를 배출하지 않음

③ **무소음**: moving parts가 없음

④ **모듈화**: 건설과 증설이 용이하고 다양한 용량이 가능

⑤ **다연료**: 수소, 석탄가스, 천연가스, 매립지가스, 메탄올, 휘발유의 사용이 가능

⑥ **열병합(고온 연료전지의 경우)**: 폐열 활용이 가능

1.2.2. 연료전지의 기대효과

① 고분자전해질 연료전지 및 이를 이용한 무공해 연료전지 자동차 개발을 통해 원천기술을 확보하고 관련기술을 산업체에 이전함으로서 산업경쟁력 강화에 기여

② 선진국에서 무공해 자동차의 사용이 곧 의무화될 것이 예상됨에 따라 기술자립을

통해 자동차 수출증대에 이바지

③ 고효율, 무공해 연료전지 자동차의 개발로 환경오염 방지 및 수송용 에너지 절약에 기여

④ 고분자 전해질 연료전지는 자동차용 동력원외에 발전용(분산용 발전, 가정용 전원)이나 이동용(정보통신 장비용), 군수용(잠수함 동력원) 등으로 활용 가능

[표] 연료 전지자동차의 주요 구성품

주요 구성품	특 징
연료전지 스택	• 원하는 전기출력을 얻기 위해 단위전지를 수십장, 수백장 직렬로 쌓아 올린 본체 • 단위전지 제조, 단위전지 적층 및 밀봉, 수소공급과 열회수를 위한 분리판 설계·제작 등이 핵심기술임
주변보조기기 (balance of plant) BOP	• 연료, 공기, 열회수 등을 위한 펌프류, blower, 센서 등을 말한다. • 내연기관에는 연료 및 공기공급, 냉각, 배기를 위한 장치로 구성된 엔진 운전장치가 있듯이, 연료전지 발전 시스템에도 같은 기능을 하는 연료전지 운전장치가 있는데, 열 및 물질 수지 개념을 중요시하는 화학 공정에서는 이를 BOP라 한다.
수소저장탱크	수소를 자동차에 탑재하기위한 방법으로는 크게 고압수소가스 저장, 액체수소저장, 수소흡장물질에 의한 저장, 탄소나노기술에 의한 저장 등 네 가지 방법이 있다.
개질기 (reformer)	화석연료(천연가스, 메탄올, 석유 등)로 부터 수소를 발생시키는 장치이다. 이는 시스템에 악영향을 주는 황(10ppb 이하), 일산화탄소(10ppm 이하) 제어 및 시스템 효율향상을 위한 compact가 핵심기술
전력변환기 (inverter)	• 연료전지에서 나오는 직류전기(DC)를 우리가 사용하는 교류(AC)로 변환시키는 장치 • 직류를 교류로 만들기 위해 변조기가 사용 • 인버터는 컨버터에 비해 구조가 복잡

1.3. 수소자동차의 특징

1.3.1. 수소자동차의 장점

수소에너지는 공해물질이 배출되지 않아 대안 에너지의 가장 이상적인 매개체라 할 수 있다. 수소를 얻을 수 있는 원료로 물이 풍부하게 존재하고, 여러 가지의 1차 에너지를 사용하여 제조할 수 있다.

따라서 자원적으로 제약을 받지 않는다. 수소가 연소되거나 전기로 변환되어 산출된 물은 환경에 완전 무해하고 다시 사용될 수 있다. 수소의 사용은 기후변화의 원인

물질의 배출을 줄일 수 있고 대기오염 물질을 줄일 수 있으며 그로 인해 지구온난화 방지에도 기여한다. 지속적인 에너지와 자동 공급도 가능하다.

수소에너지 시스템은 다양한 에너지원으로부터 생산되어 저장, 수송되고, 전기적 이용, 산업, 가정, 자동차, 비행기, 공장 등에서 사용된다. 전력과는 달리 수소 에너지는 저장이 쉽다.

1.3.2. 수소자동차의 단점

수소에너지는 안정이 사용상 문제점으로 제시되는데, 이는 폭발범위가 크고, 착화가 용이하고, 수소의 화염은 무색으로 식별이 어려운 반면 확산 및 화염속도가 크기 때문이다. 거의 모든 수소는 산소와 결합해서 물의 모양으로 존재하기 때문에 물을 분해하여 수소를 얻자면 수소를 태워 방출되는 에너지와 맞먹는 양의 에너지가 필요하다. 이런 경제성 때문에 종래 우주 로켓용의 수소 엔진과 같은 특수한 목적을 제외하면 수소의 이용 연구는 활발하지 못하였다.

1.3.3. 수소자동차 엔진의 연구 방향

현재 미래의 에너지원으로서의 수소에너지에 관한 연구는 선진 각국에서 활발히 진행되고 있으며 발전 등의 용도 이외에 자동차용 연료로서의 연구도 동시에 진행되고 있다. 아직 초기 단계로서 고압용기와 단순한 구조의 엔진을 사용하고 있으며 차량 자체보다 태양광으로 발전한 전기를 이용한 수소 전기분해 시설의 운영에 초점을 맞추고 있다.

일본 마쯔다의 경우 로터리엔진과 metal hydride 저장장치를 사용하여 시험 차량을 운영하고 있다. 독일의 경우 BMW 및 연구소에서 액체수소 이용 기술과 고성능 인젝터의 실용화 연구에 주력하고 있다. 이밖에 캐나다, 이탈리아, 인도 등에서도 수소자동차에 관한 기초 연구를 진행하고 있다.

현재까지의 연구는 아직 실용화에는 미치지 못하고 있으며 엔진 형식, 수소 공급방식, 수소 저장방식에 있어 다양한 시도가 이루어지고 있는 기초 연구 단계라 할 수 있다.

최근 독일의 다임러- 벤츠사가 세계 최초의 수소자동차를 공개했다. 메르세데스-벤츠의 소형 A-클래스를 기본 모델로 한 네카-3은 메탄올을 수소로 바꿔주는 연료전지를 이용 엔진을 구동시키기 때문에 기존의 화석연료 자동차보다 유해가스 배출량이 훨씬 적다. 이산화탄소 배출량이 기존의 화석연료 자동차의 50%이며 일산화탄소, 아황가스, 산화질소는 1%에 불과하다. BMW는 1978이래 수소 동력의 내연기관을 연구하기 시작하였다.

이 연구는 종래 엔진의 연료를 점화하는 스파크플러그 대신에 엔진을 돌리기 위해 탱크로부터의 수소를 외부 공기로부터 유입된 산소와 반응을 시키는 원리를 이용한 것으로 간단하나 꽤 착상이 좋은 것이었다. 이 반응의 결과는 무해한 수증기뿐이었다. 또 벤츠가 1994년 NECAR1(New Electric Car)이라고 하는 이름으로 처음 주행시키면서부터 널리 알려졌다.

[그림 8] 1994년 NECAR1(New Electric Car)

독일에서는 BMW가 제작한 수소연료 차량이 운행 중에 있으며, 뮌헨공항 등지에 액체수소 충전소가 시범적으로 설치되어 있고, 완전 자동인 수소연료 공급은 3분이 채 걸리지 않는다고 한다.

[그림 9] 수소 충전

02 FCEV(fuel cell electronic vehicle)의 구성

2.1. 구성부품의 레이아웃

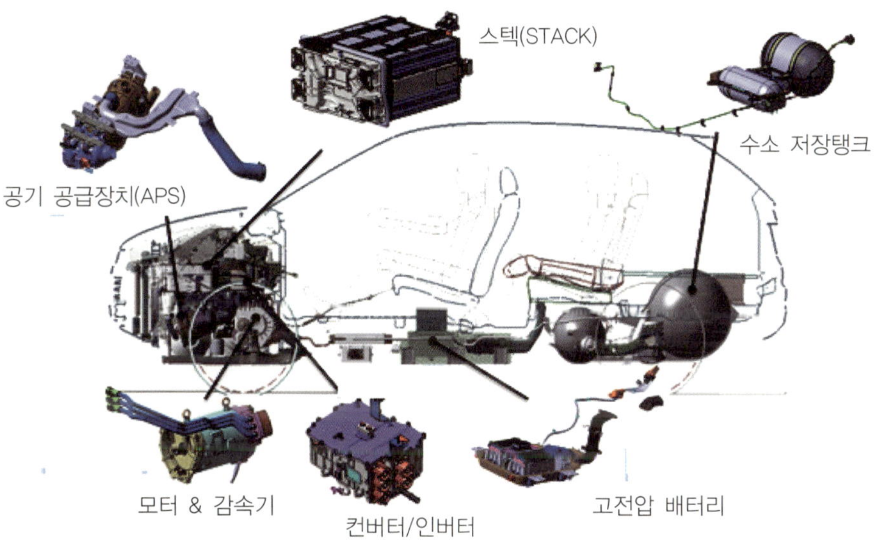

(a)

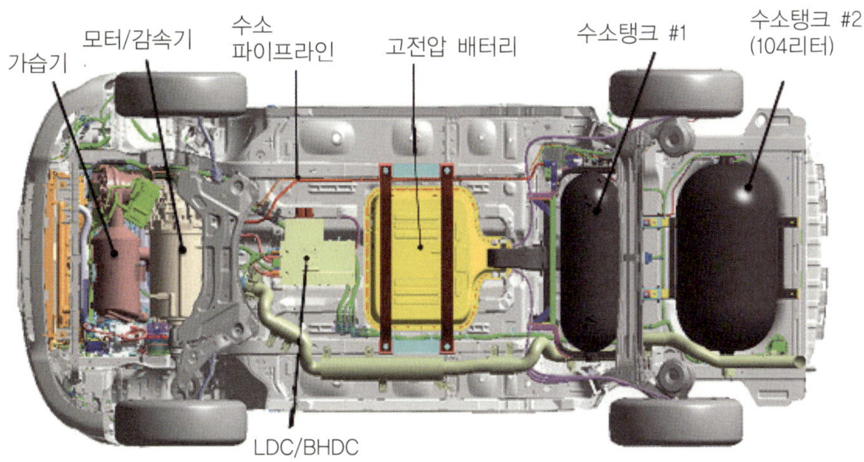

(b)

[그림 10] 수소연료 전지자동차의 구성부품

[1] 수소 저장탱크

① 연료전지의 주 연료
② 탱크 내 수소저장(700bar)
③ 스택(stack)으로 공급

[2] 공기 공급장치(APS)

① 스택 내에서 수소와 결합해 물(H_2O) 생성
② 순수 산소형태가 아니며 대기공기로 스택으로 공급
③ 공기 청정도를 위해 전용 에어클리너 적용

[3] 스택(stack)

① 연료전지 핵심부품
② 주행에 필요한 전기, 전류 발생
③ 공급된 수소와 공기중 산소가 결합되어 수증기 생성
④ 얇은 막 형태로 겹겹이 쌓인(STACK) 형태

[4] 고전압 배터리

① 스택에서 발생된 전기저장
② 회생제동 에너지(전기) 저장
③ 차량 주행에 필요한 전기 어시스트
④ 시스템 내 고전압장치에 전원 공급

[5] 컨버터/인버터

① 스택에서 발생된 직류 전기를 모터가 필요한 3상 교류전기로 변환
② 차량측 12V 배터리 전원으로 변환

[6] 모터 & 감속기

① 차량을 구동하기위한 모터와 감속기

[7] 연료전지시스템 어셈블리

연료전지 룸 내부에는 스택을 중심으로 수소 공급시스템과 고전압회로 분배역할을 하는 정션박스, 그리고 공기를 흡입하여 스택내부로 불어 넣을 수 있는 공기 공급시스템. 그리고 스택의 온도조절을 위한 냉각시스템 부품을 볼 수 있다.

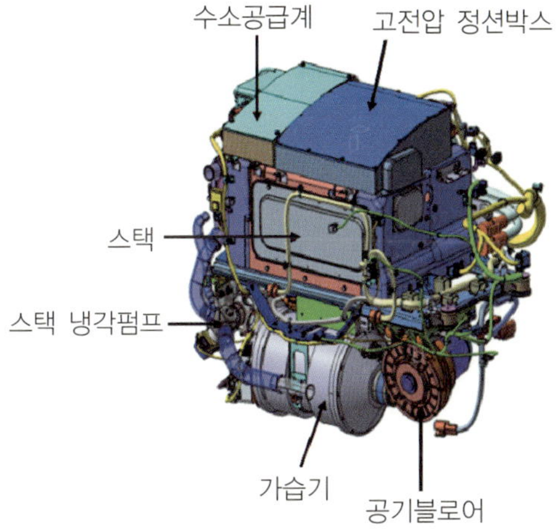

[그림 11] **연료전지시스템 어셈블리**

2.2. 연료전지 스택(stack)

연료전지시스템에서 가장 핵심부품인 스택은 내부 얇은 판과 막들이 여러 겹 적층된 구조이며, 투싼 연료전지 차량의 스택 용량은 100kw급이다.

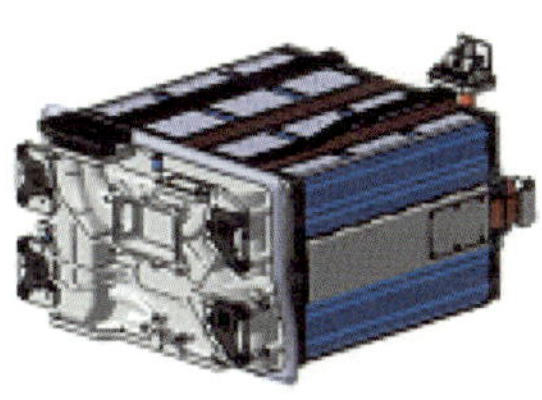

(a) 스택모듈(100kW급)

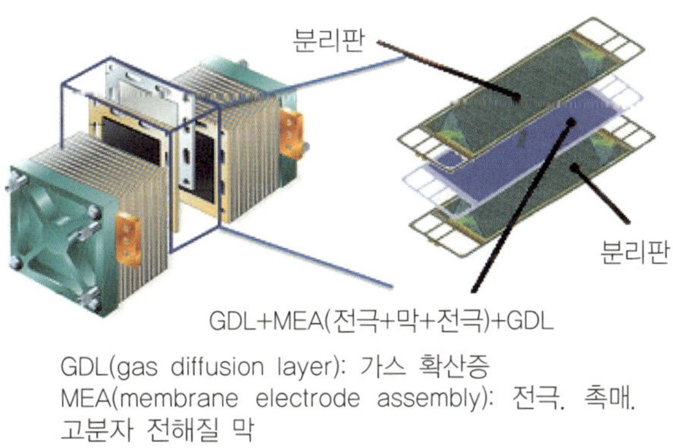

(b) 스택 내부구성

[그림 12] **연료전지 스택**

분리판과 고분자 전해질로 구성된 하나의 셀(cell)은 수소와 공기 중 산소를 확산, 분리하여 서로 결합을 유도해 전기를 생성할 수 있는 연료전지 자동차의 주 에너지가 만들어지는 부품이다.

2.2.1. 스택(stack)의 전기발생 원리

연료전지의 공기극에는 에어클리너를 거친 공기(산소)가 공급한다.

① 촉매에 의해 공기 중 산소만 반응하며, 2개의 산소원자로 분리한다.

② 분리된 산소원자들은 강한 음전하를 띄게 되어 수소이온(H^+)을 끌어당겨 전해질 막을 쉽게 통과하도록 보조한다.

③ 전해질 막을 통과한 2개의 수소이온과 이를 끌어들인 산소원자. 외부 회로로부터 전달된 2개의 수소전자는 결합하여 물 분자(H_2O)를 생성한다,

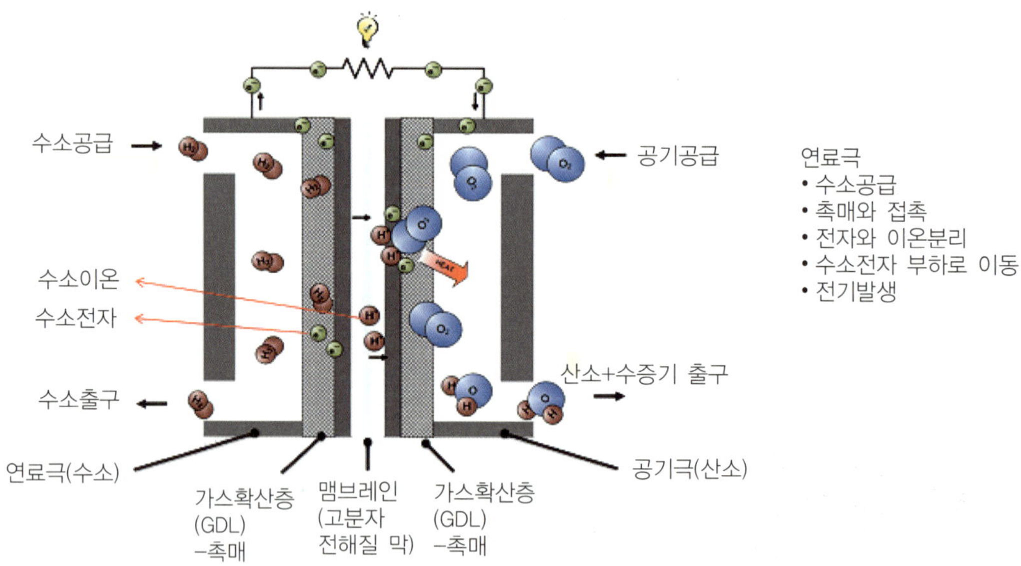

[그림 13] 스택 전기발생 원리

2.2.2. 스택(stack)의 구성

스택내부 하나의 셀(cell)에서 수소와 산소의 결합으로 발생하는 전기는 약 1V 정도이며, 차량을 구동하기 위해 필요한 전원으로 사용하기에는 매우 낮기 때문에 셀을 여러 개 적충하여 결합한 구조이다.

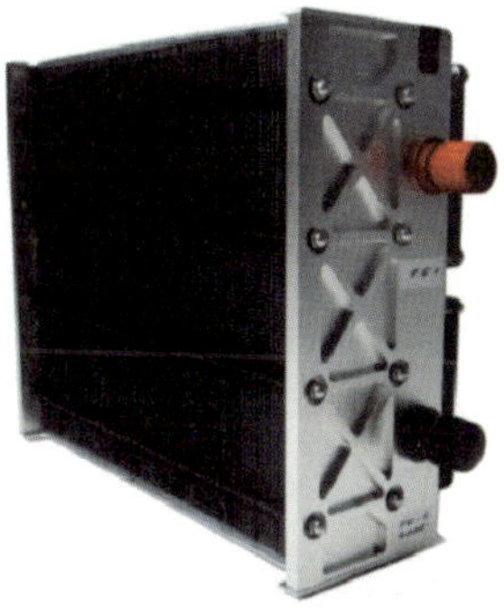

[그림 14] 스택

430개 이상을 직렬로 연결하여, 최대 400V 이상 고전압이 생성되고 전류는 약 400A 정도이다. 연료전지 스택의 구성요소는 다음과 같다.

① **분리판**: 반응가스의 유로제공, 전기적인 연결

② **개스킷**: 반응가스의 누출방지

③ **극판군(MEA)**: 전해질과 백금촉매의 접합체, 전기화학반응 일어남.

④ **스택**: 다수의 셀을 쌓은 것, 한 셀의 음극판(cathode)은 인접 셀의 양극판(anode)와 전기적으로 연결됨

2.3. 수소 공급장치(FPS)

스택에 수소를 공급하는 시스템으로 여기에는 수소탱크, 압력조절기, 수소재순환기 등으로 구성되어 있다.

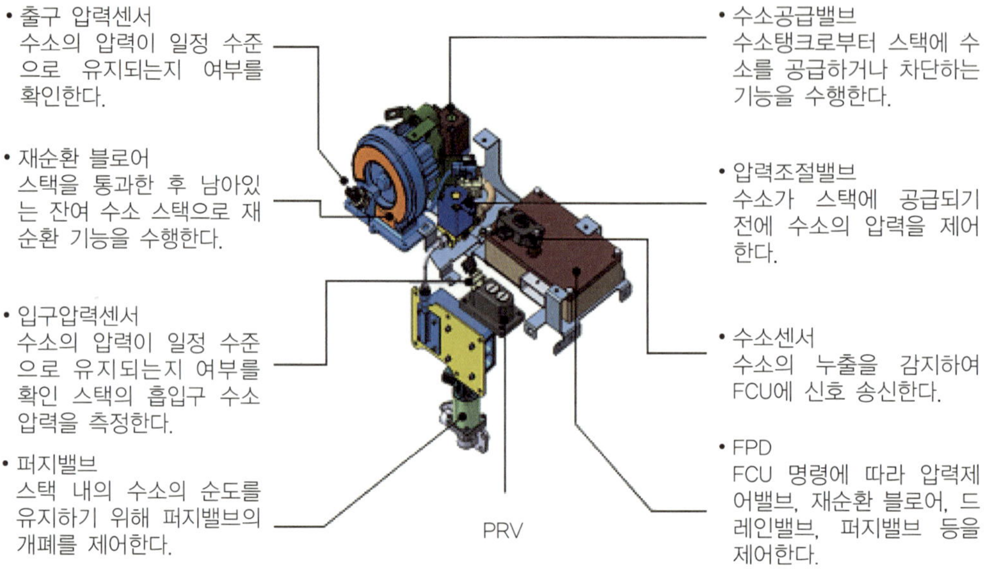

[그림 15] 수소 공급장치

2.3.1. 수소 저장탱크

수소전기차 연료 탱크는 고강도 플라스틱 재질의 탱크를 탄소섬유 실로 감아 만든 Type4 방식의 초경량 복합소재로 만들어진다. HSCU는 적외선 통신과 수소 연료라인의 압력감지, 솔레노이드밸브 제어, 연료주입 도어의 열림 등을 감지하고 제어하는 컨트롤 유닛이다.

그 외 HPR은 고압의 수소압력을 10bar로 감압하고 만약 공급라인의 압력이 16bar 이상 상승 시 안전을 위해 수소가스를 대기로 강제 배기할 수 있는 PRV(pressure relief valve)가 장착되어 있다.

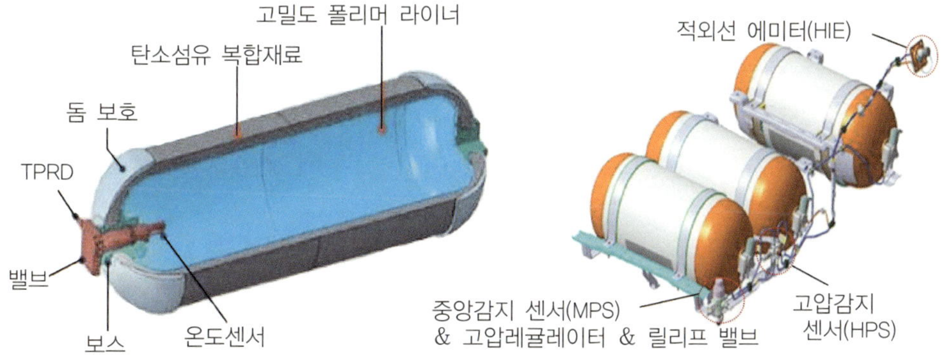

[그림 16] 수소연료탱크 구성

2.3.2. 수소 충전구

병렬로 연결된 가스탱크는 동시에 충전되며 수소 공급도 탱크에서 동시에 제공되며, 충전포트는 가스 충전건(Gun)과 적외선 통신을 통해 탱크 온도, 압력 정보를 송신한다. 가스 충전상태를 충전건(Gun)으로 전송함으로써 고압의 수소가스 충전에 안전을 목적으로 하고 있다.

※ 충전 완료 후 주유구 캡이 닫혀있지 않으면 시동이 걸리지 않는다.

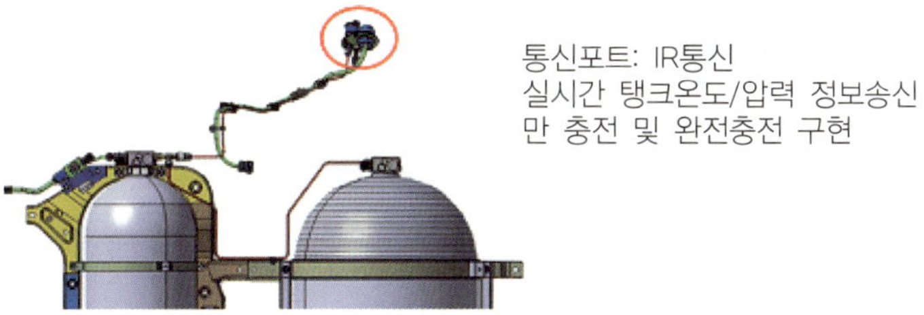

(a)

(b) 적외선 통신

[그림 17] 수소 충전구

2.3.3. 수소공급 및 재순환

① 수소가스 압력 레귤레이터인 HPR을 통해 약 10bar로 감압된 수소연료가 압력제어 밸브를 거쳐 스택으로 공급되는 압력 약 1~1.5bar로 다시 감압한다.

② 스택 내에서 소모되지 않은 수소는 다시 출구를 통해 재순환 블로워로 가게 되어 재사용이 가능하다.

③ 퍼지밸브는 수소 농도를 맞추고 가습기로 배출한다.

④ 드레인 밸브는 스택 내 발생된 수증기가 포집되어 액체 상태인 물로 저장되며 일정수위 이상 시 가습기로 배출한다.

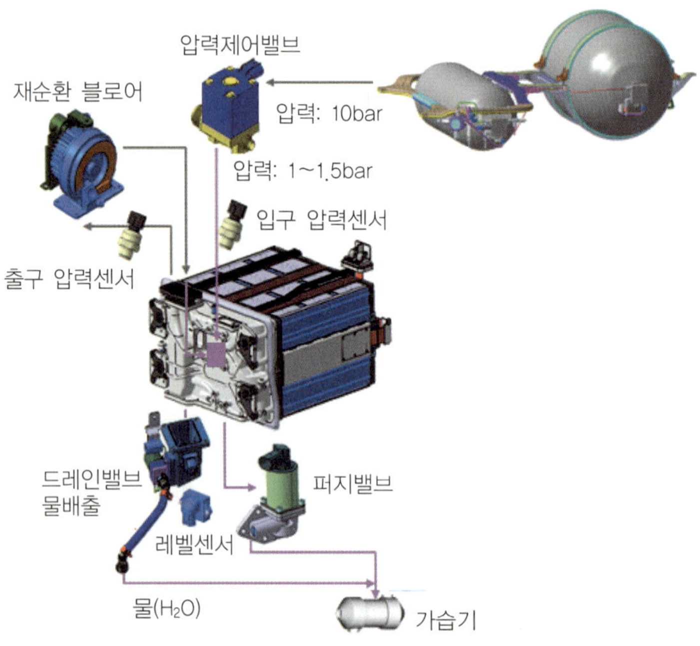

[그림 18] **수소공급 및 재순환**

2.4. 공기 공급장치(APS)

공기 공급장치의 구성부품은 에어클리너, 유량센서, 공기차단밸브, 소음기, 공기 블로어, 가습기, 배기관, 그리고 온도, 압력센서로 구성되어 있다.

① **에어클리너**: 공기 중의 미세한 먼지와 스택에 유해한 유해물질 제거한다.

② **공기차단밸브**: 시동 OFF시 공기가 스택내부로 확산되어 유입되는 것을 방지한다.

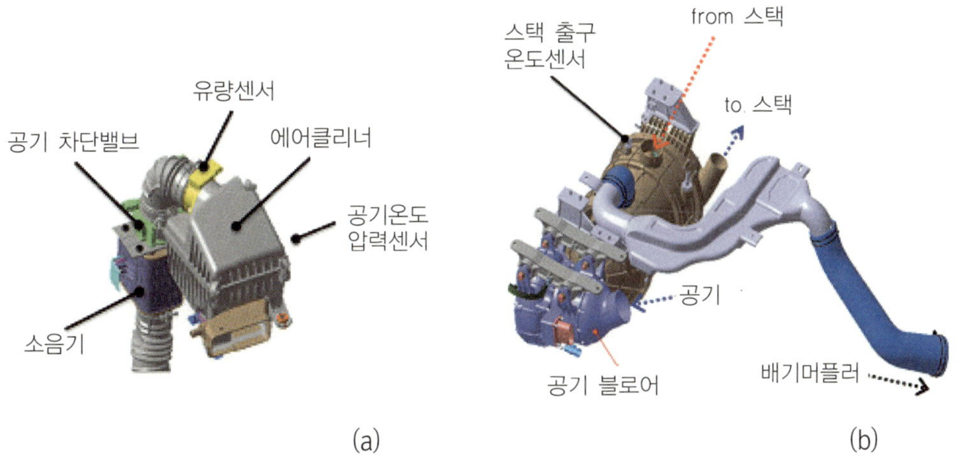

[그림 19] 공기 공급장치의 구조

③ **에어블로어**: 스택으로 공기를 불어넣는 기능으로 최고 회전수가 약 42000rpm이다.

2.4.1. 가습기

연료전지 활성화를 위해서는 수분이 필요하며, 별도의 수분공급 장치를 두지 않고 스택에서 배출되는 수증기는 가습기를 이용해, 수분을 포집하고 이곳을 빠르게 관통하는 공기에 의해 수분이 빨려가면서 일정비율로 수분이 혼합되어 스택에 공급된다. 적절한 수분은 스택 내에서 화학반응을 활성화시키는 역할을 한다.

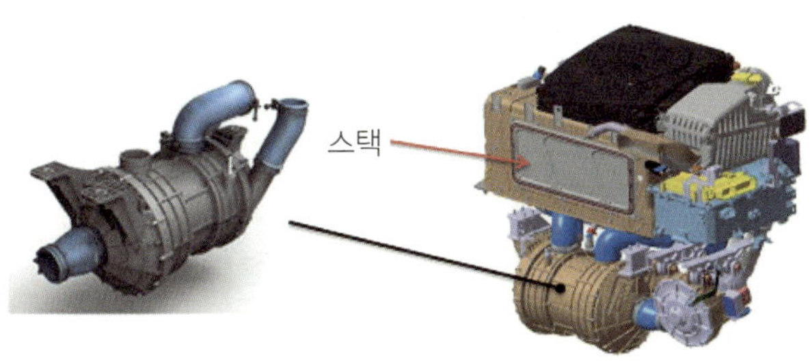

[그림 20] 가습기

2.4.2. 공기 유입과정

① 블로워 펌프 컨트롤 유닛(BPCU) 제어에 의해 공기 블로어 모터 구동
② 공기블로어 모터 구동으로 대기 공기흡입
③ 가습기로 공기 유입
④ 가습기에서 공기와 수증기를 혼합하여 스택으로 공급
⑤ 스택에서 발생된 수증기 가습기로 포집
⑥ 반복되는 사이클
⑦ 가습기내 수증기는 수분이 많아지면 머플러로 수분 배출
⑧ 머플러 내 ACU에 의해 외부로 수증기, 수분 배출

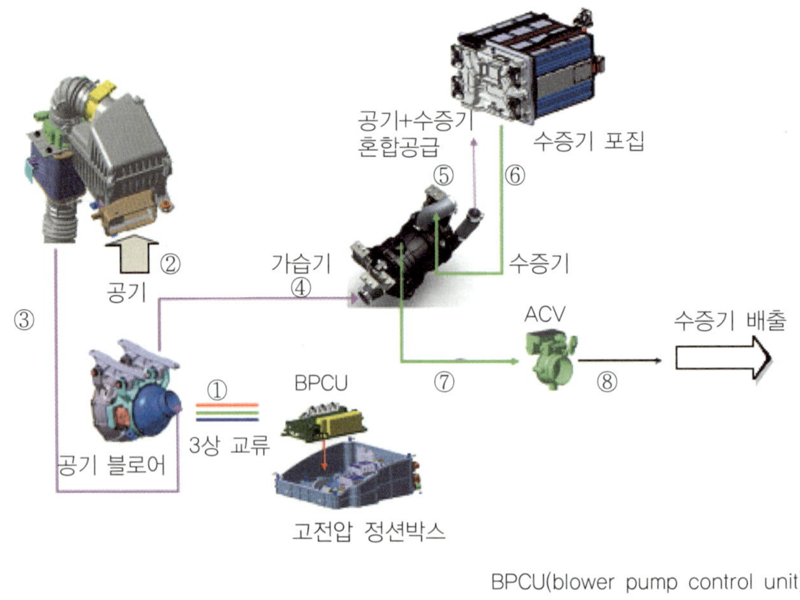

[그림 21] 공기유입과정

2.5. 열관리, 냉각시스템(TMS: thermal management system)

스택에서 전기가 생산되는 수소와 산소의 전기 화학반응은 열이 발생된다. 연료전지 차량제어 유닛인 FCU는 스택의 입구 및 출구에서 측정된 온도를 기준으로 스택 냉각수 펌프를 제어하여 연료전지장치의 온도조절을 담당하고 있다.

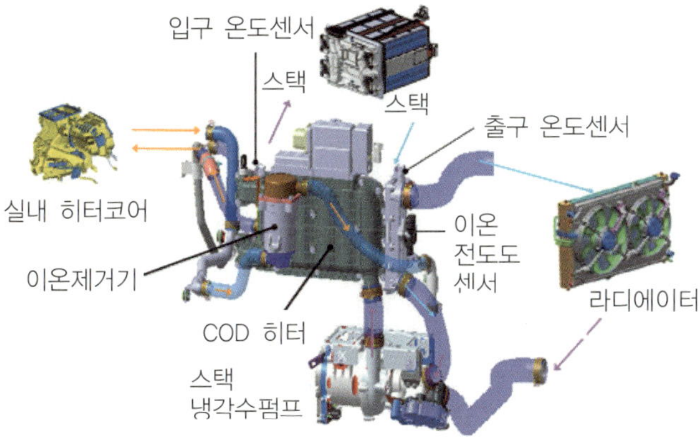

[그림 22] 열관리, 냉각시스템의 구조

① **스택 냉각수 펌프**: 스택 내부의 냉각수를 순환한다.
② **스택 열**: 차량 라디에이터를 통해 방출한다.
③ **이온제거기**: 연료전지 냉각수내 이온이 있는 경우 스택에서 전기가 발생될 때 누진이 발생될 수 있어 냉각수 내 이온을 제거한다.
④ **이온 전도도센서**: 냉각수 내 이온의 전도도를 감지한다.
⑤ **COD 히터**: 낮은 온도에서는 스택의 활성도가 떨어지므로 전기식 냉각수 히터를 작동시켜 온도를 상승시킨다. 스택의 조기 구동시간을 단축시켜 시동성 향상시킨다.

2.6. 제어장치

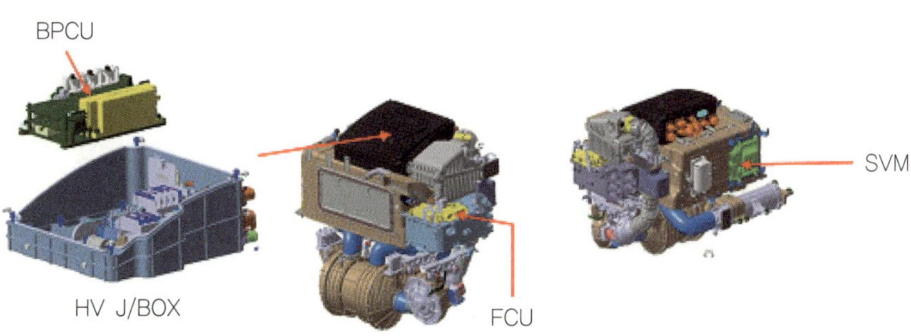

[그림 23] 제어장치의 구조

제어기	역 할
FCU(fuel cell control unit) 연료전지 제어기	연료전지차량의 전체시스템을 총괄, 주행모드 제어, 진단 기능. 페일세이프(fail safe)
SVM(stack voltage management) 스택 모니터	연료전지 스택의 발전 전압을 제어(balancing)
BPCU(blower pump control unit) 블로어 펌프 컨트롤 유닛	공기 공급을 위한 펌프 구동 및 냉각수 순환 제어
HV J-Box(high voltage junction box) 고전압 정션박스	연료전지에서 발생된 전압을 각 시스템으로 전달해주는 스위치 역할

▶▶▶ Reference 페일세이프(fail safe)

① EV모드: 연료전지 구동 불가시, 고전압 배터리로만 주행(클러스터시스템 체크 및 거북이 램프 점등)
② FC모드: BHDC 혹은 고전압 배터리 비정상으로 연료전지만으로 주행(클러스터시스템 체크 점등)

2.6.1. 연료전지 제어기(FCU: fuel cell control unit)

FCU는 연료전지 차량을 제어하는 핵심 컨트롤 유닛으로 CAN통신을 통해 각각의 유닛과 정보공유로 유기적인 시스템 제어를 담당하는 가장 상위 제어기이다.

[그림 24] 연료전지 제어기

[1] 기능

① 연료전지시스템 제어를 위해 SVM, BPCU, FPD, HSCU 등과 CAN통신
② 고전압 배터리의 충전 및 방전: BMS, BHDC와 CAN통신
③ 인버터 내 MCU와 CAN통신하여 모터 토크제어

④ FPS 제어를 위한 FPD와 CAN통신
⑤ 수소 저장시스템 제어기 HSCU와 CAN통신
⑥ CECT와 CAN통신으로 스택 냉각액의 이온 전도도를 모니터링
⑦ 전동식 서모스탯인 3Way-밸브를 제어하여 냉각액 온도조절
⑧ LDC제어로 차량 12V 배터리 충전
⑨ 모터 냉각액 펌프의 RPM 제어
⑩ 팬 제어기, 에어컨 컴프레서와 CAN통신

[2] 입출력 제어

FCU는 연료전지시스템의 메인 컨트롤 유닛으로 운전자가 액셀레이터, 브레이크 페달을 밟으면 의지를 반영하여 모터의 가속토크와 제동토크를 제어한다. 그 외 스택의 전류값을 모니터링하여 공기와 수소 공급제어에 활용하고 그 외, 차량이 가속하거나 감속될 때 고전압배터리의 충전 및 방전을 제어한다.

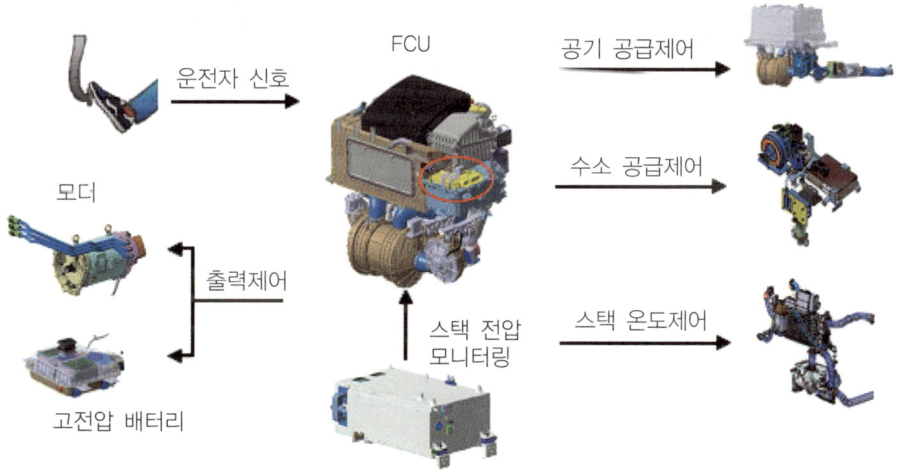

[그림 25] 입출력 제어

[3] 수소 누설감지

FCU 기능중 하나인 수소 안전제어는 차량 4곳에 수소센서를 장착해 수소 누설을 감지하고 있다. 스택내부, 차량 실내 루프, 수소공급시스템(FPS), 수소 저장탱크에 각각 센서가 위치하고 있다.

만약 수소가 누설되어 센서에서 감지한 농도가 증가하게 되면 연료 전지시스템 운전을 중지하거나 차량을 정지시킬 수 있으나 일반적으로는 연료 전지시스템을 중지시키고 고전압 배터리에 의한 차량 구동만 되는 EV모드로 전환하게 된다. EV모드는 배

터리만으로 주행하기 때문에 도로주행을 가급적 삼가하고 안전한곳으로 이동하여 조치를 받아야 한다.

(a) 스택

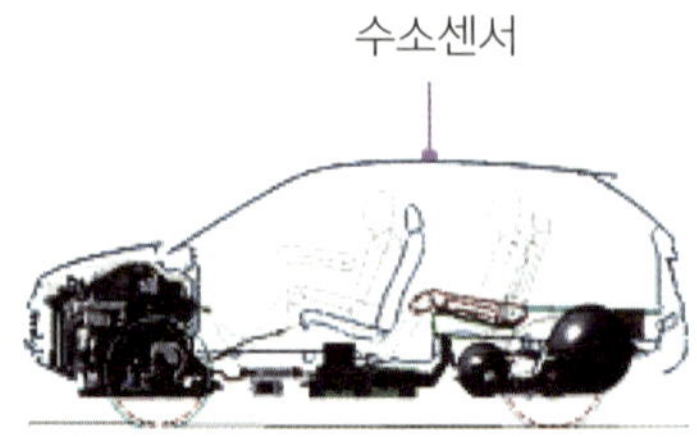

(b) 실내 루프상단

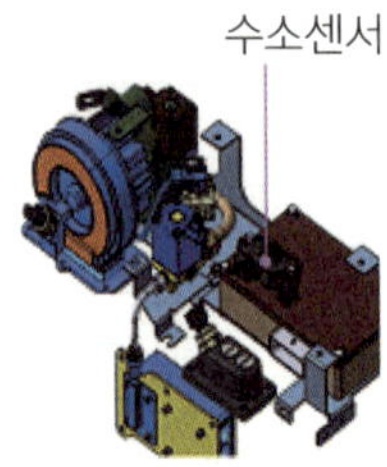

(c) 수소 공급장치

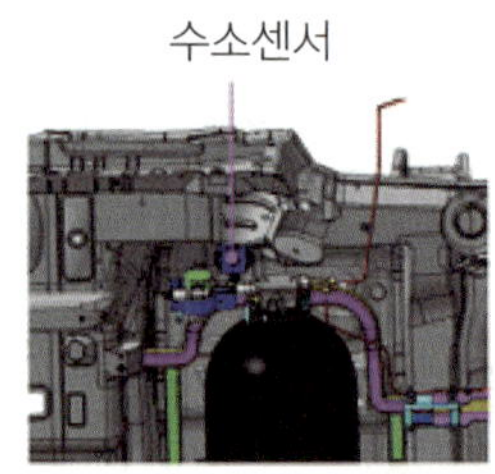

(d) 수소 저장탱크

[그림 26] 수소 누설감지

2.6.2. SVM(stack voltage monitor)

스택전압을 모니터링하는 SVM은 CAN통신을 통해 연료전지 메인 컨트롤 유닛인 FCU로 스택에서 발생된 전압을 전송한다. FCU는 스택 전압을 안정화하고 일정한 출력전압을 얻고자 수소공급. 공기공급시스템을 제어하고 스택내 열과 수증기를 제어한다.

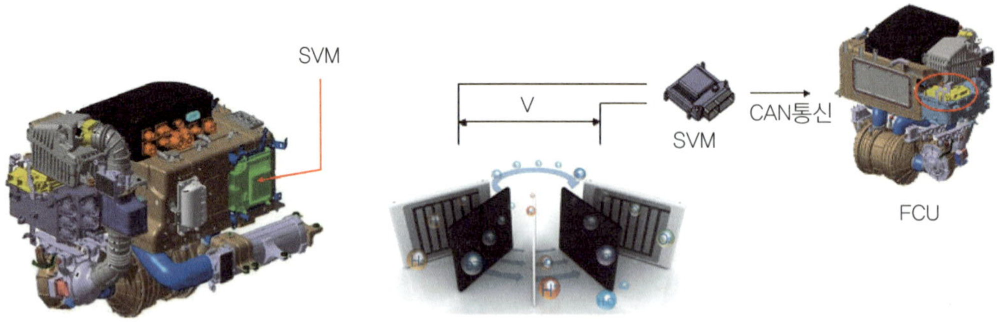

(a) (b)

[그림 27] SVM

2.6.3. HV J/BOX. BPCU

고전압을 배분하는 정션박스는 연료전지 스택의 상부에 위치하며, 스택과 부스바로 연결되어 있다. BPCU는 정션박스와 함께 조립되어있으며 스택내부로 공기를 불어넣기 위해 공기 블로워를 구동하는 기능을 수행한다.

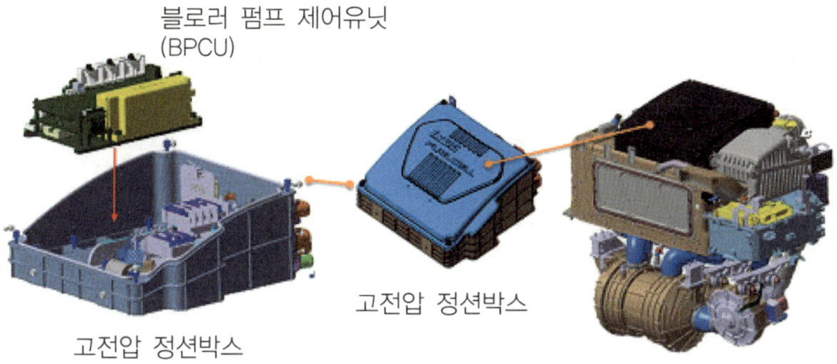

[그림 28] HV J/BOX

2.7. 전기 동력장치

전기 동력장치는 차량의 전원을 변환하거나 모터와 감속기를 통한 동력전달을 담당하고 있다.

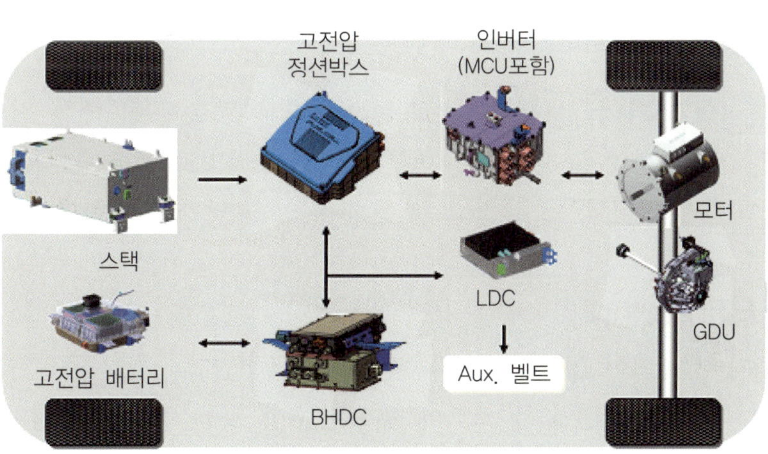

LDC: low voltage DC-DC converter
BHDC : Bi-directional High voltage DC-DC converter
GDU: gear differential unit(감속기)

[그림 29] 전기 동력장치의 구성도

2.7.1. LDC(low voltage DC-DC converter)

① 약 400V의 전기를 12V로 전력변환 후 12V 차량용 배터리에 충전

② 고전압을 차량에 필요한 각종 12V 전기로 변환하는 기능

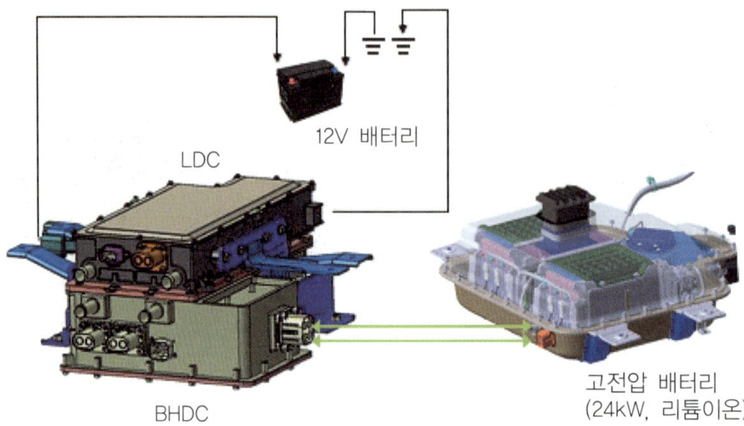

[그림 30] LDC의 구조

2.7.2. BHDC(Bi-directional high voltage DC-DC converter)

① 400V의 스택과 200V의 고전압배터리 사이에 위치하며, 전압을 상호 변환하는 양방향 컨버터

② 고전압배터리의 전기에너지를 모터 구동 인버터로 흐르게 할 때는 전압을 상승

③ 스택과 모터의 회생제동 전기에너지를 고전압 배터리로 흐르게 할 때는 고전압배터리가 스택전압보다 약 150V 낮기 때문에 전압을 낮게 변환한다.

2.7.3. 인버터(inverter)

① 내부 MCU가 장착되어 있으며, 모터 토크 제어를 한다.

② 400V의 직류전기(스택전압)를 모터에 필요한 3상 교류 전기로 변환한다.

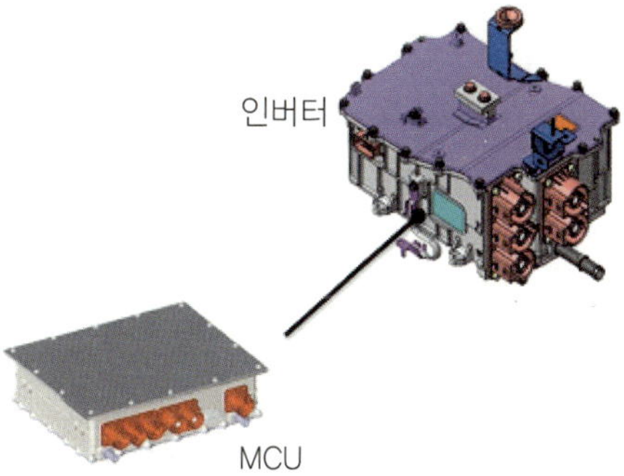

[그림 31] 인버터의 구조

▶▶▶ Reference

① 인버터: 직류를 교류로 변환하는 장치. DM 싼타페에 적용된 220V 전원 출력장치
② 컨버터: 교류를 직류로 변환. 예를 들어 휴대폰 충전기는 220V 가정용 전기를 휴대폰 충전용 직류로 변환
③ DC-DC converter: 자동차의 ECU와 같이, 배터리 전원 12V를 5V의 디지털 로직 회로 전원으로 DC-DC convert 한다.

2.7.4. 모터(motor)

① 인덕션(induction) 타입 모터
② MCU(motor control unit) 컨트롤에 의해 차량 구동
③ 감속 시 회생제동 에너지 전기생성
④ 3상 교류 전원 사용

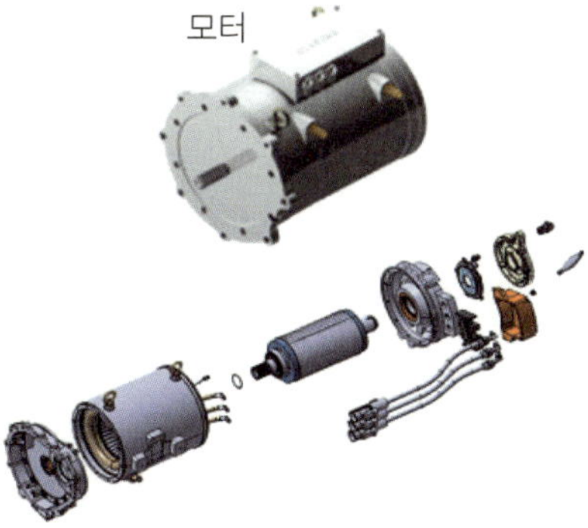

[그림 32] 모터의 구조

2.7.5. GDU(gear differential unit)

① 모터일체형

② 구동력 증대

③ 차동기어 기능

④ 파킹기구

⑤ 인히비터 스위치 적용

⑥ **기어 포지션:** P-R-N-D(E, L)

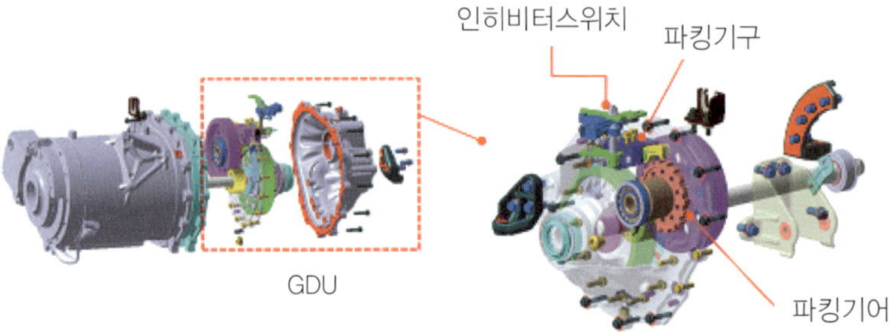

[그림 33] GDU의 구조

[표]

약 어	영 문	한 글
SVM	stack voltage monitor	스택 전압 모니터
BPCU	blower pump control unit	블로어 펌프 컨트롤 유닛
FPS	fuel processing system	연료 공급제어 시스템
FPD	fuel processing driver	연료 공급제어 드라이버
MCU	motor control unit	모터 컨트롤 유닛
BMS	battery management system	배터리 전압조정 시스템
BHDC	Bi-directional high voltage DC/DC converter	고전압 DC/DC 컨버터
LDC	low voltage DC/DC converter	저전압 DC/DC 컨버터
HSCU	hydrogen storage system control unit	수소저장 시스템 컨트롤 유닛